新华三数字化技术人才培养系列丛书

1+X 证书系列教材

大数据平台运维（高级）

新华三技术有限公司　主　编

李　涛　汤　徽　刘朝晖　于　鹏

陈永波　梁同乐　何　淼　任大勇　参　编

王　军　姚　嵩　刘　玥

电子工业出版社

Publishing House of Electronics Industry

北京 · BEIJING

内 容 简 介

本书为"1+X"职业技能等级证书配套教材，按国家1+X证书制度试点大数据平台运维职业技能等级标准编写，本书属于大数据平台运维，以大数据平台运维工程师角度由浅入深，全方位介绍大数据平台运维的相关实践知识和核心实操。本教材共六个部分17个章节，第一部分大数据平台架构，涉及大数据平台硬件选型、节点高可用设计、Hadoop集群组件选择和生态圈发展趋势等；第二部分大数据平台安全管理，涉及大数据安全认证、Hadoop安全机制、大数据平台治理；第三部分大数据平台资源治理，涉及资源管理调度技术框架、数据治理标准及框架、高校数据治理实践；第四部分大数据平台优化，涉及Linux系统优化、Hadoop应用程序优化、Hadoop组件性能优化；第五部分大数据平台升级，涉及大数据备份恢复、大数据平台核心升级、大数据组件升级；第六部分大数据平台项目综合案例，以实际项目从政务大数据运维项目实战、大数据平台安全项目实战、商业大数据平台运维项目实战三个实战案例介绍大数据平台整体运维和实战过程。

本书作为本科和高职院校大数据及计算机类相关专业教材，也可作为大数据平台运维人员的参考用书。

图书在版编目（CIP）数据

大数据平台运维：高级/新华三技术有限公司主编. —北京：电子工业出版社，2021.12

ISBN 978-7-121-42628-5

Ⅰ. ①大… Ⅱ. ①新… Ⅲ. ①数据处理—高等职业教育—教材 Ⅳ. ①TP274

中国版本图书馆 CIP 数据核字（2022）第 015181 号

责任编辑：胡辛征

印　　刷：涿州市般润文化传播有限公司
装　　订：涿州市般润文化传播有限公司
出版发行：电子工业出版社
　　　　　北京市海淀区万寿路173信箱　邮编　100036
开　　本：787×1092　1/16　　印张：17.25　　字数：442千字
版　　次：2021年12月第1版
印　　次：2024年1月第3次印刷
定　　价：59.80元

凡所购买电子工业出版社图书有缺损问题，请向购买书店调换。若书店售缺，请与本社发行部联系，联系及邮购电话：（010）88254888，88258888。

质量投诉请发邮件至zlts@phei.com.cn，盗版侵权举报请发邮件至dbqq@phei.com.cn。

本书咨询联系方式：（010）88254361 或 hxz@phei.com.cn。

前　言

　　职业教育的发展对教材的内容提出了更高的要求，特别是在《国家职业教育改革实施方案》中提出要以立德树人为根本任务，深化专业、课程、教材改革，提升实习实训水平，努力实现职业技能和职业精神培养高度融合的要求，因此教材的内容既要符合教师对知识要点的讲解的要求，又要能够适应现代学徒制、双师型等人才培养模式的要求，同时还要满足"1+X"认证的特点。大数据运维人才是当前社会的紧缺人才，本套教材的出版发行对于填补当前大数据运维人才培养的空缺十分及时。本套教材按照国家对相关企业和高职院校的要求编制专业认证的教学标准，打造一批高水平、高质量的职业技能认证标准，将能够更好地指导大数据采集、分析、平台运维等大数据职业技能的人才培养。

　　移动互联网、云计算、物联网等信息技术产业发展日新月异，信息传输、存储、处理能力快速上升，每天的数据量都在以指数级递增。数据的生产模式带来了数据处理方式的革命，传统的数据采集、加工、处理的方式已无法满足当下对数据时效性、海量性、精确性的需求。大数据和人工智能的广泛应用，导致数据来源非常广泛、数据结构呈现多元异构的特点，数据处理技术日益复杂，这些都给数据运维带来了挑战。数据运维不同于传统的IT运维，运维工程师不仅要掌握大数据平台维护管理的技巧，利用监控分析工具掌握大数据系统的运行状态，还要具备分析运维日志，通过运维数据挖掘客户价值的能力。

　　随着各行各业向数字化应用的转型，大数据运维人才的需求不仅需求量大，而且要求也高，高、中、低层次的运维人才都呈现供不应求的状况。在这样的契机下，特别是在国家"新基建"战略的推动下，大数据领域必将迎来建设高峰和投资良机。新华三人才研学中心结合一线专业教师，共同编撰了本套教材。本套教材紧跟大数据行业发展，按照"以岗位能力为课程目标，以工作过程为课程模块，以实训项目为课程内容，以最新技术为课程视野，以职业能力为课程核心"的要求，对接职业资格标准，重新对课程进行分析定位，进而制定有效合理的课程标准。通过学习本套教材，读者可以熟悉Hadoop核心组件的功能配置及工作原理，熟悉常用系统性能诊断工具及集群监控管理工具，掌握大数据平台安装和配置，掌握大数据平台优化策略和方法。

　　本套教材以培养大数据平台运维能力为中心，将职业认证资源课程化，构建一系列资格认证等级标准，分初级、中级、高级三个难度级别。读者可以根据学习进度，选择对应难度级别并完成认证，实现技术、技能的阶梯级成长。

　　本教材共六个部分17章节，内容包括大数据平台架构、大数据平台安全管理、大数据平台资源治理、大数据平台优化、大数据平台升级、大数据平台项目综合案例。

　　教师可发邮件至编辑邮箱Pub.xqhz@h3c.com索取教学基本资源。

　　由于编者水平有限，疏漏和错误在所难免，希望广大读者提供宝贵意见。

编者

目　录

第一部分　大数据平台架构

第二部分　大数据平台安全管理

第三部分　大数据平台资源治理

第四部分　大数据平台优化

第五部分　大数据平台升级

第六部分　大数据平台项目综合案例

第一部分　大数据平台架构

第1章
Hadoop 集群选型

学习目标

- 了解 Hadoop 集群特征
- 理解 Hadoop 集群硬件设计和选型
- 理解 Hadoop 集群网络设计
- 理解 Hadoop 集群高可用方案设计

通过本章内容的学习，掌握 Hadoop 集群特征，掌握 HadoopCDH 与 Apache 版本的差异。理解 Hadoop 集群硬件设计和选型原则。掌握 Hadoop 集群的网络设计和高可用方案设计。

1.1 Hadoop 集群概述

1.1.1 Cloudera Hadoop 发行版 CDH 简介

Hadoop 是 Apache 基金会开发的分布式系统基础架构，被公认为行业大数据标准开源软件，可以在大规模计算机集群中提供海量数据处理能力。2004 年，Hadoop 由 Doug Cutting 提出，它的原型和灵感来自 Google 的 Map Reduce 和 GFS。2006 年，随着 Doug Cutting 加入雅虎，Hadoop 项目从 Nutch 项目中独立出来。2008 年，Hadoop 项目成为 Apache 基金会扶持的顶级项目。随后，Hadoop 经过多年的积累，不断融入 Hive、Zookeeper、HBase、Sqoop 等一系列组件，以其高可靠性、高扩展性、高效性和低成本，逐渐发展成为成熟的主流商业应用，在大数据企业中获得了广泛的应用。Yahoo、Facebook、IBM、eBay 等国外大企业使用 Hadoop 进行海量数据的存储与处理。同时，国内的许多互联网公司及大数据企业，例如百度、腾讯、华为等也使用 Hadoop 大数据平台进行海量数据的存储与处理。国内外的知名大公司不仅使用开源的 Hadoop，也在不断地推进 Hadoop 的商业化。许多公司都拥有各自版本的 Hadoop，并开发了众多 Hadoop 周边配套产品。

在 Hadoop 生态系统中，规模最大、知名度最高的公司是 Cloudera。2008 年成立的 Cloudera 是最早将 Hadoop 商用的公司，为合作伙伴提供 Hadoop 商用解决方案。Cloudera

企业解决方案包括 Cloudera Hadoop 发行版（Cloudera's Distribution Including Apache Hadoop，CDH），Cloudera Manager（CM）等。概括起来说，Cloudera 提供一个可伸缩、稳定的、综合的企业级大数据管理平台，能够十分方便地对 Hadoop 集群进行安装，部署和管理。CDH 的基础组件均基于 Apache License 开源，无论个人学习还是企业使用都有一定保障。

CDH 是 Cloudera 发布的 Hadoop 商业版软件发行包，里面不仅包含了 Cloudera 的商业版 Hadoop，也包含了各类常用的开源数据处理与存储框架，如 Spark、Hive、HBase 等，如图 1.1 所示。

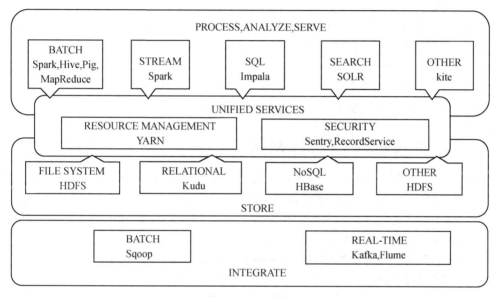

图1.1　CDH 框架

1.1.2　CDH 特性

CDH 是目前比较完整的、经过充分测试的 Hadoop 及其相关组件的发行版。具有以下特性。

（1）灵活性：能够存储各种类型的数据，并使用各种不同的计算框架进行操作，包括批处理、交互式 SQL、文本搜索、集群学习和统计计算等。

（2）集成性：能够快速集成、发布和运行一个完整的 Hadoop 平台，适用于各种不同的硬件和软件。

（3）安全性：能够处理和控制敏感数据。

（4）扩展性：能够部署并扩展和扩充多种应用。

（5）高可用性：可以稳定可靠的用于关键商业任务。

（6）兼容性：可以利用现有 IT 基础设施。

1.1.3　CDH 版本演进

Cloudera Hadoop 作为 Cloudera 发行的 Hadoop 版本，截至目前，CDH 共有 6 个版本，其中早期的前两个版本已经不再更新。最近的版本是 CDH6，是在 Apache Hadoop 3.0.0 版本基础上演化而来，CDH 版本每隔一段时间便会更新一次。

（1）CDH6

最新的 CDH 大版号目前是 6 版本，简称 CDH6，其 Hadoop 核心组件对应 Apache Hadoop 社区的 3.0.0 版本，并在该版本基础上追加了各种补丁。在大版本号的后面跟有 2 位小版本号。

（2）CDH5

CDH5 的 Hadoop 核心组件对应社区的 2.6.0 版本，并在该版本基础上追加了各种补丁版本。

（3）CDH4

CDH4 对应 Hadoop 核心组件 2.0，目前还能从 Cloudera 仓库下载，但不推荐使用。该版本最近一次更新时间是 2017 年 9 月。

（4）CDH3

CDH3 以及更早的版本对应 Hadoop 核心组件 1.x（包括 0.22x 之前），目前已经无法下载。如果还在使用该版本的集群，建议尽快备份数据和升级。

1.1.4　CDH 和 Apache Hadoop 对比

Hadoop 有三大发行版本，分别是 Apache、Cloudera、Hortonworks。Apache 版本是最原始基础的开源版本，对于入门学习最佳。Cloudera 版本，是 Cloudera 公司于 2009 发布的第一个 Hadoop 商业化版本，目前在大型互联网企业中使用较多。而 2011 年从 Yahoo 剥离的 Hortonworks 版本的文档较好。

Apache Hadoop 社区版本虽然完全开源免费，但是也存在诸多问题。

（1）版本管理比较混乱。

（2）集群部署配置较为复杂，通常安装集群需要编写大量的配置文件，分发到每一台节点上，容易出错，效率低下。

（3）对集群的监控，运维，需要安装第三方的其他软件，运维难度比较大。

（4）在 Hadoop 生态圈中，组件的选择和使用，比如 Hive、Mahout、Sqoop、Flume、Spark 等，需要大量考虑兼容性的问题，经常会花费大量时间去编译组件，解决版本冲突问题。

CDH 版本的 Hadoop 的优势在于：

（1）基于 Apache 协议，100% 开源，版本管理清晰。

（2）在兼容性、安全性、稳定性上比 Apache Hadoop 有大幅度的增强。

（3）运维简单方便，对于 Hadoop 集群提供管理、诊断、监控、配置更改等功能，使得运维工作非常高效。

（4）CDH 提供成体系的文档，很多大公司的应用案例以及商业支持等。

考虑到 Hadoop 集群部署的高效性，集群的稳定性以及后期集中的配置管理，业界多数使用 Cloudera 公司的发行版 CDH。

1.1.5　Cloudera Manager 简介

Cloudera Manager（简称 CM）是 Cloudera 公司开发的一款大数据集群安装部署工具，

具有集群自动化安装、中心化管理、集群监控、报警等功能，使得安装部署集群从几天的时间缩短到几小时以内，运维人员从数十人降低到几人以内，极大地提高了集群管理的效率。CM主要提供以下四个功能。

（1）管理：对集群进行管理，如添加、删除节点等操作。

（2）监控：监控集群的健康情况，对设置的各种指标和系统运行情况进行全面监控。

（3）诊断：对集群出现的问题进行诊断，对出现的问题给出建议解决方案。

（4）集成：对 Hadoop 的多组件进行整合。

Cloudera Manager 技术架构如图 1.2 所示。

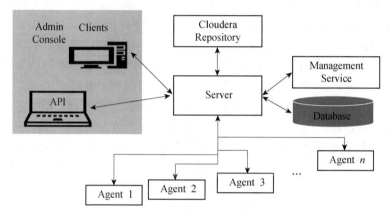

图 1.2　Cloudera Manager 技术框架

（1）Agent：代理组件，安装在每台主机上。负责启动和停止的过程、拆包配置、触发装置和监控主机。

（2）Management Service：执行各种监控，警报和报告功能角色的服务。

（3）Database：存储配置和监视信息。通常情况下，多个逻辑数据库在一个或多个数据库服务器上运行。例如，Cloudera 的管理服务器和监控角色使用不同的逻辑数据库。

（4）Cloudera Repository：软件由 Cloudera 管理分布存储库。

（5）Clients：是用于与服务器进行交互的接口。

（6）Admin Console：基于 Web 的用户界面与管理员管理集群和 Cloudera 管理。

（7）API：供开发人员创建自定义的 Cloudera Manager 应用程序 API。

1.2　Hadoop集群硬件设计概述

传统的数据计算和存储模式是通过 SAN 集中存储所有数据，如果需要进行计算，则将数据传输到一系列服务器进行计算。Hadoop 是基于全新的数据存储和计算的方式，尽量避免数据传输，Hadoop 通过软件层实现大数据的处理计算以及可靠性。

Hadoop 将数据分布式存储在各台服务器上，使用文件副本来保证数据不丢失以及数据容错。这样，计算请求可以直接分发到存储数据的相应服务器，并开始进行本地计算。由于 Hadoop 集群的每台节点都会存储和处理数据，因此需要考虑怎样为集群里的每台服务器选择合适的配置。

在很多情况下，MapReduce/Spark 从磁盘或者网络读取数据，或者在 CPU 处理大量数据时都会遭遇性能瓶颈。Cloudera Manager提供了这个功能，包括CPU、磁盘和网络负载的实时统计信息。通过Cloudera Manager，当集群在运行作业时，系统管理员可以通过dashboard命令很直观的查看每台机器的性能表现。

除了根据工作负载来选择硬件外，还需要与硬件厂商了解耗电和散热，以节省额外的开支。由于Hadoop是运行在数十个、数百个甚至数千个节点上，尽可能地考虑方方面面来节省成本。每个硬件厂商都提供了专门的工具来监控耗电和散热，以及如何进行改良的最佳实践。

为CDH集群进行硬件选型时，首先要考虑运维部门所管理的硬件类型。运维部门通常倾向于选择熟悉的硬件。但是，如果在搭建一个新的集群，并且无法准确地预测集群未来的工作负载，建议选择适合Hadoop集群较为均衡的硬件。

大数据平台是一个并行环境的系统。在选择购买处理器时，不建议选择主频（GHz）最高的芯片，高主频芯片需要更高电源瓦数（130W+），会产生更高的功率消耗和需要更多的散热。较为均衡的选择是在主频，价格和核数之间做一个平衡。

当存在产生大量中间结果的应用程序，输出结果数据与输入数据相当，或者需要较多的网络交换数据时，建议使用绑定的万兆网，而不是单个万兆网口。

当计算对内存要求比较高的场景，建议严格配置Hadoop使用的堆大小的限制，从而避免内存交换到磁盘，因为交换会很大程度影响计算引擎如MapReduce/Spark的性能。优化内存通道宽度也同样重要。当使用双通道内存时，每台机器都应配置一对DIMM。使用三通道内存时，每个机器都应该具有三倍的DIMM。同样，四通道DIMM应该被分为四组。

1.3 大数据平台硬件选型

一个Hadoop集群通常有4个角色：NameNode（以及Standby NameNode）、Resource Manager、NodeManager和DataNode。集群中绝大多数机器同时是NodeManager和DataNode，既用于数据存储，又用于数据计算。

较为通用和主流的NodeManager/DataNode配置，如表1.1所示。

表1.1　主流NodeManager/DataNode配置

CPU	双路8/10/12核，主频2～2.5GHz以上
内存	64～512GB内存
硬盘	12～24块1～6TB硬盘
网卡	万兆网卡

NameNode负责协调集群上的数据存储，ResourceManager则是负责协调数据处理。Standby NameNode不应该与NameNode在同一台机器，但应该选择与NameNode配置相同的机器。建议为NameNode和ResourceManager选择企业级的服务器，具有冗余电源，以及企业级的RAID1或RAID10磁盘配置。

NameNode需要的内存与集群中存储的数据块成正比。常用的计算公式是集群中100万个块（HDFS blocks）对应NameNode的1GB内存。常见的10～50台机器规模的集群，

NameNode 服务器的内存配置一般选择 128GB，NameNode 的堆栈一般配置为 32GB 或更高。另外，建议配置 NameNode 和 ResourceManager 的 HA 集群。

NameNode/ResourceManager 及其 Standby 节点的推荐配置如表 1.2 所示。磁盘的数量取决于冗余备份元数据的份数。

表 1.2　NameNode/ResourceManager 及 Standby 节点推荐配置

CPU	双路 6/8 核，主频 2～2.5GHz
内存	64～256GB 内存
硬盘	4～6 块 1TB 硬盘
网卡	万兆网卡

如果 Hadoop 集群未来会超过 20 台机器，建议集群初始规划就跨两个机架，每个机柜都配置柜顶的 10GE 交换机。随着集群规模的扩大，跨越多个机架时，在机架之上还要配置冗余的核心交换机，带宽一般为 40GE，用来连接所有机柜的柜顶交换机。拥有两个以上机架，可以让运维团队更好地了解机架内以及跨机架的网络通信需求。

1.4　集群硬件配置方案制定

Hadoop 集群搭建完成后，可以开始识别集群的工作负载，并且进行负载测试，以定位硬件性能瓶颈。经过一段时间的测试和监控，可以了解到需要增加什么样配置的新机器。异构的 Hadoop 集群比较常见，特别是随着数据量和计算量的增加集群需要扩容时。所以如果因为前期不熟悉集群工作负载，选择较为通用的服务器是常见的硬件配置方案。Cloudera Manager 支持服务器分组，从而使异构集群配置更加简单清晰。

如表 1.3 所示为不同工作负载的常见硬件配置。

表 1.3　不同工作负载的常见硬件配置

应用场景	CPU	内　存	硬　盘
测试，开发或者低要求的场景硬件配置	双路 6 核 CPU	24～64GB	8 个磁盘（1TB 或者 2TB）
均衡或主流的场景硬件配置	双路 6 核 CPU	48～256GB	12～16 块磁盘（1～4TB）
重存储的场景硬件配置	双路 6 核 CPU	48～128GB	16～24 块磁盘（2～6TB）
计算密集型的场景硬件配置	双路 6 核 CPU	64～512GB	4～8 块磁盘（1～4TB）

以上双路 6 核为最低的 CPU 配置，推荐的 CPU 选择一般为双路 8 核，双路 10 核，双路 12 核。

Hadoop 远远不止 HDFS 和 MapReduce/Spark，它是一个全面的数据平台。CDH 平台包含了很多 Hadoop 生态圈的其他组件。做群集规划的时候往往还需要考虑其他组件，不同平台资源的使用情况往往都会不一样。专注于多租户的设计包括安全管理，资源隔离和分配，其中资源隔离和分配是制定合理的配置方案的关键要素。

1.5 大数据集群网络方案设计

1.5.1 网络平面设计

在典型配置下，集群采用双平面组网，网络划分为业务平面和管理平面，两个平面之间采用物理隔离的方式部署，保证业务、管理各自网络的独立性和安全性，如图1.3所示。

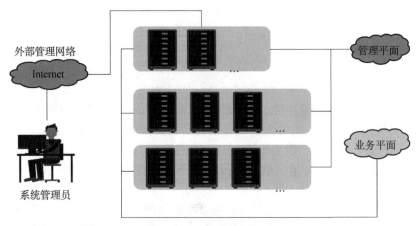

图 1.3 集群双平面组网

（1）管理平面：通过运维网络接入，主要用于集群管理，对外提供集群监控、配置、审计、用户管理等服务。

（2）业务平面：通过业务平台接入，主要为用户或上层用户提供业务通道，对外提供数据存储、业务提交和计算的功能。

双平面组网主备管理节点还应支持设置外部管理网络的IP地址，用户可以通过外部"管理网络"进行集群管理。

1.5.2 机架部署设计

1. 单机架部署

对于小规模集群，或者单机架部署的集群，所有的节点都连接到相同的接入交换机。接入交换机配置为堆叠方式，互为冗余并增加交换机带宽。所有节点配置两个网卡互为主备或者负载均衡模式，分别连入两个交换机。在该部署模式下，接入层交换机同时也充当了聚合层的角色，如图1.4所示。

2. 多机架部署

在多机架的部署模式下，除了接入交换机，还需要聚合交换机。聚合交换机用于连接各接入交换机，负责跨机架的数据存取，如图1.5所示。

1.5.3 Hadoop 集群网络规范

（1）所有的Hadoop服务器节点应该是独有网络，而不存在跟其他应用程序节点共享网络I/O的情况。

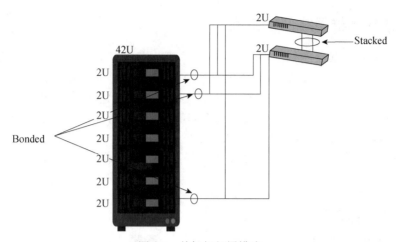

图 1.4　单机架部署模式

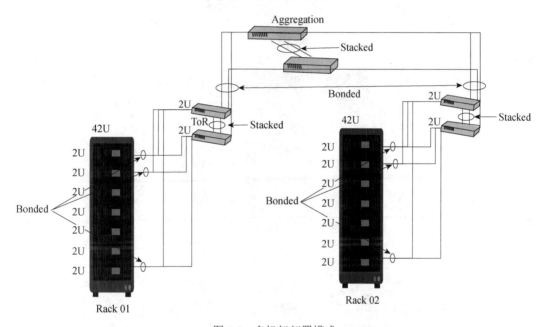

图 1.5　多机架部署模式

（2）每个服务器都应该配置静态 IP。如果配置了动态 IP，在机器重启或者 DNS 租约过期时，机器的 IP 地址会改变，这将导致 Hadoop 服务故障。

（3）使用专用柜顶（TOR）交换机。

（4）专用的核心交换刀片或者核心交换机。

（5）CDH 只支持 IPv4，不支持 IPv6。

（6）机架之间的网络连接速度应该足够快。

（7）确保网络接口对于集群中的所有节点一致。

（8）关闭所有节点的 Huge Page compaction 透明大页功能。

（9）确保集群中的所有网络连接都会被监控，例如监控网络冲突和丢包问题，以方便后期进行排障。

1.5.4 大数据集群网络部署实例

大数据集群网络部署实例如图 1.4 所示，集群中每个节点分别接入管理平面和业务平面，每个节点需要一个管理 IP 地址和一个业务 IP 地址，每个 IP 地址用两个网络接口配置 Bond，分别接入两个接入交换机。各节点的业务平面建议采用 10GE 带宽，业务平面接入交换机与汇聚交换机之间建议采用 10GE 带宽，业务平面汇聚交换机的堆叠带宽建议设置为 40GE。以二层组网为例，双平面隔离组网，A、B、C 为部署有管理节点和控制节点的机架，称为基本框。D 为根据业务需要扩展的机架，称为扩展框，如图 1.6 所示。

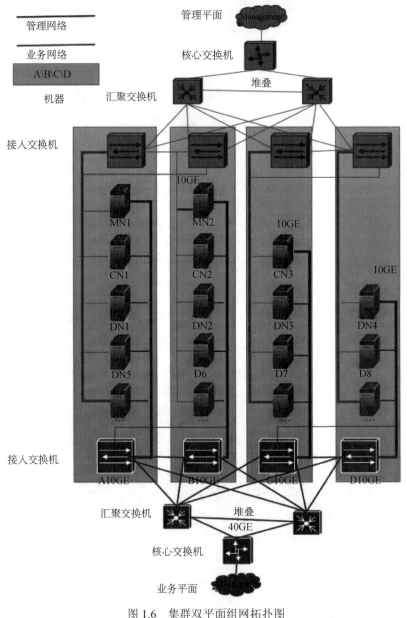

图 1.6　集群双平面组网拓扑图

1.6　大数据集群网络高可用方案设计

1.6.1　集群主机和角色分布

集群主机和角色分布包括管理节点（Master Hosts）、工具节点（Utility Hosts）、边缘节点（Gateway Hosts）和数据节点（Worker Hosts）。

（1）管理节点（Master Hosts）：主要用于运行 Hadoop 的管理进程，比如 HDFS 的 NameNode，YARN 的 ResourceManager。

（2）工具节点（Utility Hosts）：主要用于运行非管理进程的其他进程，比如 Cloudera Manager 和 Hive Metastore。

（3）边缘节点（Gateway Hosts）：用于集群中启动作业的客户端机器，边缘节点的数量取决于工作负载的类型和数量。

（4）数据节点（Worker Hosts）：主要用于运行 DataNode 以及其他分布式进程。

1.6.2　集群高可用方案设计

根据集群的规模，推荐的角色划分如下所示，实际部署时，根据工作负载的类型和数量、集群中部署的服务、硬件资源、配置和其他因素，依据下面建议优化角色的主机分布。

3～20 个数据节点高可用方案，如表 1.4 所示。

表 1.4　3～20 个数据节点高可用方案

管理节点 （Master Hosts）	工具节点 （Utility Hosts）	边缘节点 （Gateway Hosts）	数据节点 （Worker Hosts）
Master Host 1: 　NameNode 　JournalNode 　FailoverController 　YARN ResourceManager 　ZooKeeper 　JobHistory Server 　Spark History Server 　Kudu master Master Host 2: 　NameNode 　JournalNode 　FailoverController 　YARN ResourceManager 　ZooKeeper 　Kudu master Master Host 3: Kudu master（Kudu requires an odd number of masters for HA.）	Utility Host 1: Cloudera Manager Management Service Hive Metastore Impala Catalog Server Impala StateStore Oozie ZooKeeper（requires dedicated disk） JournalNode（requires dedicated disk）	One or more Gateway Hosts: 　Hue 　HiveServer2 　Flume Gateway configuration	3～20 Worker Hosts: 　DataNode 　NodeManager 　Impalad 　Kudu tablet server

20～80个数据节点高可用方案，如表1.5所示。

表 1.5 　20～80 个数据节点高可用方案

管理节点 （Master Hosts）	工具节点 （Utility Hosts）	边缘节点 （Gateway Hosts）	数据节点 （Worker Hosts）
Master Host 1： NameNode JournalNode FailoverController YARN ResourceManager ZooKeeper Kudu master Master Host 2： NameNode JournalNode FailoverController YARN ResourceManager ZooKeeper Kudu master Master Host 3： ZooKeeper JournalNode JobHistory Server Spark History Server Kudu master	Utility Host 1： Cloudera Manager Utility Host 2： Cloudera Manager Management Service Hive Metastore Impala Catalog Server Oozie	One or more Gateway Hosts： Hue HiveServer2 Flume Gateway configuration	20～80 Worker Hosts： DataNode NodeManager Impalad Kudu tablet server

1.7　本章小结

本章主要介绍Cloudera Hadoop发行版CDH集群特征、版本演进、Cloudera Manager集群管理工具。介绍Hadoop集群硬件设计和选型原则，集群硬件通用型配置方案和不同业务场景的定制化配置方案。介绍如何根据不同的集群规模，进行大数据集群网络方案设计和高可用方案设计。

第2章
Hadoop 平台架构设计

📖 学习目标

- 掌握 Hadoop 集群节点高可用方案规划设计
- 理解 Hadoop 集群容量方案规划设计
- 了解 Hadoop 行业方案规划设计
- 了解 Hadoop 企业方案规划设计

通过本章内容学习，掌握 Hadoop 集群节点高可用方案规划设计，理解 Hadoop 集群容量方案规划设计，并了解 Hadoop 行业和企业典型规划方案设计。

2.1 Hadoop 集群节点高可用方案规划设计

如图 2.1 所示，Cloudera 的软件体系结构中包含了以下模块：系统部署和管理、数据存储、资源管理、处理引擎、安全、数据管理、工具库以及访问接口。

User Applications		ETL Tools Informatica		BI Tools IBM，SAP，Oracle，SAS				Visualization Tools Tableau，Zoomdata		Data Analytics Tools OxData Revolution R		
Connectors		JDBC/ODBC		Java API	Python	Rest API		Thrift	Hue			Cloudera Navigator
Kafka	Flume	Pig	Hive	SparkSQL	Mllib	GraphX	Oozie	Phoenix	Sentry	ZooKeeper	Cloudera Manager	
		MapReduce		Spark/Spark Streaming		Impata	Search					
	Sqoop	YARN Uama					HBase Indexer					Cloudera Xplainio
		HDFS										
Cloudera Director												
Legacy Systems（RDBMS/DW，Data Mart，Archive，ESB，Log Data）Sensors，Internet												

图 2.1　Cloudera 平台软件体系结构

Cloudera 平台关键组件角色信息如表 2.1 所示。

表 2.1　Cloudera 平台组件角色信息

模　　块	组　　件	管理角色	工作角色
系统部署和管理	Cloudera Manager	Cloudera Manager Server Host Monitor Service Monitor Reports Manager Alert Publisher Event Server	Cloudera Manager Agent
	Cloudera Director		
数据存储	HDFS	NameNode Secondary NameNode JournalNode FailoberController	DataNode
	HBase	HBase Master	RegionServer
资源管理	YARN	ResourceManager Job HistoryServer	NodeManager
处理引擎	Spark	History Server	
	Impala	Impala Catalog Server Impala StateStore	Impala Daemon
	Search		Solr Server
安全、数据管理	Sentry	Sentry Server	
	Cloudear Navigator	Navigator KeyTrustee Navigator Metadata Server Navigator Audit Server	
工具库	Hive	Hive Metastore	
		Hive Server2	

2.2　Hadoop 集群容量方案规划设计

2.2.1　小规模集群规划设计

搭建小规模集群一般是为了支撑专有业务，受限于集群的存储和处理能力，不太适合用于多业务的处理。小规模集群可以部署一个 HBase 存储集群；也可以部署一个数据分析集群，包含 YARN、Impala 组件。在小规模集群中，为了最大化利用集群的存储和处理能力，节点的复用程度往往也比较高。下面是一个典型的小规模集群主节点部署的管理角色组件：

HDFS NameNode

HDFS FailoverController

HDFS JournalNode

ZooKeeper

YARN ResourceManager

HBase Master

Impala StateStore

对于需要两个以上节点来支持 HA 功能的集群，可以分配一个工具节点承载其他管理角色组件，这些管理角色组件本身消耗资源较少：

HDFS JournalNode

ZooKeeper

HBase Master

Cloudera Manager Server

Cloudera Management Service

History Server

Job History Server

Hive Metastore

HiveServer2

Impala Catalog Server

Hue Server

Oozie Server

Gateway

其余节点可以部署为纯工作节点，包含以下工作角色组件：

HDFS DataNode

YARN NodeManager

Impala Daemon

HBase RegionServer

2.2.2　中等规模集群规划设计

一个中等规模的集群，集群的节点数一般在20个到200个，通常的数据存储可以规划到几百TB，适用于中型企业的数据平台，或者大型企业的业务部门数据平台。中等规模集群节点的复用程度可以适当降低，按照管理节点、主节点、工具节点和工作节点来规划设计，如图2.2所示。

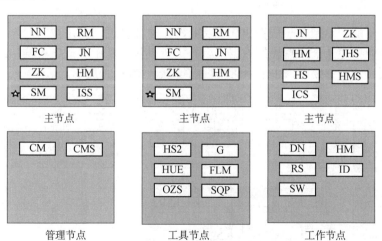

图 2.2　中等规模集群规划设计

独立管理节点上部署 Cloudera Manager 和 Cloudera Management Service。

主节点上部署 CDH 服务的管理角色组件和 HA 组件，可参照如表 2.2 所示的方式进行部署。

表 2.2　中等规模集群主节点组件部署

服　务	主节点1	主节点2	主节点3
HDFS	NameNode　Secondary NameNode JournalNode	NameNode Secondary NameNode JournalNode	JournalNode
YARN	ResourceManager	ResourceManager	Job History Server
ZooKeeper	ZooKeeper Server	ZooKeeper Server	ZooKeeper Server
HBase	HBase Master	HBase Master	HBase Master
Impala	Impala StateStore	Impala Catalog Server	
Hive			Hive Metastore
Spark			History Server

工具节点可以部署以下管理角色组件：

HiveServer2

Hue Server

Oozie Server

Flume Agent

Sqoop Client

Gateway

工作节点的组件部署方式和小规模集群类似：

HDFS DataNode

YARN NodeManager

Impala Daemon

HBase RegionServer

2.2.3　大规模集群规划设计

大规模集群的节点数量一般在 200 个以上，存储容量可以是几百 TB 甚至是 PB 级别，适用于大型企业搭建全公司规模的数据平台。大规模集群和中等规模集群相比，部署的方案类似，规划设计时主要考虑主节点可用性的增强，如图 2.3 所示。

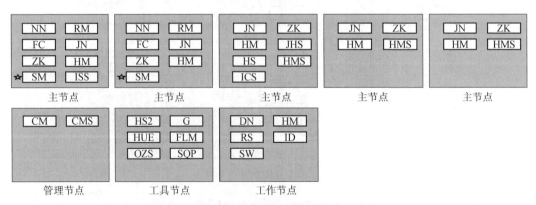

图 2.3　大规模集群规划设计

将 HDFS JournalNode 的数量由 3 个增加到 5 个，ZooKeeper Server 和 HBase Master 的数据由 3 个增加到 5 个，Hive Metastore 的数量由 1 个增加到 3 个，确保主节点管理组件的高可用性。

2.3　Hadoop 行业方案规划设计

随着互联网及智能设备的急速发展，很多行业正面临两方面的挑战，一方面，累积的数据量越来越大，从 GB 增长到了 TB（拥有 PB 级的企业客户也有，但是少数）；另一方面，随着应用的增多和复杂化，计算能力越来越不能满足要求。大多数企业多年来根据业务需求在传统的关系数据库如 DB2 或者 Oracle 上开发自己的应用，数据量和应用的数量都在快速增加，传统数据库运行这些应用花的时间越来越长，即使只有 1TB 的数据，由于业务逻辑的复杂性，在传统关系数据库上运行统计业务，也从以前的日报（每日统计）降低到只能做现在的周报了。这样的时效性已经大大限制了企业的生产力。在 IT 系统日益成为企业业务本身的大趋势下，IT 系统效率的低下严重影响了企业的竞争力。这些待处理的数据都是企业的结构化业务数据，现有的应用也都是基于 SQL 的。这是分布式的 SQL on Hadoop 技术发展的客观原因。大数据技术优先应用在采用 SQL 进行结构化数据处理上，来解决数据量增大带来的处理能力的挑战；这与很多人宣传的大数据技术最适合处理非结构化数据（而不适合结构化数据处理）相反。

不仅如此，众多行业对实时时序数据的处理需求日益增强，特别是随着传感器和监控设备等电子仪器的普及，企业将面对越来越多的实时数据。传统处理方法是将电子仪器产生的数据存入数据库后再统一分析。随着设备的增多和数据的增长，传统方案的延时越来越高。利用流处理技术在数据产生的时候就进行实时处理可以极大地提高企业的反应速度和工作效率。近年来，很多企业部署了越来越多的流处理集群，来处理从用户产生的实时数据到传感器产生的数据。

1. 电信行业

移动互联网时代的运营商面临着许多新挑战。微信等手机通信 App 的出现侵蚀了运营商的语音和短信收入，流量业务显得更加重要。另外，无线网络服务是运营商的核心竞争力。近年来，运营商正在投入大量资金建设网络来大力发展 5G。5G 网络的覆盖率不高或者质量不高导致的 5G 回落到 4G 或者 3G 会大大降低客户满意度。

经过最近一两年的探索，运营商在大数据平台建设方面总结了两个方向，一是利用大数据技术来提升运营效率，同时探索新的商业模式和数据运营方式。在过去的一年中，大数据在运营效率提升方面得到验证，而新的商业模式仍然在探索中。在广东移动的经营数据分析中应用星环的内存计算技术成功地将 800 多个指标的计算从原先 Oracle 的 30 小时减少到了 4 小时，在上海移动成功地将流量经营系统从 DB2 完整地迁移到了星环的 TDH 上，运行效率比原先的集群有 5 倍左右的提升。某省电信和某直辖市移动的 4G 网络优化项目，在这些项目中，采用更高性能的 CDH 代替传统 MPP 数据库进行网络优化模型的建立和高速的模型运算，一方面发现网络中存在的问题，例如信号回落的问题，帮助运营商快速找出有问题的区域；另一方面通过 CDH 提供的完整 SQL 结合统计和机器学习算法，找到最佳的优化模型和参数，对网络进行细粒度的精确调整，以提高网络的覆盖度以及信号的质量。

2. 金融行业

近年来，国有银行以及部分股份制银行或多或少地进行了大数据技术应用方面的探索，但是早期的应用局限在简单的历史交易查询以及非结构化数据的存储和检索上，并没有对银行的关键业务产生影响，而大数据技术在银行的应用前景被广泛传播，通过综合处理银行自有结构化交易数据以及外部互联网/政府数据，可以提升精细化客户管理水平以及进行大数据征信降低风险等。近年来，在银行中实践了一些务实的应用。在这些应用中，CDH作为数据仓库的补充，用于提升数据分析的效率。某股份制银行开始把一些复杂的贷款风险控制逻辑迁移到CDH Hadoop平台上进行运算。这些风控模型客户此前在多个MPP数据库和Hadoop发行版上进行过尝试，性能或者功能都没能满足他们的要求。从技术角度来看，这些分析涉及的数据量只有几个TB，但是分析业务极其复杂，涉及近百张事实表和维度表，有些表的宽度甚至超过了几万字节。这个案例说明传统关系型数据库或者MPP数据库对于大数据场景下的复杂计算变得越来越捉襟见肘，银行需要一个更高效的数据处理工具。

3. 快递行业

快递行业IT系统产生的数据量和承载的压力过去一直没有得到大家的关注。近年来，快递行业的规模随着电子商务的高速发展出现了快速的扩张。巨大的市场需求给快递公司带来了前所未有的挑战，每年的"双十一"会给快递公司的处理能力施加远高于平时的压力。因此，怎样缓解"双十一"的爆仓、避免快件变"慢件"是每个快递公司的难题。

如何通过大数据的分析对快递流程进行改善和优化成为一个值得研究的问题，也是快递业提高竞争力的一个重要手段。快递的每一个生产环节都会产生大量数据，监控这些数据进而对全国各处理中心的收寄和运载能力、出班投递计划做实时优化调整，公司就能降低成本。分析这些数据来对业务发展的趋势做出预测，公司就能做好准备应对暴涨的需求。然而，快递生产环节中的数据具有数据量大、并发性高、类型复杂的特点，上层应用对实时性要求很高，传统数据库在这样的情况下捉襟见肘。

中国邮政EMS速递部门部署了大数据平台，对它在全国的揽投部、处理中心和集散中心的数据（包括已接收、留存件、已下段、未下段、已投递、未投递、揽收员、地址、已封发、已发运、未发运等）进行处理。大数据平台将ESB（企业生产总线）流来的数据实时动态加载进流处理集群以及实时数据库，进行实时统计和指标监测，并且实现实时数据查询。这次部署给了客户简单易用的工具来对业务的每个环节实时监控，使得他们在海量的快递业务中都可以快速精准地发现问题，如快件的积压、遗失、破损等，从而提高服务质量。这个大数据平台平稳支撑了"双十一"的数据处理压力。未来该平台也可根据最新的生产数据帮助快递公司调整和优化投递计划，为公司降低成本。

4. 工商行业

工商部门在建设国家的"经济户籍库"积累了大量的市场主体信息、年检情况、执法数据和12315投诉等数据。对这些数据的统计分析可以帮助工商部门理解市场与经济形势。

大数据技术的其中一个简单应用是用在数据质量管理和统计分析上。由于是人工录入数据，不可避免存在一定出错的概率，虽然概率不大，同时企业和个人的基本信息被分散在几十张关系表中，信息存在一定程度的交叉关联，通过对数据进行大规模交叉比对和统计，可以发现数据中隐藏的错误并及时得到更正。这个应用使用了星环的内存计算技术，全量数据的校验和统计可在十分钟内完成，极大提高了工作效率。

另外，大数据技术也用于市场主体信息的查询系统中，可以应对上亿用户并发查询并在几百毫秒内就返回查询或搜索结果。对企业历史快照的查询可以让用户跟踪企业变更信息，掌握企业生命周期的变化规律。在解决了存储和查询问题的基础上，利用图计算引擎快速发现企业之间和企业相关人员之间的关联。通过对全库数据进行扫描，确认这些企业基于股权、任职等方面的关联关系，建立企业关联关系信息库。

5. 电力系统

随着电力企业信息化快速建设和智能电力系统的全面建成，电力数据的增长速度将远远超出电力企业的预期。以发电侧为例，电力生产自动化控制程度的提高，对诸如压力、流量和温度等指标的监测精度，频度和准确度更高，对海量数据采集处理提出了更高的要求。就用电侧而言，一次采集频度的提升就会带来数据体量的"指数级"变化。电力数据量的增长已经远远超过某电力部门原先使用的关系数据库的处理能力。

电力数据的统计分析涉及非常复杂的 SQL 运算，从技术角度来看，大量使用了 Oracle 的 PL/SQL 扩展语法，包括存储过程/控制流/异常处理/增删查改/事务处理等。从应用角度来看，这些 SQL 逻辑主要用于用电量的历史统计和用电趋势的分析，以及对线路损耗的计算。通过机器学习的方法进行分析，发现用电量跟宏观经济走势以及气候有一定的相关性，同时也跟每个行业以及每个企业的经营状况密切相关。通过对企业用电量的统计以及它所处行业的用电水平的对比，可以发现企业的节能情况，通过对用电历史数据的分析，可以发现企业生产活动的变化或者节能措施的效果。某南方供电局采用 CDH 的平台统计找出节能环保的企业和用电大户，并对节能环保的企业给予补贴，目的是对全社会节能减排观念进行引导，推动工业由高耗能的粗放发展方式向低耗能、高效率的绿色和谐发展方式转变。

某电力部门部署了一个试验性的故障处理系统，建立了统一的配电网供电拓扑模型，利用图数据库存储从用户到变电站的整个供电拓扑网络数据，利用流处理系统进行实时告警，并实时查询电网拓扑图，快速研判停电事故发生的地点以及影响的范围。在此基础上，可以将停电事件通知抢修班组，及时恢复供电。同时可以主动告知用户，加强与用户互动，全面且直观地掌握全网的停电分布情况。

6. 交通行业

随着经济迅猛发展，机动车辆不断增加，全国性的交通拥堵现象也越来越严重，如何通过信息化手段提高交通管理水平和保障道路安全已经成为一个重要的课题。

目前常用的方式是在道路卡口部署数字监控设备，这些设备 7×24 小时不间断捕获图像和视频数据，并进行识别，一个省或直辖市每日产生的过车数据有几千万条记录。这些数据主要用来为交通管理部门提供实时的路况信息，这些信息未来可以发布给公众作为出行的参考信息。同时协助管理部门进行交通管理，包括对重点营运车辆的监控，违法车辆的识别和布控，区间测速、套牌分析等实时性的分析应用。某省公安厅交通管理部门部署了全省范围的交通监控系统，采用分布式队列实时采集全省各个交通卡口的车辆信息，使用流式计算集群对过车记录进行实时统计和监测，并实现上述多种实时分析应用，系统处理信息的端到端延时在2秒以内，较好地提高了交通管理的效率。

当然，交通行业的大数据应用还处于起步阶段，刚刚开始或者即将完成大数据的集中收集。利用大数据技术的强大分析和挖掘能力，未来可以显著提高交通信息的实时透明度，提升交通和拥堵管理的水平，降低事故的发生率，并为城市规划提供参考。

7. 广电系统

在中国，广电系统正经历着数字化浪潮的冲击，基于网络化的影视播放给传统广电运营商带来很大挑战。在此背景下，华数传媒敏锐意识到，要想获得未来网络化传媒的生存与竞争优势，现在就必须向用户倾斜，打造"精准型"广电内容及传播运营商。华数传媒需要的数据基础架构需要能够满足海量、多来源、多样性数据的存储、管理要求，支持平台硬件的线性扩展，并提供快速实时的数据分析结果，迅速作用于业务。华数传媒部署了大数据平台，在其之上开发了数字电视分析系统。该系统可以提供基于全量数据的实时榜单。以时间（小时/天/周）、用户等维度，对点播节目、直播节目、节目类别、搜索关键词等进行排名分析、同比环比分析、趋势分析等。系统还可以从时间、频道、影片类型、剧集等维度，根据在看数量、新增数量、结束观看数量、完整看完等分析用户走向。另外，通过对用户行为数据的采集分析，华数传媒可以对客户进行精准画像，使用智能推荐引擎，系统可以先于观众知道他们需求，预知将受到追捧的电视，为每一个用户量身定做推荐节目，以提高产品的到达率，增强用户忠诚度。另外，系统还可通过观众对演员、情节、基调、类型等元数据的标签化，来了解受众偏好，从而进行分析观测，为后续的影视制作等内容开发做好准备。得益于基于大数据平台的数字电视分析系统，华数传媒正在进行从内容传输到内容制造的"华丽转身"。

8. 电子商务

在电子商务领域，大数据可以说已经成为业务支撑的关键技术，在营销推广、客户关怀等众多环节发挥重要作用。锦江电商利用大数据平台为该电商打造了产品推荐系统。基于大数据平台建设了客户标签体系。依托该电商大量的会员和访客，深度学习和挖掘客户的行为数据，依据RFM模型和客户信息，形成客户消费喜好、客户年龄、家庭状况、甚至星座、属相、消费频次、金额、出行方式等信息计入客户标签。再将客户标签聚类分析，形成客户分群。如此，便能精准获取客户群体，实施精准营销。同时，建设产品标签体系，依据酒店与旅游等各类型产品特征，建设和挖掘产品标签，并经过一定的机器学习挖掘过程，将客户标签和产品标签对接，根据各类标签分析权重，建设智能化推荐系统。该推荐系统可以智能化推荐产品，正逐步成为针对电商的会员关怀体系和精准服务体系中重要的基础环节。

Hadoop大数据行业应用，有些应用可能是大家之前没有预想到的简单应用，有些则是复杂的数据分析和挖掘类应用。大数据技术本身是一个全新的数据处理和分析技术，拥有超过现有技术的强大处理能力和深度挖掘数据的能力，然而技术本身带来的价值需要通过上层应用来展现，因此如何应用这些能力来解决现实的问题是各个行业都在探索的课题。在未来预计会有大量的基于大数据技术的创新应用涌现出来。

2.4　Hadoop 企业方案规划设计

2.4.1　企业大数据平台易产生的缺陷

大数据思维需要依托大数据技术的支撑才能得以实现，所以隐藏在背后的支撑平台非常重要。如果没有一个统一的大数据平台将导致严重问题。

1. 资源浪费

通常在一个企业内部会有多个不同的技术团队和业务团队。如果每个团队都搭建一套自己的大数据集群，那么宝贵的服务器资源就这样随意地分割成若干个小块，没有办法使出合力，服务器资源的整体利用率也无法得到保证。这种做法无疑是对企业资源的一种浪费。

其次大数据要去掉那些技术繁杂的设计，其搭建和运维也是需要学习和运营成本的。这种重复的建设费时费力且没有意义，只会造成无谓的资源浪费。

2. 数据孤岛

如果企业内部存在多个分散的小集群，那么首先各种业务数据从物理上便会被孤立存储于各自的小集群之中，我们就没有办法对数据进行全量的整合使用，数据便失去了关联的能力，大数据技术使用全量数据进行分析的优势也丧失了。

其次，在这种情况下，也难以实现对业务数据进行统一的模型定义与存储，一些相同的数据被不同的部门赋予了不同的含义，同一份数据就这样以不同的模型定义重复地存储到多个集群之中，不仅造成了不必要的存储资源浪费，还造成了不同部门之间的沟通成本的增长。

3. 服务孤岛

企业内部各自为政的小集群的首要任务是支撑团队或项目组自身的业务场景来满足自身需求，所以在实现功能的时候不会以面向服务的思维来抽取提炼服务，很有可能都没有可以提供出来供小集群外部使用的服务。

退一步讲就算这些小集群有提供出来的服务，那么它们也缺乏统一的顶层设计，在做服务设计的时候没有统一的规则，导致提供的服务参差不齐，其访问入口也很有可能不统一。同时这些服务被分散在不同的集群中，应用程序不能跨越多个集群使用所有的服务。

4. 安全存疑

企业内部各项组成团队自身维护的小集群通常都只为支撑自身业务而实现的，不会同时面对多个用户。企业通过一些行政手段可以在一定程度上保障集群的安全。但是当团队人员扩充，集群规模扩大或者是大数据集群的服务同时面向多个技术团队和业务部门的时候，很多问题就会显露出来。

首当其冲的便是需要面对多用户的问题，集群不再只有一个用户，而是需要面对多个不同的用户。这就自然而言地反映出了一系列需要切实面对和解决的问题，比如用户的管理，用户的访问控制，服务的安全控制和数据的授权等。小集群通常都处于"裸奔状态"，基本没有什么安全防护的能力。集群安全涉及方方面面，是一个非常复杂的系统工程，不是轻易能够实现的。

5. 缺乏可维护性和可扩展性

大数据领域的技术发展日新月异，其本身正处于一个高速的发展期，我们的集群服务会不时需要进行更新获得新的能力，或是需要安装补丁以修复 Bug。在这种情况下对多个小集群进行维护就会变得非常麻烦。同时当某个小集群性能达到瓶颈时也没有办法很容易做到横向扩容。

6. 缺乏可复制性

各自为政的小集群缺乏统一的技术路线，导致大数据集群的运维工作会缺乏可复制性。因为一个部门或者一个团队与其他部门使用的技术组件可能完全不一样，这样一个集群的安装，维护和调试等经验就没有办法快速复制和推广到其他部门团队或部门。

同时在大数据应用研发方面也会存在同样的问题，正常来讲我们做过的项目越多，从项目中获得的经验也就越多，我们能从这个过程中提炼，抽象和总结一些经验，规则或是开发框架来帮助我们加速今后的应用研发，但是技术路线的不统一很有可能导致这些经验丧失后续的指导意义。

2.4.2 企业大数据平台架构思想

在企业内部从宏观，整体的角度设计和实现一个统一的大数据平台，引入单一集群、单一存储、统一服务和统一安全的架构思想就能较好地解决上述的种种问题。

1. 资源共享

使用单一集群架构，可以实现通过一个大集群整合所有可用的服务器资源，通过一个大集群对外提供所有的能力。这样将所有服务器资源进行统一整合之后，能够更加合理地规划和使用整个集群的资源，并且能够实现细粒度的资源调度机制，从而使其整体的资源利用率更加高效。同时集群的存储能力和计算能力也能够突破小集群的极限。

不仅如此，因为只使用了一个大集群，所以我们现在只需要部署和维护一个集群，不需要重复投入人力资源进行集群的学习和维护。

2. 数据共享

使用单一存储架构，可以实现将企业内部的所有数据集中存储在一个集群之内，方便进行各种业务数据的整合使用。这样我们便能够结合业务实际场景对数据进行关联使用，从而充分利用大数据技术全量数据分析的优势。同时，在这种单一存储架构之下，各种业务数据可以进行统一的定义和存储，自然也就不会存在数据重复存储和沟通成本增长的问题了。

3. 服务共享

通过统一服务架构，我们可以站在宏观服务设计的角度来考虑问题，可将一套统一服务设计规则应用到所有服务实现之上，同时也能够统一服务的访问入口与访问规则。

除此之外，因为所有的服务是由一个统一的大数据提供的，这便意味着这些服务不存在孤岛问题，可以进行整合使用。

4. 安全保障

通过统一安全架构，可以从平台层面出发，设计并实现一套整体的安全保证方案。在单一集群架构的基础之上，可以实现细粒度的资源整合；在单一存储架构的基础之上，可以实现细粒度的数据授权；在单一服务架构之上可以实现细粒度的访问控制等。

5. 统一规则

由于统一大数据集群实现技术线路的统一，这使得我们在后续开发过程中有很多施展拳脚的空间。如此我们可以通过大数据应用的开发过程中得到的一些经验总结，将这些经验整理为方法论和模型，在基于这些理论和模型实现一套大数据平台开发 SDK。最终通过这套 SDK，可以很方便地将这些经验快速复制推广到整个企业内部。

6. 易于使用

在开发一款大数据产品或者业务的时候，我们应当将主要的精力放在业务的梳理和实现之上，而不应该过度关注平台底层细节，如集群的安装、维护和监控等。

比较理想的方式是直接将应用构建在一个大数据平台之上，通过面向平台服务的方式进行应用开发，或是借助平台工具直接以交互的方式进行数据分析。通过平台服务和工具的形式暴露平台能力，屏蔽平台底层细节。应用开发者直接使用平台服务接口进行应用开发，数据科学家，数据分析人员直接使用平台提供的工具进行交互式数据查询和分析。

2.4.3　企业大数据平台能力需求

为了落实这样一个统一的大数据平台，需要提出一些平台应该具有的最基本的能力需求。

1. 数据接入

在大数据的应用领域，自始至终都是围绕着数据在做文章。所以首先需要面对的是如何把海量数据接入平台的问题。结合大数据来源多、类型杂、容量大等特征，可以得知大数据平台需要能够对接各种来源和各种类型的海量数据。

2. 数据存储和查询

在数据接入进来之后，就需要开始考虑如何将数据持久化存储并提供数据查询能力的问题了。为了应对不同业务场景，平台需要提供多种不同的存储媒介以满足千奇百怪的存储与查询需求，所以平台需要提供如关系型数据模型，非关系性模型以及文档模型的存储系统。

3. 数据计算

在数据接入并存储下来之后，还需对数据进行进一步的加工，分析和挖掘，这就是数据计算的范畴了。这里包括离线批处理、实时计算、机器学习、多维分析和全文搜索等场景。

4. 平台管理与安全

作为一个企业级大数据平台产品，安全问题自然不容小觑。平台需要解决诸如用户管理、数据隔离与访问授权、访问控制和集群服务安全等问题。

5. 平台辅助工具

大数据领域相比传统的企业及应用，在平台运维和程序研发等方向都显得复杂和困难。所以为了提高平台的易用性并降低平台的使用门槛，这里还需要提供一些平台的辅助工具，诸如程序开发套件、任务管理与调度系统、自助式数据探索分析系统等。

2.4.4　企业大数据平台设计方案

1. 企业应用磁盘阵列设计方案

机器层面，需要保证系统盘正常运行和数据盘的高效实用。推荐磁盘阵列类型为：RAID1，相当于HA，当一块系统盘失效后，操作系统仍然可以正常使用。操作系统如果损坏，那么在这台操作系统上的所有软件都变得不可使用，如图2.4所示。

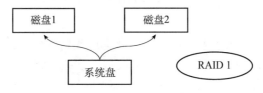

图 2.4　磁盘设计方案

对于数据盘，官方推荐将多个硬盘合并为一个磁盘的操作，但在实际生产环境中我们推荐使用RAID 0，不推荐使用JBOD。

如果为"dfs.datanode.data.dir"指定了多个目录，那么在存储数据时，会并行去存储，配置多目录可以提升读写速度。注意这里的多目录是在安装操作系统时指定的。这里涉及分区知识和DataNode存储数据的方式，因为HDFS使用balance（负载均衡）可以保证各节点存储数据的总量保持均衡，但不能保证各个分区数据存储均衡，因此建议把系统盘和数据盘分开后即可，不要再对数据盘进行分区，如图2.5所示。

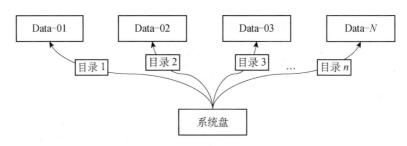

DataNode存储数据推荐方式

图 2.5　节点服务器数据存储方式

2. 生产环境软硬件选择

（1）硬件部分。

Hadoop集群根据不同的计算需求，通常可分为IO密集型和CPU密集型两类。IO密集型的计算任务有数据的导入导出、ETL、索引、分组等。CPU密集型的计算任务有数据挖掘，机器学习等。不同计算需求适合于配置不同的硬件，每个企业的预算，集群规模，现有硬件（如果搭建Hadoop需要利用现有硬件）也不尽相同。

以目前的生产环境为例，如果使用自建机房搭建集群，一般会采购PC服务器作为集群节点（通常大小为2U），安装在机架上（标准机架为42U，一般不会安装超过20台服务器），机架与机架之间至少要保证万兆以太网连接（由于目前服务器的网卡传输效率都在万兆级别，因此核心交换机应该支持至少万兆级别传输）。

Hadoop集群也可安装在虚拟机或公有云上，CDH对此有良好的支持，选择硬件时，可参照物理机搭建集群的配置，并适当地考虑数据交换成本等额外因素。（搭建在虚拟环境中运行效率可能会低，我来到某公司用不到一个月时间将 2PB 的数据从某云上全量迁移自建的大数据集群中，根据大数据开发人员反馈，之前在某云上运行 40 分钟的任务，在新集群不到 5 分钟就可以运行完毕，因此我并不建议大家将生产的集群部署在虚拟环境之上。）

（2）软件部分。

CDH 软件及服务获取网址如下。

CDH and Cloudera Manager 5.16.x Supported Operating Systems：

https://www.cloudera.com/documentation/enterprise/release-notes/topics/rn_consolidated_pcm.html#c516_supported_os

CDH and Cloudera Manager Supported JDK Versions：

https://www.cloudera.com/documentation/enterprise/release-notes/topics/rn_consolidated_pcm.html#pcm_jdk

CDH and Cloudera Manager Supported Databases：

https://www.cloudera.com/documentation/enterprise/release-notes/topics/rn_consolidated_pcm.html#cdh_cm_supported_db

CDH 5 and Cloudera Manager 5 Requirements and Supported Versions：

https://www.cloudera.com/documentation/enterprise/release-notes/topics/rn_consolidated_pcm.html

（3）角色划分。

按照节点在集群中角色的不同，一般会分为四类节点。

1）管理节点：主要用于运行重要的管理进程，如 NameNode、ResourceManager 等；

2）工具节点：主要用于非 Hadoop 管理进程的其他进程，如 ClouderaManager、Hue 等；

3）边缘节点：用于运行集群的客户端、Flume 等数据采集进程、FTP 服务等；

4）工作节点：主要用于运行各种分布式计算进程，如 NodeManager、Impala 等。

对于前三类节点，推荐配置：2 个 6 核以上的 CPU，主频至少 2GHz；64～512GB 内存，具体取决于负载多重，如 NamaNode 可以多配一些；4～8 个 1TB 以上的 SAS 或 SATA 硬盘，一般 OS、ZooKeeper 存储目录等可以用裸盘，NameNode 的 fsimage、数据库数据文件等盘建议用 RAID 1 或 RAID10。

对于工作节点，推荐配置：2 个 6 核以上的 CPU，主频至少 2GHz，如果为 CPU 密集型集群，可选择 2 路 12 核及以上 CPU；64～512GB 内存，具体取决于集群部署的角色，如果只运行 Hadoop 核心组件，则 64GB 或 128GB 一般够用，如果混合部署 Impala、Spark 等内存计算组件，则至少配置 256GB 或 512GB（也可如下估算，CPU 密集型 CPU：内存为 1∶4，IO 密集型或内存计算 CPU：内存为 1∶8 或 1∶16）；4～24 个 2TB 以上的 SAS 或 SATA 硬盘，一般 2U 服务器内插硬盘个数不超过 8 个，可以通过背板扩展卡扩展到 16 个甚至 24 个。虽然 Hadoop 也支持异构存储，但一般不需要使用 SSD 硬盘，除非对 IO 有特别高的需求；柜顶交换机使用万兆的，机架上层的核心交换机至少也要是万兆的，使得异机架节点的带宽至少为千兆。

对于生产集群，还有一个重要的工作是角色划分，即为每个节点设置运行的进程。因为只有工作节点才真正承担分布式计算任务，管理节点、工具节点、边缘节点完全不承担计算任务或只承担非分布式的任务，因此在 100 个节点以上的中大规模集群中，需要计算节点的占比尽可能高；但三类非计算节点的个数也不是越少越好，尤其是管理节点上的进程都非常重要，通常会将其分散到多个节点上，以防止节点失效产生严重影响。

比如，如果一个节点上既有 HDFS 的 NameNode 又有 HBase 的 HMaster，该节点故障的话，即使两者都配置了高可用，也会造成一段时间内两个角色的元数据服务都不可用，影响比较大，因此像此类重要进程尽量单独设置节点，或和 ZooKeeper 这样稍次要的角色合设；根据经验，中大型集群一般使用 5%～10%的节点作为非工作节点，并依据这些节点上运行进程的 CPU、内存、IO 使用特性和 HA 要求，来合理地进行划分。

2.5　本章小结

本章主要介绍掌握 Hadoop 集群节点高可用方案规划设计、Hadoop 集群容量方案规划设计 Hadoop 集群容量方案规划设计。介绍了电信、金融、快递、工商等 Hadoop 行业方案规划设计。Hadoop 企业方案规划设计中的常见的缺陷、架构思路和解决方案。

第3章
Hadoop 组件部署规划

📖 **学习目标**

- 了解 Hadoop 集群特征
- 理解 Hadoop 集群硬件设计和选型
- 理解 Hadoop 集群网络设计
- 理解 Hadoop 集群高可用方案设计

通过本章内容学习，了解 Hadoop 集群组件及版本选择，掌握 Hadoop 集群工作原理，了解 Hadoop 生态圈发展趋势。

3.1 Hadoop 集群组件选择

CDH（Clouder's Distribution Including Apache Hadoop），基于 Web 的用户界面，支持大多数 Hadoop 组件，包括 HDFS、MapReduce、Hive、HBase、ZooKeeper、Sqoop，简化了大数据平台的安装和使用难度。Cloudera 作为一个强大的商业版数据中心管理工具，提供了各种能够快速稳定运行的数据计算框架。

如图 3.1 所示，CDH 是 Cloudera 发布的一个自己封装的 Hadoop 商业版软件发行包，里面不仅包含了 Cloudera 的商业版 Hadoop，同时 CDH 中也包含了各类常用的开源数据处理与存储框架，如 Spark、Hive、HBase 等。

3.1.1 CDH集群

CDH 集群具体来说包含两个集群：HDFS 集群和 YARN 集群，两者逻辑上分离，但物理上常在一起。

（1）HDFS 集群：负责海量数据的存储。

（2）YARN 集群：负责海量数据运算时的资源调度。

（3）MapReduce：其实是一个应用程序开发包。

CDH 集群可以划分为不同的角色，主要包括以下几种：

（1）管理节点（Master Hosts）：主要用于运行 Hadoop 的管理进程，比如 HDFS 的

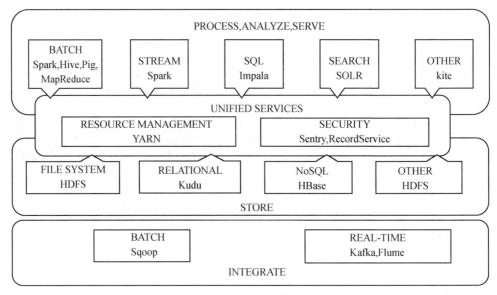

图 3.1　CDH集群架构

NameNode、YARN 的 ResourceManager。

（2）工具节点（Utility Hosts）：主要用于运行非管理进程的其他进程，比如 Cloudera Manager 和 Hive Metastore。

（3）边缘节点（Gateway Hosts）：用于集群中启动作业的客户机器，边缘节点的数量取决于工作负载的类型和数量。

（4）工作节点（Worker Hosts）：用户运行 DataNode 以及其他分布式进程。

集群大小划分可划分为测试/开发集群（小于10台），小规模集群（10～20台），中小规模集群（20～50台），中等规模集群（50～100台），大型集群（100～200台），超大规模集群（200～500台），巨型规模集群（500台以上）。每台机器的大小通常为32G物理内存，1T磁盘大小。测试开发集群可按逻辑划分为1台管理节点+1台工具节点/1台边缘节点+N台工作节点。

一台机器上部署管理节点，通常包括以下角色，NN：NameNode（HDFS）、SHS：Spark History Server（Spark）、RM：Resource Manager（YARN）、JHS：Job History Server、ZK：Zookeeper、KM：Kudu Master、ISS：Impala StateStore。

一台机器部署包含工具节点或边缘节点。工具节点通常包括以下角色，CM：Cloudera Manager、JN：JournalNode、CMS：Cloudera Management Service、ICS：Impala Catelog Service、NMS：Navigator Metadata、HMS：Hive Metadata、NAS：Navigator Audit Srver、ZK、Fluem、Sqoop、Hue、HttpFS。边缘节点通常包括以下角色，GW：Gateway configuration、Hue、Sqoop、Flume、HiveServer。工作节点通常包括角色：Impala Daemon、NodeManager、DataNode、Kudu Tablet Server。

3.1.2　CDH组件

1. 下面将介绍CKH常用组件

（1）HDFS：Hadoop 分布式文件系统被设计成适合运行在通用硬件（commodity

hardware）上的分布式文件系统。它和现有的分布式文件系统有很多共同点。但同时，它和其他的分布式文件系统的区别也是很明显的。HDFS 是一个高度容错性的系统，适合部署在廉价的机器上。HDFS 能提供高吞吐量的数据访问，非常适合大规模数据集上的应用。HDFS 放宽了一部分 POSIX 约束，来实现流式读取文件系统数据的目的。HDFS 在最开始是作为 Apache Nutch 搜索引擎项目的基础架构而开发的。HDFS 是 Apache Hadoop Core 项目的一部分。

（2）HBase：HBase 是一个分布式的、非关系型开源数据库。HBase 有如下几个特点。HBase 是 NoSQL 的一个典型实现，提升了系统的可扩展性；HBase 支持线性水平扩展，极大提升了系统的可伸缩性和运算能力；HBase 和 Google 的 BigTable 有异曲同工之妙，底层也是建立在 HDFS（Hadoop 分布式文件系统）之上，可以搭建在廉价的 PC 机集群上。NoSQL（NoSQL=Not Only SQL），意思是不仅仅是 SQL 的扩展，一般指的是非关系型的数据库。随着互联网 Web2.0 网站的兴起，传统的关系数据库在应付 Web2.0 网站，特别是超大规模和高并发的 SNS 类型的 Web2.0 纯动态网站已经显得力不从心，传统的电信行业动辄就千万甚至上亿的数据，甚至有客户提出需要存储相关的日志数据 50 年以上，暴露了很多难以克服的问题，而非关系型的数据库则由于其本身的特点得到了非常迅速的发展。

2. 关系型数据库难以克服的问题

（1）不能很好处理对数据库高并发读写的需求。

（2）不能很好处理对海量数据的高效率存储和访问的需求。

（3）不能很好处理对数据库的高可扩展性和高可用性的需求。

SQL 语言和关系型数据库（MySQL、PostgreSQL、Oracle 等）是通用的数据解决方案，占有绝大多数的市场。但是就像上面提到的，它有很多难以解决的问题。不过在最近兴起的 NoSQL 运动中，涌现出一批具备高可用性、支持线性扩展、支持 Map/Reduce 操作等特性的数据产品比如 MongoDB、CouchDB、HBase 等，它们具有如下特性。

（1）频繁的写入操作、相对较少的读取统计信息的操作。

（2）海量数据（如数据仓库中需要分析的数据）适合存储在一个结构松散、分布式的文件存储系统中。

（3）存储二进制文件（如 mp3 或者 pdf 文档）并且能够直接为用户的浏览器提供下载功能。

使用这些非关系数据库并不是要取代原有的关系数据库，而是为不同的应用场景提供更多的选择。也就是说，在一些特定的情况下如果是关系型的数据库解决不了的问题，那么就可以考虑使用 NoSQL，而不是说完全将应用移植到 NoSQL 上，毕竟适合才是最好的。

3. Hive

Hive 是一个建立在 Hadoop 架构之上的数据仓库。它能够提供数据的精炼，查询和分析。Apache Hive 起初由 Facebook 开发，目前也有其他公司使用和开发 Apache Hive，例如 Netflix 等。亚马逊公司也开发了一个定制版本的 Apache Hive，亚马逊网络服务包中的 Amazon Elastic MapReduce 包含了该定制版本。

Hive 是基于 Hadoop 的一个数据仓库工具，可以将结构化的数据文件映射为一张数据库表，并提供简单的 SQL 查询功能，可以将 SQL 语句转换为 MapReduce 任务进行运行。

其优点是学习成本低，可以通过类 SQL 语句快速实现简单的 MapReduce 统计，不必开发专门的 MapReduce 应用，十分适合数据仓库的统计分析。

4. Oozie

Oozie 是一个管理 Hadoop 作业（Job）的工作流程调度管理系统，其工作流是一系列动作的直接周期图。Oozie 协调作业就是通过时间（频率）和有效数据触发当前的 Oozie 工作流程。它是 Yahoo 针对 Apache Hadoop 开发的一个开源工作流引擎。用于管理和协调运行在 Hadoop 平台上（包括 HDFS、Pig 和 MapReduce）的 Jobs。Oozie 是专为雅虎的全球大规模复杂工作流程和数据管道而设计。

Oozie 围绕着两个核心进行：工作流（Workflow）和协调器（Coordinator），前者定义任务拓扑和执行逻辑，后者负责工作流的依赖和触发。

5. Hue

Hue 是一个开源的 Apache Hadoop UI 系统，最早是由 Cloudera Desktop 演化而来，由 Cloudera 贡献给开源社区，它是基于 Python Web 框架 Django 实现的。通过使用 Hue 我们可以在浏览器端的 Web 控制台上与 Hadoop 集群进行交互来分析处理数据，例如操作 HDFS 上的数据、运行 MapReduce Job 等。Hue 所支持的功能特性如下。

（1）默认基于轻量级 sqlite 数据库管理会话数据，用户认证和授权，可以自定义为 MySQL、Postgresql 以及 Oracle。

（2）基于文件浏览器（File Browser）访问 HDFS。

（3）基于 Hive 编辑器来开发和运行 Hive 查询。

（4）支持基于 Solr 进行搜索的应用，并提供可视化的数据视图，以及仪表板（Dashboard）。

（5）支持基于 Impala 的应用进行交互式查询。

（6）支持 Spark 编辑器和仪表板（Dashboard）。

（7）支持 Pig 编辑器，并能够提交脚本任务。

（8）支持 Oozie 编辑器，可以通过仪表板提交和监控 Workflow、Coordinator 和 Bundle。

（9）支持 HBase 浏览器，能够可视化数据、查询数据、修改 HBase 表。

（10）支持 Metastore 浏览器，可以访问 Hive 的元数据，以及 HCatalog。

（11）支持 Job 浏览器，能够访问 MapReduce Job（MR1/MR2-YARN）。

（12）支持 Job 设计器，能够创建 MapReduce/Streaming/Java Job。

（13）支持 Sqoop 2 编辑器和仪表板（Dashboard）。

（14）支持 ZooKeeper 浏览器和编辑器。

（15）支持 MySql、PostGresql、Sqlite 和 Oracle 数据库查询编辑器。

6. Impala

Impala 是 Cloudera 公司主导开发的新型查询系统，它提供 SQL 语义，能查询存储在 Hadoop 的 HDFS 和 HBase 中的 PB 级大数据。已有的 Hive 系统虽然也提供了 SQL 语义，但由于 Hive 底层执行使用的是 MapReduce 引擎，仍然是一个批处理过程，难以满足查询的交互性。相比之下，Impala 的最大特点也是最大卖点就是它的快速。

7. Key-Value Indexer

HBase 是一个列存数据库，每行数据只有一个主键 RowKey，无法依据指定列的数据进行检索。查询时需要通过 RowKey 进行检索，然后查看指定列的数据是什么，效率低下。在实际应用中，我们经常需要根据指定列进行检索，或者几个列进行组合检索，这就提出了建立 HBase 二级索引的需求。Key-Value Indexer 使用的是 Lily Hbase NRT Indexer 服务，Lily HBase Indexer 是一款灵活的、可扩展的、高容错的、事务性的，并且近实时的处理 HBase 列索引数据的分布式服务软件。它是 NGDATA 公司开发的 Lily 系统的一部分，已开放源代码。Lily HBase Indexer 使用 SolrCloud 来存储 HBase 的索引数据，当 HBase 执行写入、更新或删除操作时，Indexer 通过 HBase 的 replication 功能来把这些操作抽象成一系列的 Event 事件，并用来保证写入 Solr 中的 HBase 索引数据的一致性。并且 Indexer 支持用户自定义的抽取，转换规则来索引 HBase 列数据。Solr 搜索结果会包含用户自定义的 columnfamily：qualifier 字段结果，这样应用程序就可以直接访问 HBase 的列数据。而且 Indexer 索引和搜索不会影响 HBase 运行的稳定性和 HBase 数据写入的吞吐量，因为索引和搜索过程是完全分开并且异步的。

8. YARN（MR2 Included）

下一代 Hadoop 计算平台，以下名称的改动有助于更好地了解 YARN 的设计。

（1）ResourceManager 代替集群管理器。

（2）ApplicationMaster 代替一个专用且短暂的 JobTracker。

（3）NodeManager 代替 TaskTracker。

（4）一个分布式应用程序代替一个 MapReduce 作业。

9. Cloudera Manager

核心是 Cloudera Manager Server。Server 托管 Admin Console Web Server 和应用程序逻辑。它负责安装软件、配置、启动和停止服务以及管理运行服务的群集。

（1）Agent：安装在每台主机上。它负责启动和停止进程，解压缩配置，触发安装和监控主机。

（2）Database：存储配置和监控信息。

（3）Cloudera Repository：可供 Cloudera Manager 分配的软件的存储库（repo 库）。

（4）Client：用于与服务器进行交互的接口。

（5）Admin Console：管理员控制台。

（6）API：开发人员使用 API 可以创建自定义的 Cloudera Manager 应用程序。

（7）Cloudera Management Service。

1）Cloudera Management Service：可作为一组角色实施各种管理功能。

2）Activity Monitor：收集有关服务运行的活动的信息。

3）Host Monitor：收集有关主机的运行状况和指标信息。

4）Service Monitor：收集有关服务的运行状况和指标信息。

5）Event Server：聚合组件的事件并将其用于警报和搜索。

6）Alert Publisher：为特定类型的事件生成和提供警报。

7）Reports Manager：生成图表报告，它提供用户、用户组的目录的磁盘使用率、磁盘、IO 等历史视图。

3.2　Hadoop集群版本选择

Cloudera 提供了 Hadoop 的商业发行版本 CDH（Cloudera's Distribution Including Apache Hadoop），能够十分方便地对 Hadoop 集群进行安装、部署和管理。它是目前比较完整的，充分测试的 Hadoop 及其相关项目的发行版。CDH 的基础组件均基于 Apache License 开源，无论个人学习还是企业使用都比较有保障。

部署 Hadoop 集群的时候，可以选择 Cloudera Express 免费版本。这个版本包含了 CDH 以及 Cloudera Manager 核心功能，提供了对集群的管理功能，比如自动化部署，中心化管理、监控、诊断功能等。另外，Cloudera Express 免费版本对集群节点数目是无限制的。收费的 Cloudera Enterprise 拥有高级管理功能，如提供商业技术支持，自动化备份和灾难恢复，记录配置历史及回滚等，而这些功能 Cloudera Express 则没有。

3.3　Hadoop 生态组件的工作原理

3.3.1　生态体系

CDH 生态体系中，自底向上归纳为下面四大部分。

（1）数据迁移层：通过批量加载处理（Sqoop）、流式实时传输（Flume、Kafka）将数据移入移出 Hadoop。

（2）数据存储层：主要包括具有高批处理性的 HDFS，具有高随机读写性的 HBase，以及批处理性和随机读写性介于两者之间的 Kudu。

（3）资源管理与安全管制层：由 Yarn 提供资源管理、Sentry 提供安全管制。

（4）数据处理分析层：数据处理主要由适用于大型数据集离线批处理的 MapReduce，以及基于内存快速处理的 Spark 完成，数据分析主要由适用对于大数据集的批处理作业 Hive，以及提供实时交互查询的 Impala；此外还包括直接使用简单自然语言访问数据的搜索服务 Apache Solr。

3.3.2　各层相关组件概念及原理

1. 数据迁移层

（1）Sqoop

1）用于将关系型数据库与 Hadoop 生态（HDFS，HBase，Hive）中的数据进行相互转移。

2）通过 MapReduce 任务（主要为 Map），映射传输关系型数据库与 Hadoop 中的数据。

3）基于 JDBC 和关系型数据库进行交互，如图 3.2 所示。

（2）Kafka

1）一个用于构建实时数据管道和流应用程序的分布式消息系统。

2）客户端和服务器之间的通信是通过 TCP 协议完成。

3）作为一个集群运行在一个或多个可跨多个数据中心的服务器上。

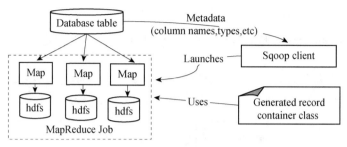

图 3.2　数据迁移层 Sqoop

4）Kafka 集群以 Topic 的形式存储流记录信息，如图 3.3 所示。

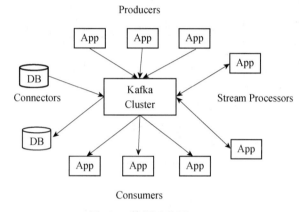

图 3.3　数据迁移层 Kafka

（3）Flume

1）一个分布式日志采集系统，同时也采集网络流量数据、社交媒体生成的数据、电子邮件消息等多种信息。

2）Event 为数据传输的基本单元，由载有数据的字节数组和可选的 headers 头部信息构成。

3）使用事务的方式确保 Event 的可靠传输。

4）Agent 是一个（JVM）进程，如图 3.4 所示。

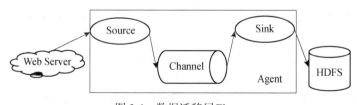

图 3.4　数据迁移层 Flume

2. 数据存储层

（1）HDFS

1）分布式文件存储系统，主从式架构（Master/Slave）。

2）每个文件具有多个备份。

3）包括 NameNode、SecondaryNameNode、DataNode 三大角色。

4）NameNode 主要负责文件系统命名控件的管理，存储文件目录的 Metadata 元数据信息等。

5）SecondaryNameNode 主要用于备份 NameNode 中的元数据信息，加快集群启动时间等。

6）DataNode 主要负责存储客户端发送的 Block 数据块，执行数据块的读写操作。

7）NameNode 与 DataNode 通过心跳机制进行通信，如图 3.5 所示。

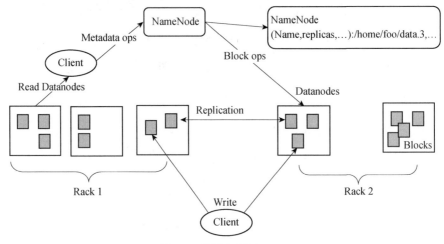

图 3.5　数据存储层 HDFS

（2）HBase

1）分布式 NoSQL 数据库，列存储。

2）客户端访问数据时采用三级寻址：ZooKeeper 文件→ROOT 表→META 表→用户数据表。

3）查询时采用惰性缓存机制，当客户端通过已有的缓存去具体的 region 服务器中没有找到时，再通过三级寻址，将最新的地址进行缓存。

4）数据先写入 MemStore 缓存，并在 Hlog 中记录，系统周期性的将 MemStore 中的内容写入 StoreFile 文件，当 StoreFile 过大时，会触发文件分裂操作。

（3）资源管理与安全管制层

1）YARN

① 资源管理调度框架，将资源管理、作业调度/监控分成两个独立的守护进程，分别由 ResourceManager、ApplicationMaster 负责。

② ResourceManager 包括 Scheduler、ApplicationsManager。

③ Scheduler 负责为应用程序分配资源。

④ ApplicationsManager 负责处理提交的作业，与 NodeManager 通信，要求其为应用程序启动 ApplicationMaster，并在任务失败时重新启动 ApplicationMaster 的服务。

⑤ NodeManager 为所在机器的代理，负责监视 Container 资源使用情况，并将其报告给 Scheduler。

⑥ Container 包括 CPU、内存、磁盘、网络等资源，是一个动态资源划分单位，具体资源量根据提交的应用程序的需求而变化。

⑦ ApplicationMaster 为运行应用程序向 ResourceManager 申请资源、与 NodeManager 通信以启动或者停止任务、监控所有任务的运行情况。

⑧ CDH动态资源池默认采用的DRF（Dominant Resource Fairness）计划策略。当内存不够时，空虚的CPU不会再被分配任务；当CPU不够时，多余的内存也不会再启动任务，如图3.6所示。

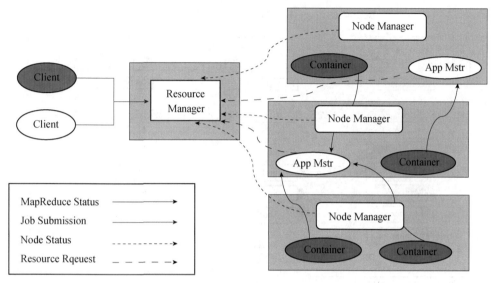

图 3.6　资源管理与安全管制层 YARN

2）Sentry

① 可自定义授权规则以验证用户或应用程序对Hadoop资源的访问请求。

② 高度模块化（pluggable），可以支持Hadoop中各种数据模型的授权。

③ Sentry Server管理授权元数据，提供安全检索和操作元数据的接口。

④ Sentry Plugin提供操作存储在Sentry Server中的授权元数据的接口。

（4）数据处理分析层

1）MapReduce

① 离线分布式计算框架。

② 分而治之，任务分解，结果汇总。

③ 自定义map、reduce函数，输入输出为<key, value>键值对。

④ 用户编写 MR 程序，通过 Client 提交到 JobTracker，JobTracker 将任务分发到TaskTrackers执行，JobTracker 与 TaskTracker间通过心跳机制通信，如图3.7所示。

2）Hive

① 基于Hadoop的一个数据仓库工具，适用于离线批处理作业。

② Hive 本身不存储数据，而是管理存储在 HDFS 上的数据，其主要是通过 Hive Driver将用户的SQL语句解析成对应的MapReduce程序。

③ 不支持事务。

④ Metastore Database独立的数据库，依赖传统的RDBMS，如MySQL或PostgreSQL，保存有关Hive数据库、表、列、分区和Hadoop底层数据文件和HDFS块位置等的元数据。

⑤ Driver：包括编译器、优化器、执行器，根据用户编写的Hive SQL语句进行解析、编译优化、生成执行计划，然后调用Hadoop的MapReduce计算框架，形成对应的MapReduce Job，如图3.8所示。

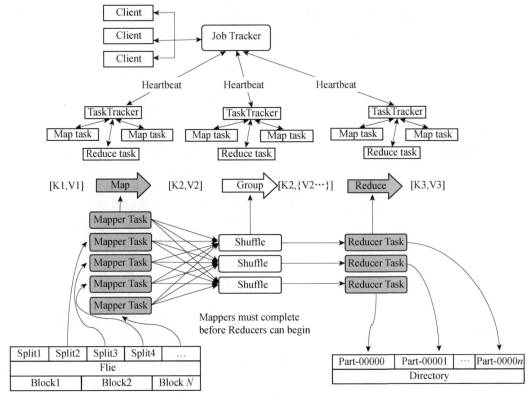

图 3.7 数据处理分析层 MapReduce

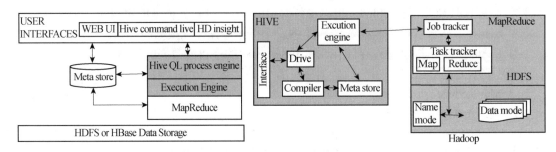

图 3.8 数据处理分析层 Hive

3）Impala

① 对 HDFS、HBase 中的数据提供交互式 SQL 查询。

② Hive Metastore 存储 Impala 可访问数据的元数据信息（Impala 中表的元数据存储借用的是 Hive 中的 Metastore）。

③ Statestore 监控集群中各个 Impala 节点的健康状况，提供节点注册，错误检测等。

④ Impala Daemon（Impalad）运行在集群每个节点上的守护进程（与 DataNode 在同一主机上运行）。每个 Impalad 进程，都包含有 Query Planner、Query Coordinator、Query Exec Engine 三大模块。

a. Query Palnner 接收来自 Clients 的 SQL 语句，并解释成为执行计划。

b. Query Coordinator 将执行计划进行优化和拆分，形成执行计划片段，并调度这些片段分发到各个节点上。

c. Query Exec Engine 负责执行计划片段，最后返回中间结果，这些中间结果经过聚集之后最终返回给 Clients。

⑤ Hive 适合于长时间的批处理查询分析，而 Impala 适合于实时交互式 SQL 查询。Hive 本身并不执行任务的分析过程，而是依赖 MapReduce 执行框架。而 Impala 没有使用 MapReduce 进行并行计算，Impala 把整个查询分析成一个执行计划树，而不是一连串的 MapReduce 任务，它使用与商用并行关系数据库 MPP 中类似的查询机制。

3.4　Hadoop 生态圈的发展趋势

Hadoop 生态体系中，HDFS 提供文件存储，YARN 提供资源管理，在此基础上，进行各种处理，包括 MapReduce、Tez、Sprak、Storm 等计算，如图 3.9 所示。

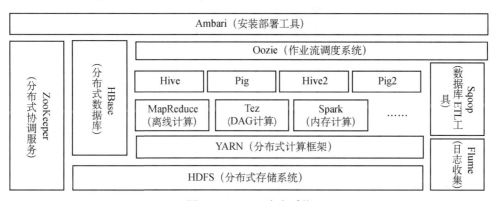

图 3.9　Hadoop 生态系统

Hadoop 现已经发展成为一个生态圈，而不再仅仅是一个大数据的框架。Hadoop 生态圈泛指大数据技术相关的开源组件或产品，如 HBase、Hive、Spark、Pig、ZooKeeper、Kafka、Flume、Phoenix、Sqoop 等。生态圈中的这些组件或产品相互之间会有依赖，但又各自独立，例如 HBase 和 Kafka 会依赖 ZooKeeper，Hive 会依赖 MapReduce。

Hadoop 社区已经发展成为一个大数据与云计算结合的生态圈，对于大数据的计算不满足于离线的批量处理了，同时也支持在线的基于内存和实时的流式计算。Hadoop 生态圈技术在不断的发展，会不断有新的组件出现，一些老的组件也可能被新的组件替代。需要持续关注 Hadoop 开源社区的技术发展才能跟得上变化。

3.5　本章小结

本章主要介绍 Cloudera Hadoop 发行版 CDH 集群特征及组件、版本说明、CDH 与 Apache Hadoop 版本的区别；介绍了 Hadoop 生态体系及各层相关组件的工作原理，以及 Hadoop 生态圈的发展趋势。

第二部分　大数据平台安全管理

第4章
大数据平台安全体系

📖 学习目标

- 掌握Kerberos配置安全
- 掌握Hadoop集群安装配置
- 掌握HDFS、YARN、ZooKeeper、HBase和Hive服务安装
- 掌握Kerberos安全认证管理

本章主要介绍大数据安全与认证的要求、等级、重要性，以及Hadoop的安全认证机制和架构。通过集群安全机制的了解，能够认识到安全认证在大数据方面的重要性。

本章主要章节内容有安全与认证的概述、Hadoop安全背景、安全认证和认证的方式。

4.1 安全与认证概述

4.1.1 安全要求

数据管理系统的目标（例如机密性、完整性和可用性）要求在多个维度上对系统进行保护，可以根据总体操作目标和技术概念来表征如下特征。外围访问集群必须受到保护，以防止来自内部、外部网络等各种威胁。

（1）必须始终保护集群中的数据免遭未经授权的暴露。同样，必须保护集群中节点之间的通信。加密机制可确保即使恶意参与者从网络上拦截了网络数据包，或将硬盘驱动器物理地从系统中删除，其内容也无法使用。

（2）访问权限授权，必须明确授予用户访问集群中服务或数据项的权限。授权机制可确保一旦用户对集群进行了身份验证，他们将只能查看数据并使用已被授予特定权限的进程。

（3）可见性，意味着数据更改的历史是透明的，并且能够满足数据治理策略。审核机制可确保对数据及其所有操作均记录在案。

（4）确保集群安全以实现特定的组织目标，使用Hadoop生态系统固有的安全功能以及使用外部安全基础架构，各种安全机制可以在一定范围内应用。

4.1.2　安全等级

集群实现的安全级别范围，从非安全（0）到最安全（3），随着集群上数据的敏感度和数据量的增加，为集群选择的安全级别也应增加，如表4.1所示的安全等级列表更详细地描述了这些级别。

表 4.1　安全等级列表

水平	安　　全	特　　　点
0	Non-secure	未配置安全性：非安全集群绝对不能在生产环境中使用，因为它们容易受到所有攻击和利用
1	Minimal	配置用于身份验证、授权和审核：首先配置身份验证，以确保用户和服务仅在证明其身份后才能访问集群。接下来，应用授权机制为用户和用户组分配特权。审核过程跟踪用户访问集群（以及如何访问）
2	More	敏感数据已加密：密钥管理系统处理加密密钥。已经为元存储中的数据设置了审核。定期检查和更新系统元数据。理想情况下，已经设置了集群，以便可以跟踪任何数据对象的沿袭（数据管理）
3	Most	安全企业数据中心（EDH）是其中所有数据（包括静态数据和传输中的数据）都经过加密并且密钥管理系统具有容错能力的企业。审核机制符合行业、政府和法规标准（如PCI、HIPAA、NIST），并从EDH扩展到与其集成的其他系统。集群管理员训练有素，安全程序已通过专家认证，并且集群可以通过技术审查

4.1.3　认证概述

对访问集群用户的身份验证是基本的安全要求，简单来说，用户和服务必须先向系统证明其身份（身份验证），然后才能在授权范围内使用系统功能。

为保护系统资源，授权使用多种方法处理，从访问控制列表（ACL）到HDFS扩展ACL，再到使用Sentry的基于角色的访问控制（RBAC）。

不同的机制可以一起工作以对集群中的用户和服务进行身份验证，包括Apache Hive、Hue和Apache Impala，都可以使用Kerberos进行身份验证。

另外，可以在LDAP兼容的身份服务（如Windows Server的核心组件OpenLDAP和Microsoft Active Directory）中存储和管理Kerberos凭据。

可以将集群配置为使用Kerberos进行身份验证，即MIT Kerberos或Microsoft Server Active Directory Kerberos。特别是密钥分发中心或KDC，必须先设置Kerberos实例并使其运行，然后才能配置集群以使用它。

4.2　Hadoop安全背景

4.2.1　Hadoop安全背景

共享集群：按照业务或应用的规则划分资源队列，并分配给特定用户。HDFS上存放各种数据，包括公共的、机密的。

有以下几个重要概念。

（1）安全认证：确保某个用户是合法的用户。

（2）安全授权：确保某个用户只能做被允许的操作。

（3）User：Hadoop用户，可以提交作业、查看作业状态、查看HDFS上的文件。

（4）Service：Hadoop中的服务组件，包括NameNode、ResourceManager、DataNode、NodeManager。

4.2.2　Hadoop安全架构

在所有内部连接和外部连接中，都可用身份验证和访问控制来保护集群安全，如图4.1所示。

（1）User Unsecure zone1：未加密数据区域。

（2）FS/GTM：文件、资源管理。

（3）Data Center 1：数据中心。

（4）Data Tier：数据层。

（5）Secure zone：加密区域。

（6）Secure Hadoop Cluster：加密的Hadoop集群。

未加密的数据，通过文件、资源管理器传输到加密区域，加密区域数据跟Hadoop集群进行交互，访问数据先要通过密钥中心获取票据，最终才可以访问到数据。

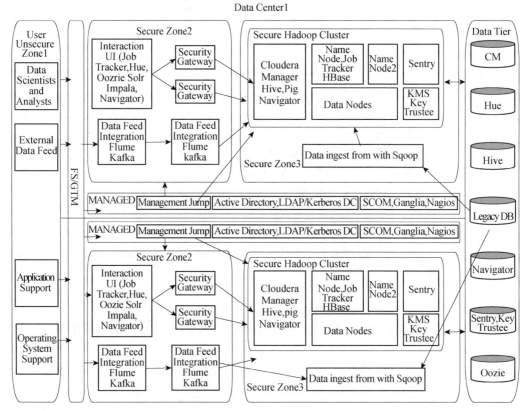

图 4.1　Hadoop 安全架构

图4.1名词注释。

（1）Data Scientist And Analysts：数据科学与分析。

（2）External Data Feed：外部数据工程。

（3）Application Support：应用支持。

（4）Operating System Support：操作系统支持。

（5）Interacion UI：UI交互。

（6）Security Gateway：安全网关。

（7）Data Feed Integration：外部数据集成。

（8）Name node，JobTracker HBase：管理节点，HBase工作详情。

（9）Data Nodes：数据节点。

（10）KMS Key Trustee：KMS委托授权组件。

（11）Data ingest from with Sqoop：Sqoop导入导出数据。

（12）Active Directory：活动目录。

（13）Legacy DB：DB旧数据。

（14）Key Trustee：密钥授权。

（15）Oozie：工作流调度框架。

4.2.3　Hadoop安全机制

Apache Hadoop 1.0.0版本和Cloudera CDH3之后的版本添加了安全机制，Hadoop提供了两种安全机制：Simple和Kerberos。

（1）Simple采用SAAS协议，默认机制，配置简单，使用简单，适合单一团队使用。工作流程如下。

1）用户提交作业时，JobTracker端要进行身份核实，先验证到底是不是这个人，即通过检查执行当前代码的人与JobConf中的user.name中的用户是否一致。

2）检查ACL（Access Control List）配置文件（由管理员配置），看你是否有提交作业的权限。

3）一旦你通过验证，会获取HDFS或mapreduce授予的delegation token（访问不同模块有不同的delegation token），之后的任何操作，比如访问文件，均要检查该token是否存在，且使用者跟之前注册使用该token的人是否一致。

（2）Kerberos可以将认证的密钥在集群部署时事先放到自己的节点上。主要工作流程如下。

1）客户端将之前获得TGT和要请求的服务信息（服务名等）发送给KDC。

2）此时KDC将刚才的Ticket转发给客户端。

3）为了完成Ticket的传递，客户端将刚才收到的Ticket转发到服务器。

4）服务器收到Ticket后，利用它与KDC之间的密钥将Ticket中的信息解密出来。

5）如果服务器有返回结果，将其返回给Client。

4.3　安全认证

4.3.1　身份验证协议（Kerberos）

Kerberos是一种身份验证协议，它依赖加密机制来处理请求的客户端和服务器之间的交互，从而极大地降低了模拟的风险，密码既不存储在本地也不通过网络明文发送，用户在登录其系统时输入的密码用于解锁本地机制，然后在与受信任的第三方的后续交互中使用该机制来向用户授予票证（Ticket）（有效期有限），该票证用于根据请求进行身份验证服务。在客户端和服务器进程相互证明各自的身份之后，还要对通信进行加密以确保隐私和数据的完整性。受信任的第三方是 Kerberos 密钥分发中心（KDC），它是 Kerberos 操作的焦点，它也为系统提供身份验证服务和票证授予服务（TGS）。简要地说，TGS 向请求的用户或服务发行票证，然后将票证提供给请求的服务，以证明用户（或服务）在票证有效期内的身份（默认为 10 小时）。Kerberos 有很多细微差别，包括定义用于标识系统用户和服务的主体、票证续订、委托令牌处理等，这些过程的发生在很大程度上是完全透明的。

例如，集群的业务用户只需在登录时输入密码，票证处理、加密和其他详细信息就会在后台自动进行。

此外，由于使用了票证和 Kerberos 基础结构中的其他机制，用户不仅通过了单个服务目标，还通过了整个网络的身份验证。

Kerberos 认证的基本工作流程如图 4.2 所示。

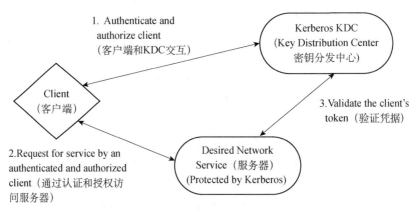

图 4.2　Kerberos 工作流程

（1）认证状态被缓存，不需要每次请求都进行认证。

（2）密码用于计算加密密钥，且密码不通过网络进行传输，Kerberos 协议广泛地使用加密。

（3）时间戳是 Kerberos 的一个关键部分。

1. Kerberos 关键术语

（1）Realm：在一个 Kerberos 认证网络中所有机器的组名。

（2）Principal：被认证的个体，有一个名字和口令。

（3）Keytab file：存储 Principal 和相关密钥的文件。

（4）KDC（Key Distribution Center）：是一个网络服务，提供 Ticket 和临时会话密钥。

（5）Ticket：一个票据，客户用它来向服务器证明自己的身份，包括客户标识、会话密钥、时间戳。

（6）AS（Authentication Server）：认证服务器。

（7）TGS（Ticket-granting Server）：许可证服务器。

（8）TGT（Ticket-granting Ticket）：申请票据的资格。

2. Kerberos 部署模型

可以在符合 LDAP 的身份/目录服务（如 OpenLDAP 或 Microsoft Active Directory）中存储和管理 Kerberos 身份验证所需的凭据。Microsoft 提供了一项独立的服务，即 Active Directory 服务，现在打包为 Microsoft Server Domain Services 的一部分。在 20 世纪 90 年代初期，Microsoft 用 Kerberos 取代了其 NT LAN Manager 身份验证机制，这意味着运行 Microsoft Server 的站点可以将其集群与 Active Directory for Kerberos 集成在一起，并具有存储在同一服务器上 LDAP 目录中的凭据。

3. Kerberos 解决的 Hadoop 认证问题

Kerberos 实现的是机器级别的安全认证，也就是服务到服务的认证，解决服务器到服务器的认证。Kerberos 防止了用户伪装成 DataNode，去接受 NameNode 的任务指派，解决客户端到服务器的认证。Kerberos 对可信任的客户端提供认证，确保他们可以执行作业的相关操作。Kerberos 未提供用户级别上的认证，无法控制用户提交作业的操作。

4. Kerberos 协议

Kerberos 协议分两部分，如图 4.3 所示。

流程如下。

（1）客户端从 KDC 中获取 TGT。

（2）客户端利用获取的 TGT 向 KDC 请求其他服务器的 Ticket。

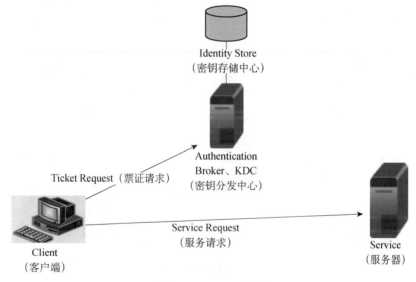

图 4.3 Kerberos 协议

5. Kerberos 认证过程

认证过程即为 Session Key 安全发布的过程，如图 4.4 所示。

流程如下。

（1）客户端向 KDC 发送服务请求。

（2）KDC 返回服务请求票据给客户端。

（3）Client 发送请求访问服务器。

（4）服务器验证票据。

验证通过，服务器响应客户端的请求，客户端访问服务器。

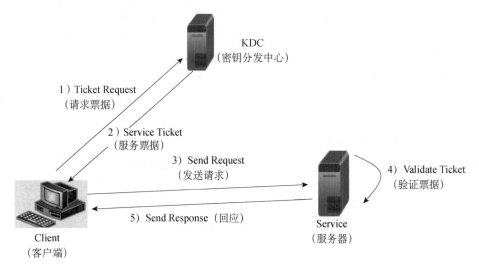

图 4.4　Kerberos 认证过程

6. Kerberos 认证授权过程

KDC 包含了 AS、数据库和 TGS 三部分，如图 4.5 所示。

Kerberos 授权过程：用户访问已经加密的数据，需要先访问认证服务器，在认证服务器获得票据，请求服务，服务器响应用户，获取数据。

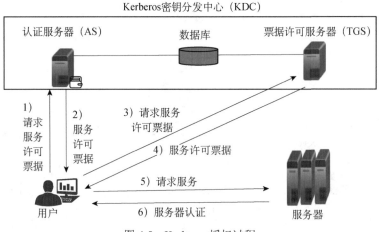

图 4.5　Kerberos 授权过程

7. Kerberos 在 Hadoop 上的应用

Kerberos 在 Hadoop 上认证的场景包括 HTTP 访问、RPC 通信及块访问等，如图 4.6 所示。

（1）HTTP plug auth：用户或者浏览器通过身份验证访问服务器数据。

（2）HTTP HMAC：HTTP 密钥，通过任务查看任务进度。

（3）RPC Kerberos、RPC DGEST：RPC（远程过程调用）验证密钥请求访问进程和数据。

（4）Block Access：访问数据块。

（5）Third Party：访问第三方文件和信息。

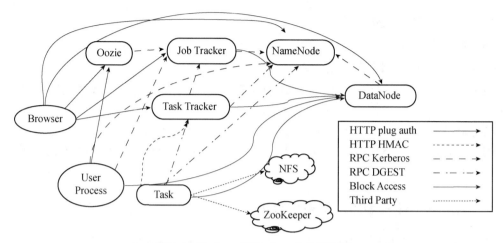

图 4.6 Kerberos 在 Hadoop 上的应用图

图 4.6 名词注释如下。

（1）User Process：用户进程。

（2）Task：任务。

（3）Browser：浏览器。

（4）Oozie、ZooKeeper 为程序名称。

（5）Job Tracker：工作监控。

（6）Task Tracker：任务监控。

（7）NameNode：HDFS 文件管理节点。

（8）DataNode：HDFS 文件工作节点。

（9）NFS：网络文件。

以 MapReduce1.0 访问为例，客户端必须从 KDC 获取访问票据才能访问 Job Tracker 提交作业，如图 4.7 所示。

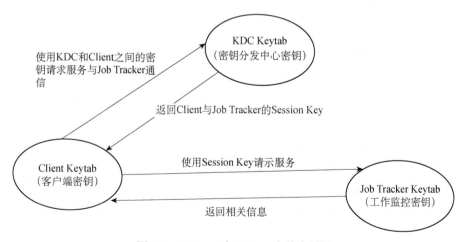

图 4.7 Kerberos 在 Hadoop 上的应用图

流程如下。

（1）使用 KDC 和 Client 之间的密钥请求服务与 Job Tracker 通信。

（2）返回 Client 与 Job Tracker 的 Session Key。

（3）使用 Session Key 请示服务。

（4）返回相关信息。

8. 使用 Kerberos 进行验证的原因

（1）可靠：Hadoop 本身并没有认证功能和创建用户组功能，使用依靠外围的认证系统。

（2）高效：Kerberos 使用对称钥匙操作，比 SSL 的公共密钥快。

（3）操作简单：Kerberos 依赖第三方的统一管理中心——KDC，管理员对用户的操作直接作用在 KDC 上。

4.3.2　Hadoop 安全机制的具体实现

在 1.0.0 之后的版本中，Hadoop 在 RPC、HDFS 和 MapReduce 等方面引入了安全机制。

（1）RPC：Hadoop RPC 安全机制包括基于 Kerberos 和令牌的身份认证机制和基于 ACL 的服务访问控制机制。

（2）HDFS：客户端与 HDFS 之间的通信连接由两部分组成，它们均采用了 Kerberos 与令牌相结合的方法进行身份认证。

（3）MapReduce：MapReduce 权限管理和身份认证涉及作业提交、作业控制、任务启动、任务运行和 Shuffle 等阶段。

（4）上层服务：很多上层服务充当 Hadoop 服务的请求代理，比如 Oozie、Hive 等。

1. RPC 安全

（1）身份认证机制。Hadoop 中所有 RPC 连接均采用了 SASL，另外 Hadoop 还将 Kerberos 和 DIGEST-MD5 两种认证机制添加到 SASL 中实现安全认证。基于共享密钥生成的安全认证凭证称为令牌（Token），Hadoop 中共有三种令牌。

1）授权令牌（Delegation Token）：主要用于 NameNode 为客户端进行认证。

2）数据块访问令牌（Block Access Token）：主要用于 DataNode、SecondaryNameNode 和 Balancer 为客户端存取数据块进行认证。

3）作业令牌（Job Token）：主要用于 Task Tracker 对任务进行认证。

基于令牌的安全认证机制有以下优势。

① 性能好。

② 凭证更新：Kerberos 的票据过期后需要更新，比较烦琐，令牌方式只需要延长有效期。

③ 安全性：泄露 TGT 造成的危害远比泄露令牌大。

④ 灵活性：令牌与 Kerberos 之间没有任何依赖关系。

（2）服务访问控制机制。Hadoop 提供的最原始的授权机制，服务访问控制是通过控制各个服务之间的通信协议实现的，它通常发生在其他访问控制机制之前。可通过以下操作启动功能。

1）在 core-site.xml 中将参数 Hadoop.security.Authorization 置为 true。

2）在 Hadoop-policy.xml 中为各个通信协议指定具有访问权限的用户或者用户组。

3）具有访问权限的用户或者用户组称为访问控制列表（Access Control List，ACL）。

2. HDFS 安全策略

采用 Kerberos 与令牌相结合的方法进行身份认证，客户端与 HDFS 之间的通信连接由两部分组成。

（1）客户端向 NameNode 发起的 RPC 连接。

（2）客户端向 DataNode 发起的 Block 传输连接。

授权令牌（Delegation Token）认证过程：客户端通过了 Kerberos 认证，客户端通过了 NameNode 认证，获取授权令牌，客户端告诉 NameNode 谁是令牌的重新申请者，所有的令牌重新申请者是 Job Tracker，负责更新令牌直至作业运行完成。

数据块访问令牌（Data Block Access Token）认证过程：数据块访问令牌由 NameNode 生成，并在 DataNode 端进行合法性验证。

3. MapReduce 安全策略

（1）作业运行：Hadoop 以实际提交作业的那个用户身份运行相应的任务，用 C 程序实现了一个 setuid 程序以修改每个任务所在 JVM 的有效用户 ID。

（2）Shuffle：Hadoop 在 Reduce Task 与 Task Tracker 之间的通信机制上添加了双向认证机制，以保证有且仅有同作业的 Reduce Task 才能够读取 Map Task 的中间结果。

（3）Web UI：Kerberos 中已经自带了 Web 浏览器访问认证机制。

4. Hadoop 安全机制的实现

系统安全机制由认证（Authentication）和授权（Authorization）两大部分构成。Hadoop 中的认证机制采用 Kerbero 和 Token 两种方案，授权则是通过引入访问控制列表实现的。

5. Hadoop 认证机制

客户端与 NameNode 和客户端与 ResourceManager 之间初次通信均采用了 Kerberos 进行身份认证，之后便换用 Delegation Token 以减少开销，DataNode 与 NameNode 和 Node Manager 与 ResourceManager 之间的认证始终采用 Kerberos 机制，通过将参数 Hadoop.security.Authentication 设为 "Kerberos" 来启动 Kerberos，如图 4.8 所示。

流程如下。

（1）KDC 与客户端交互，获取票据，访问数据。

（2）客户端提交任务到 YARN。

（3）资源管理（RM）开启节点管理（NM）。

（4）节点管理（NM）开启容器执行任务。

6. YARN 中的各类 Token 及其作用

ResourceManager Delegation Token（ResourceManager 授权令牌）：持有该令牌的应用程序及其发起的任务可以安全地与 ResourceManager 进行交互。

（1）YARN Application Token：用于保证 Application Master 与 ResourceManager 之间的通信安全由 ResourceManager 传递给 NodeManager，该 Token 的生命周期与 ApplicationMaster 实例一致。

（2）YARN NodeManager Token：用于保证 Application Master 与 NodeManager 之间的通信安全，ResourceManager 发送给 Application Master，NodeManager 向 ResourceManager 注册时领取。

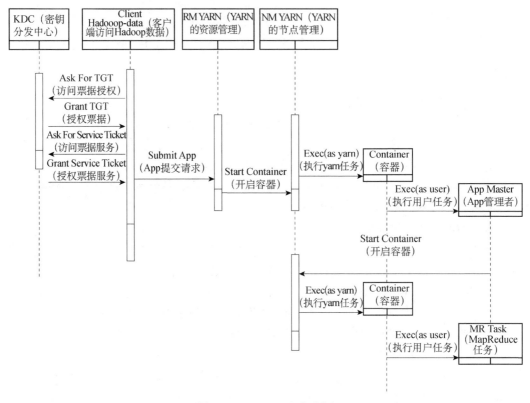

图 4.8　Hadoop 认证机制图

（3）YARN Localizer Token：

1）YARN Container Token：Application Master 与 NodeManager 通信启动 Container 时需要出示，ResourceManager 发送给 Application Master，NodeManager 向 ResourceManager 注册时领取。

2）MapReduce Client Token：用于保证 MR JobClient 与 MR Application Master 之间的通信安全。ResourceManager 在作业提交时创建并发送给 JobClient。

3）MapReduce Job Token：用于保证 MapReduce 的各个 Task 与 MR Application Master 之间的通信安全，由 Application Master 创建并传递给 NodeManager。

4）MapReduce Shuffle Secret：用于保证 Shuffle 过程的安全。

4.3.3　Hadoop 安全机制的应用场景

创建安全用户，如 HDFS 和 MapReduce，并为其添加 Kerberos 认证，用不同的用户安全地启动 HDFS 服务和 MapReduce 服务。一个安全的 Hadoop 集群需要在各种应用场景中涉及安全认证过程，流程如下。

（1）文件存取。

（2）作业提交与运行。

（3）上层中间件访问 Hadoop。

1. 文件存取

文件存取认证流程是在 NameNode 和 DataNode 节点上为用户 HDFS 添加 Kerberos 认

证，一个应用程序从HDFS上存取文件涉及的安全认证，如图4.9所示。流程如下。

（1）应用程序访问数据，首先通过Kerberos访问NameNode。

（2）NameNodc返回数据块的凭据。

（3）应用程序接受块的凭据访问相应的DataNode。

（4）DataNode通过Kerberos的认证用户HDFS在NameNode节点上验证凭据。

（5）验证成功，MapReduce获得授权，执行任务，返回块信息给DataNode，并将结果返回给NameNode。

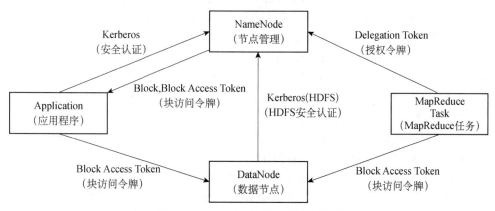

图 4.9　Hadoop文件存取认证流程图

2. 上层中间件访问Hadoop

Hadoop有很多上层中间件，如Oozie、Hive等，它们通常采用"伪装成其他用户"的方式访问Hadoop，如图4.10所示。流程如下。

（1）应用程序访问组件Oozie。

（2）Oozie再通过Kerberos的认证用户dylan访问Hadoop。

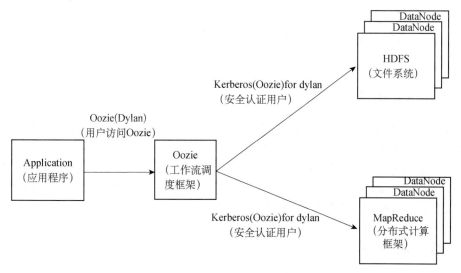

图 4.10　上层中间件访问Hadoop

4.4　认证方式

身份验证是一个过程，要求用户和服务在尝试访问系统资源时必须证明其身份。企业通常通过各种经过时间考验的技术来管理用户身份和身份验证，包括用于身份、目录和其他服务（如组管理）和用于身份验证的Kerberos的轻型目录访问协议（LDAP）。集群支持与这两种技术的集成，例如，具有现有LDAP目录服务［如Active Directory（作为Active Directory服务套件的一部分包含在Microsoft Windows Server中）］的组织可以利用组织的现有用户账户和组列表，而不是在整个集群中创建新账户。需要使用Active Directory或OpenLDAP之类的外部系统来支持Cloudera Navigator中实现的用户角色授权机制。

对于身份验证，支持与MIT Kerberos和Active Directory集成，Microsoft Active Directory除其身份管理和目录功能（LDAP）之外，还支持Kerberos进行身份验证。Kerberos提供了强大的身份验证功能，具有很强的含义，即在身份验证过程中，请求过程和服务之间的交换使用加密机制（而不是单独的密码）。这些系统不是互斥的。

例如，Microsoft Active Directory提供LDAP目录服务，以及Kerberos身份验证服务，并且Kerberos凭据可以在LDAP目录服务中存储和管理。Manager Server、CDH节点和Enterprise组件（Navigator、Apache Hive、Hue和Impala）都可以使用Kerberos身份验证。

如果要配置使用Kerberos，则要求具有Kerberos服务器KDC的管理员特权和访问权限。如果需要将Microsoft Active Directory用作KDC，则需要Windows注册表设置AllowTgtSessionKey被禁用（设置为0）。如果已经启用了此注册表项，则不会创建用户和凭据。所以在配置Active Directory作为KDC之前，需要检查AllowTgtSessionKey在Active Directory实例上，并在必要时重置为0。

对于本地Linux用户，为了在集群的所有节点上应用每个节点的身份验证和授权机制，需要在安装Cloudera Server和CDH服务期间创建账户。

对于本地Windows用户，账户会映射到LDAP兼容的目录服务（如Active Directory或OpenLDAP）中的用户账户和组。为了简化从每个主机系统（集群中的节点）到LDAP目录的身份验证过程，建议使用其他软件机制，如SSSD（系统安全服务守护程序）或Centrify Server Suite。

4.4.1　Kerberos安全工件

因为本机Hadoop身份验证仅检查用户和组是否有效，而不像Kerberos一样对所有网络资源中的用户或服务进行身份验证。Kerberos协议仅在特定时间段内对发出请求的用户或服务进行身份验证，并且每个用户可能要使用的服务都需要在协议的上下文中使用适当的Kerberos工件。例如，用于用户身份验证的Kerberos主体和密钥表，以及系统如何使用委派令牌在运行时代表已身份验证的用户对作业进行身份验证。

4.4.2　Kerberos主体

每个需要对Kerberos进行身份验证的用户和服务都需要一个主体（Principal），该主体在可能有多个Kerberos服务器和相关子系统的上下文中唯一标识该用户或服务。主体最多包含三段标识信息，以用户名或服务名开头，通常，主体的主要部分由操作系统中的用户账户名称组成。例如 bimao 用于用户的 Linux 账户或 HDFS 与主机基础集群节点上的服务守护程序关联的 Linux 账户。

（1）用户的主体通常仅出主要名称和 Kerberos 领域名称组成。领域是与相同的 KDC 绑定的主体的逻辑分组，该 KDC 配置有许多相同的属性，如受支持的加密算法，大型组织可以使用领域将管理委派给特定用户或功能组的各个组或团队，并在多个服务器之间分配身份验证处理任务。标准做法是使用组织的域名作为 Kerberos 领域名称（所有大写字母），以轻松地将其区分为 Kerberos 主体的一部分。

例如，以下用户主体模式所示：username@ REALM.EXAMPLE.COM，主要名称和领域名称的组合可以将一个用户与另一个用户区分开。

又如，bimao@SOME-REALM.EXAMPLE.COM 和 bimao@ANOTHER-REALM.EXAMPLE.COM 在同一组织内可能是唯一的个体。

（2）对于服务角色实例身份，主要是 Hadoop 守护程序使用的 Linux 账户名，然后是实例名称，该名称标识了运行该服务的特定主机。

例如，HDFS/hostname.fqdn.example.com@SOME-REALM.EXAMPLE.COM 是 HDFS 服务实例的主体的示例，正斜杠（/）使用以下基本模式分隔主要名称和实例名称：服务名称/主机名.fqdn.example.com @ REALM.EXAMPLE.COM。

（3）Hadoop Web 服务接口需要通过实例名称登录。实例名称还可以标识具有特殊角色的用户，例如管理员。

例如，Principal bimao@SOME-REALM.COM 和 Principal bimao/admin@SOME-REALM.COM 各自具有自己的密码和特权，并且他们可以是或不是同一个人。

例如，在具有每个地理位置领域的组织中的集群上运行的 HDFS 服务角色实例的主体可能如下：HDFS/hostname.fqdn.example.com @ OAKLAND.EXAMPLE.COM。

（4）通常，服务名称是给定服务角色实例使用的 Linux 账户名，但是用于确保对 Hadoop 服务 Web 界面进行 Web 身份验证的 HTTP 主体没有 Linux 账户名，因此主体的主要身份是 HTTP。

4.5　本章小结

通过配置 Kerberos 安全认证，对用户和服务的身份进行验证，确保用户和服务仅在证明身份后才能访问集群，保证集群的安全性，避免恶意攻击者访问集群，窃取数据。通过身份认证的方式，保障用户的数据安全，避免数据泄露。

第5章
大数据平台安全实战

📖 **学习目标**

- 掌握集群网络连接与配置
- 掌握 SSH 无密钥登录配置
- 掌握 Hadoop 全分布式结构
- 掌握 JDK 安装配置

Kerberos 是一种计算机网络授权协议，用来在非安全网络中，对个人通信以安全的手段进行身份认证。这个词又指麻省理工学院为这个协议开发的一套计算机软件。软件设计上采用客户端/服务器结构，并且能够进行相互认证，即客户端和服务器均可对对方进行身份认证，可以用于防止窃听、防止重放攻击、保护数据完整性等场合，是一种应用对称密钥体制进行密钥管理的系统。

本章主要由三个部分组成：Kerberos 的安装部署、HDFS 配置 Kerberos 和 YARN 配置 Kerberos。通过 Kerberos 的配置安装，了解 Kerberos 的基本概念、重要组件、认证交互过程及 Kerberos 的工作机制和使用。

5.1 Kerberos 安装部署

使用 Kerberos 时，一个客户端需要经过如图 5.1 所示的三个步骤来获取服务。

（1）认证：客户端向认证服务器发送一条报文，并获取一个含时间戳的 Ticket Granting Ticket（TGT）。

（2）授权：客户端使用 TGT 向 Ticket Granting Server（TGS）请求一个服务 Ticket。

（3）服务请求：客户端向服务器出示服务 Ticket，以证实自己的合法性。

为此，Kerberos 需要 The Key Distribution Centers（KDC）来进行认证。KDC 只有一个 master，可以带多个 slaves 机器。slaves 机器仅进行普通验证，master 上做的修改需要自动同步到 slaves。另外，KDC 需要一个 admin 来进行日常的管理操作，这个 admin 可以通过远程或者本地方式登录。

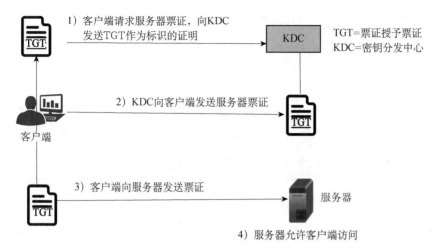

图 5.1 Kerberos 客户端流程图

5.1.1 集群环境准备

使用已部署好的 CDH 5.16.2 集群环境来搭建 Kerberos，集群规划如表 5.1 所示。

表 5.1 集群规划列表

主机名	IP	Kerberos 节点
master	192.168.1.6/24	KDC master
slave1	192.168.1.7/24	slave1
slave2	192.168.1.8/24	slave2

5.1.2 Kerberos 安装

KDC 是 Key Distribution Center 的简写，意思是可信任的密钥分发中心，如图 5.2 所示。krb5-server（kerberos 服务端安装包），krb5-libs（kerberos 数据支持包），krb5-workstation（kerberos 工作站点），krb5-auth-dialog（授权对话），krb5-devel（开发包）。

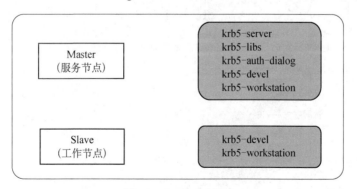

图 5.2 Kerberos 安装

1. 安装 KDC server

在 master 上安装 krb5-server、krb5-libs 和 krb5-auth-dialog 包：

```
# yum install krb5-server krb5-libs krb5-auth-dialog -y
```

一般系统安装会配置本地 yum 源，如果不能通过 yum 安装，则通过离线下载 rpm 包进行安装。

下载 rpm 包：

```
libkadm-51.15.1-50.el7.x86_64.rpm
krb5-libs-1.15.1-50.el7.x86_64.rpm
krb5-devel-1.15.1-50.el7.x86_64.rpm
krb5-server-1.15.1-50.el7.x86_64.rpm
krb5-workstation-1.15.1-50.el7.x86_64.rpm
```

离线安装命令，按照下面顺序依次安装：

```
rpm -ivh libkadm-51.15.1-50.el7.x86_64.rpm
rpm -ivh krb5-libs-1.15.1-50.el7.x86_64.rpm
rpm -ivh krb5-devel-1.15.1-50.el7.x86_64.rpm
rpm -ivh krb5-server-1.15.1-50.el7.x86_64.rpm
rpm -ivh krb5-workstation-1.15.1-50.el7.x86_64.rpm
```

在其他节点上安装 krb5-devel、krb5-workstation：

```
# ssh master "yum install krb5-devel krb5-workstation -y"
# ssh slave1 "yum install krb5-devel krb5-workstation -y"
# ssh slave2 "yum install krb5-devel krb5-workstation -y"
```

2. 修改配置文件

KDC 服务器涉及三个配置文件：

```
/etc/krb5.conf  --KDC 配置
/var/kerberos/krb5kdc/kdc.conf   -- krb5 文件配置
/var/kerberos/krb5kdc/kadm5.acl    --赋予 Kerberos 管理员所有权限
```

3. 编辑配置文件/etc/krb5.conf

默认安装的文件中包含多个示例项。

```
[logging]  # server 端的日志的打印位置
  default = FILE:/var/log/kerberos/krb5libs.log
  kdc = FILE:/var/log/kerberos/krb5kdc.log
  admin_server = FILE:/var/log/kerberos/kadmind.log

  [libdefaults] #lib 连接默认配置
  default_realm = DYLAN.COM
  dns_lookup_realm = false
  dns_lookup_kdc = false
  clockskew = 120
  ticket_lifetime = 24h
  renew_lifetime = 7d
  forwardable = true
  renewable = true
  udp_preference_limit = 1
  default_tgs_enctypes = arcfour-hmac
  default_tkt_enctypes = arcfour-hmac
```

```
[realms]
 DYLAN.COM = {
  kdc = master:88              #指定KDC服务器和KDC服务端口
  admin_server = master:749         #指定域控制器和管理端口
 }

[domain_realm]
  .dylan.com = DYLAN.COM
  www.dylan.com = DYLAN.COM


[kdc]
profile=/var/kerberos/krb5kdc/kdc.conf
```

说明：

（1）[logging]：表示 server 端的日志的打印位置。

（2）[libdefaults]：每种连接的默认配置，需要注意以下几个关键的小配置。

1）default_realm=DYLAN.COM：设置 Kerberos 应用程序的默认领域。如果有多个领域，则只需向[realms]节添加其他的语句。

2）dns_lookup_realm=false：指定无须 DNS 解析域查找 realm。

3）dns_lookup_kdc=false：指定无须 DNS 解析域查找 KDC。

4）forwardable=true：允许转发解析请求。

5）udp_preference_limit=1：禁止使用 udp，可以防止一个 Hadoop 中的错误。

6）clockskew：时钟偏差是不完全符合主机系统时钟的票据时间戳的容差，超过此容差将不接受此票据。通常，将时钟偏差设置为 300 秒（5 分钟）。这意味着从服务器的角度看，票证的时间戳与它的偏差可以是在前后 5 分钟内。

7）ticket_lifetime：表明凭证生效的时限，一般为 24 小时。

8）renew_lifetime：表明凭证最长可以被延期的时限，默认为一个星期。当凭证过期之后，对安全认证的服务的后续访问将会失败。

（3）[realms]：列举使用的 realm。

1）KDC：代表 KDC 的位置。格式是机器: 端口。

2）admin_server：代表 admin 的位置。格式是机器: 端口。

3）default_domain：代表默认地域名。

（4）[domain_realm]：设置一个域搜索范围，并通过以上设置可以使得域名与大小写无关。

4. 修改/var/kerberos/krb5kdc/kdc.conf

该文件包含 Kerberos 的配置信息。如 KDC 的位置、Kerberos 的 admin 的 realms 等。需要所有使用 Kerberos 的机器上的配置文件都同步。

```
[kdcdefaults] #KDC的默认配置,不需要修改
 v4_mode = nopreauth
 kdc_ports = 88
 kdc_tcp_ports = 88


[realms]  #域的设置
```

```
DYLAN.COM = {
 #master_key_type = aes256-cts
 acl_file = /var/kerberos/krb5kdc/kadm5.acl
 dict_file = /usr/share/dict/words
 admin_keytab = /var/kerberos/krb5kdc/kadm5.keytab
 supported_enctypes = des3-hmac-sha1:normal arcfour-hmac:normal des-hmac-sha1:normal
des-cbc-md5:normal des-cbc-crc:normal des-cbc-crc:v4 des-cbc-crc:afs3
 max_life = 24h
 max_renewable_life = 10d
 default_principal_flags = +renewable, +forwardable
 }
```

说明：

（1）kdcdefaults：KDC 的默认配置，不需要修改。

（2）realms：域的设置。

（3）DYLAN.COM：域名，需要自定义设置。Kerberos 可以支持多个 realms，会增加复杂度。对大小写敏感，一般为了识别全部使用大写。realms 跟机器的 host 没有关系。

（4）acl_file：控制列表文件，标注了 admin 的用户权限，需要用户自己创建。文件格式：kerberos_principal permissions [target_principal] [restrictions]。

（5）dict_file：字典文件。

（6）admin_keytab：管理密钥位置，KDC 进行校验的 keytab。

（7）supported_enctypes：支持的编码方式，支持的校验方式。

（8）master_key_type 与 supported_enctypes 默认使用 aes256-cts。由于 Java 使用的 aes256-cts 验证方式需要安装额外的 jar 包，因此推荐不使用，并且删除 aes256-cts。

（9）max_life：最大周期。

（10）max_renewable_life：最大再生周期。

（11）default_principal_flags：默认的认证用户标签。

5. 修改 /var/kerberos/krb5kdc/kadm5.acl

kadm5.acl 是为了能够不直接访问 KDC 控制台而从 Kerberos 数据库中添加和删除主体，对 Kerberos 管理服务器指示允许哪些主体执行哪些操作。ACL 允许精确指定特权。

"修改域"代表只要创建的用户名称带有 /admin@DYLAN.COM，就可以执行任意操作。

```
vim/var/kerberos/krb5kdc/kadm5.acl
*/admin@DYLAN.COM *
```

6. 同步配置文件

将 KDC 中的 /etc/krb5.conf 复制到集群中其他服务器即可。

```
# scp /etc/krb5.conf slave1:/etc/krb5.conf
# scp /etc/krb5.conf slave2:/etc/krb5.conf
```

7. 创建数据库

在 master 上运行初始化数据库命令，其中 -r 指定对应的 realm。

```
# kdb5_util create -r DYLAN.COM -s
```

该命令会在 /var/kerberos/krb5kdc/ 目录下创建 principal 数据库。

备注：出现"Loading random data"信息的时候另开个终端执行消耗CPU的命令，如 cat/dev/sda>/dev/urandom，可以加快随机数采集。

如果遇到数据库已经存在的提示，可以把/var/kerberos/krb5kdc/目录下的principal的相关文件都删除掉。默认的数据库名字都是principal，可以使用-d指定数据库名字。创建过程需要输入密码，这里输入两次root作为密码。

8. 启动服务

在master上执行：

```
systemctl start krb5kdc
systemctl start kadmin
systemctl enable krb5kdc
systemctl enable kadmin
```

9. 创建 Kerberos 管理员

在master上创建远程管理的管理员：

```
# 手动输入两次密码，这里密码为root
  kadmin.local -q "addprinc root/admin"
# 也可以不用手动输入密码
  echo -e "root\nroot" | kadmin.local -q "addprinc root/admin"
```

10. 测试 Kerberos

（1）查看当前的认证用户：

```
# 查看principals（认证用户）
kadmin <提示输入管理员密码>
  kadmin: list_principals
# 添加一个新的principal
  kadmin: addprinc user1
# 删除principal
  kadmin: delprinc user1
```

（2）创建一个测试用户lucy，密码设置为lucy：

```
echo -e "lucy\nlucy" | kadmin.local -q "addprinc lucy"
```

（3）获取lucy用户的ticket：

```
#通过用户名和密码进行登录
 kinit lucy
 klist -e
```

（4）销毁该lucy用户的ticket：

```
kdestroy
klist
```

（5）更新ticket：

```
kinit root/admin
klist
kinit -R
klist
```

（6）抽取密钥并将其储存在本地：

```
kadmin.local -q "ktadd kadmin/admin"
klist -k /etc/krb5.keytab
```

keytab文件（/etc/krb5.keytab）由超级用户拥有，所以必须是root用户才能在kadmin shell中执行以下命令，用于生成keytab、查看keytab。

5.2　HDFS配置Kerberos

在进行HDFS配置Kerberos前，需要完成yum安装CDH Hadoop集群和Kerberos的安装配置。

5.2.1　创建认证规则

（1）在Kerberos安全机制里，一个principal就是realm里的一个对象，一个principal总是和一个密钥（secret key）成对出现的。

（2）principal的对应物可以是service，可以是host，也可以是user，对于Kerberos来说并没有区别。

（3）KDC知道所有principal的secret key，但每个principal对应的对象只知道自己的那个secret key。这也是"共享密钥"的由来。

（4）对于Hadoop，principals的格式为username/fully.qualified.domain.name@YOUR-REALM.COM。

（5）通过yum源安装的CDH集群中，NameNode和DataNode是通过HDFS启动的，故为集群中每个服务器节点添加两个principals：HDFS、HTTP。

5.2.2　认证规则配置实现

在KDC服务器上创建HDFS和HTTP principal：

```
kadmin.local -q "addprinc -randkey hdfs/master@DYLAN.COM"
kadmin.local -q "addprinc -randkey hdfs/slave1@DYLAN.COM"
kadmin.local -q "addprinc -randkey hdfs/slave2@DYLAN.COM"

kadmin.local -q "addprinc -randkey HTTP/master@DYLAN.COM"
kadmin.local -q "addprinc -randkey HTTP/slave1@DYLAN.COM"
kadmin.local -q "addprinc -randkey HTTP/slave2@DYLAN.COM"
```

-randkey标志没有为新principal设置密码，而是指示kadmin生成一个随机密钥。之所以在这里使用这个标志，是因为此principal不需要用户交互。它是计算机的一个服务器账户。

查看创建的用户：

```
kadmin.local -q "listprincs"
```

5.2.3 创建 keytab 文件

keytab 是包含 principals 和加密 principal key 的文件。keytab 文件对于每个 host 是唯一的。keytab 文件用于不需要人工交互和保存纯文本密码，实现到 Kerberos 上验证一个主机上的 principal（认证用户），就可以以 principal 的身份通过 Kerberos 的认证，所以 keytab 文件必须妥善保存。

（1）在 master 节点上，即 KDC 服务器节点上执行下面命令。

```
cd /var/kerberos/krb5kdc/
#创建 hdfs.keytab（需要合并）
kadmin.local -q "xst -k hdfs-unmerged.keytab hdfs/master@DYLAN.COM"
kadmin.local -q "xst -k hdfs-unmerged.keytab hdfs/slave1@DYLAN.COM"
kadmin.local -q "xst -k hdfs-unmerged.keytab hdfs/slave2@DYLAN.COM"


kadmin.local -q "xst -k HTTP.keytab HTTP/master@DYLAN.COM"
kadmin.local -q "xst -k HTTP.keytab HTTP/slave1@DYLAN.COM"
kadmin.local -q "xst -k HTTP.keytab HTTP/slave2@DYLAN.COM"
```

这样，就会在 /var/kerberos/krb5kdc/ 目录下生成 hdfs-unmerged.keytab 和 HTTP.keytab 两个文件。

（2）使用 ktutil 合并 hdfs-unmerged.keytab 和 HTTP.keytab 为 hdfs.keytab。

使用 xst -k 参数生成的密钥分为两部分，HDFS 不完全的密钥（hdfs-unmerged.keyta）和传输协议密钥（HTTP.keytab），两者都不能单独使用，通过工具 ktutil 将两个合并才是一个完整的 keytab。

```
cd /var/kerberos/krb5kdc/
ktutil
  ktutil: rkt hdfs-unmerged.keytab
  ktutil: rkt HTTP.keytab
  ktutil: wkt hdfs.keytab
```

（3）使用 klist 显示 hdfs.keytab 文件列表：

```
klist -ket hdfs.keytab
```

（4）验证是否正确合并 hdfs.keytab。

（5）使用合并后的 hdfs.keytab：Keytab 就是一个包含了若干 principals 和一个加密了的 principal key 的文件。一个 Keytab 文件中的每个 host 都是唯一的，因为 principal 的定义中包含了 hostname。这个文件可以用来认证，而不需要传递公开的密码，因为只要有 Keytab，就可以代表这个 principal 用于操作 Hadoop 的服务。分别使用 HDFS 和 hostprincipals 来获取证书进行验证，使用合并后的 hdfs.keytab：通过了 HDFS 和 hostprincipal 的验证才能证明这个 table 是完整的，是可以使用的。

```
kinit -k -t hdfs.keytab hdfs/master@DYLAN.COM
kinit -k -t hdfs.keytab HTTP/master@DYLAN.COM
```

如果出现错误信息 "kinit：Key table entry not found while getting initial credentials"，则上面的合并有问题，重新执行（2）的操作。

5.2.4　部署 Kerberos keytab 文件

（1）在 master 复制 hdfs.keytab 文件到所有节点的/etc/hadoop/conf 目录。

```
cd /var/kerberos/krb5kdc/
scp hdfs.keytab master:/etc/hadoop/conf
scp hdfs.keytab slave1:/etc/hadoop/conf
scp hdfs.keytab slave2:/etc/hadoop/conf
```

（2）设置权限，在 master 节点上执行。

```
#hdfs 设置 hdfs 的密钥权限，通过 ssh 远程连接 master、slave1、slave2 给 hdfs.keytab 改变数组和文件
权限
ssh master "chown hdfs:hadoop /etc/hadoop/conf/hdfs.keytab;chmod 400 /etc/hadoop/
conf/hdfs.keytab"
ssh slave1 "chown hdfs:hadoop /etc/hadoop/conf/hdfs.keytab;chmod 400 /etc/hadoop/
conf/hdfs.keytab"
ssh slave2 "chown hdfs:hadoop /etc/hadoop/conf/hdfs.keytab;chmod 400 /etc/hadoop/
conf/hdfs.keytab"
```

由于 keytab 相当于有了永久凭证，不需要提供密码（如果修改 KDC 中的 principal 的密码，则该 keytab 就会失效），所以其他用户如果对该文件有读权限，就可以冒充 keytab 中指定的用户身份访问 Hadoop，所以 keytab 文件需要确保只对 owner 有读权限（0400）。

（3）验证。执行结果没有提示错误信息则表示正常，如果报错没有用户，则需要重新执行前面的操作。

```
kinit -k -t /etc/hadoop/conf/hdfs.keytab hdfs/master@DYLAN.COM
klist
```

5.2.5　修改 HDFS 配置文件

（1）先停止集群，在所有节点执行：

```
for x in 'cd /etc/init.d; ls hadoop-*'; do sudo systemctl stop $x; done
```

在集群的每台机器上执行，切换到/etc/init.d 目录下，执行查看 Hadoop 的服务，停止每台机器上的 Hadoop 相关的服务。

（2）修改 Hadoop 的配置文件 core-site.xml，添加如下参数：

```
<!-- Hadoop 开启认证和认证方式-->
<property>
  <name>hadoop.security.authentication</name>
  <value>kerberos</value>
</property>
<property>
  <name>hadoop.security.authorization</name>
  <value>true</value>
</property>
<property>
  <name>hadoop.http.authentication.type</name>
  <value>kerberos</value>
</property>
```

```
<!-- Hadoop远程认证用户和密钥位置-->
<property>
  <name>hadoop.http.authentication.kerberos.principal</name>
  <value>HTTP/_HOST@DYLAN.COM</value>
</property>
<property>
  <name>hadoop.http.authentication.kerberos.keytab</name>
  <value>/etc/hadoop/conf/hdfs.keytab</value>
</property>
```

（3）修改 Hadoop 的配置文件 hdfs-site.xml，添加如下参数：

```
<!--开启HDFS文件认证-->
<property>
  <name>dfs.block.access.token.enable</name>
  <value>true</value>
</property>
<!-- HDFS文件权限700 -->
<property>
  <name>dfs.datanode.data.dir.perm</name>
  <value>700</value>
</property>
<!-- HDFS密钥位置-->
<property>
  <name>dfs.namenode.keytab.file</name>
  <value>/etc/hadoop/conf/hdfs.keytab</value>
</property>
<!-- HDFS认证用户-->
<property>
  <name>dfs.namenode.kerberos.principal</name>
  <value>hdfs/_HOST@DYLAN.COM</value>
</property>
<!-- HDFS远程认证用户-->
<property>
  <name>dfs.namenode.kerberos.https.principal</name>
  <value>HTTP/_HOST@DYLAN.COM</value>
</property>
<!-- HDFS数据端口-->
<property>
  <name>dfs.datanode.address</name>
  <value>0.0.0.0: 1004</value>
</property>
<!-- HDFS远程数据端口-->
<property>
  <name>dfs.datanode.http.address</name>
  <value>0.0.0.0: 1006</value>
</property>
<!-- HDFS数据密钥和认证用户-->
<property>
  <name>dfs.datanode.keytab.file</name>
  <value>/etc/hadoop/conf/hdfs.keytab</value>
</property>
```

```
<!-- HDFS 数据密钥认证用户和远程认证用户-->
<property>
  <name>dfs.datanode.kerberos.principal</name>
  <value>hdfs/_HOST@DYLAN.COM</value>
</property>
<property>
  <name>dfs.datanode.kerberos.https.principal</name>
  <value>HTTP/_HOST@DYLAN.COM</value>
</property>
<!--启用了 WebHDFS，需添加如下参数-->
<property>
  <name>dfs.webhdfs.enabled</name>
  <value>true</value>
</property>
<property>
  <name>dfs.web.authentication.kerberos.principal</name>
  <value>HTTP/_HOST@DYLAN.COM</value>
</property>
  <property>
  <name>dfs.web.authentication.kerberos.keytab</name>
  <value>/etc/hadoop/conf/hdfs.keytab</value>
</property>
```

配置中有以下几点要注意。

1）dfs.datanode.address 表示 data transceiver RPC 服务器所绑定的 hostname 或 IP 地址，如果开启 security，端口号必须小于 1024（privileged port），否则启动 datanode 时会报"Cannot start secure cluster without privileged resources"错误，默认是 50010。

2）principal 中的 instance 部分可以使用 _HOST 标记，系统会自动替换它为全称域名。

3）如果开启 security，Hadoop 会对 hdfs block data（由 dfs.data.dir 指定）做 permission check，在这样的方式下，用户的代码不是调用 HDFS API，而是直接在本地读取 block data，这样就绕过了 Kerberos 和文件权限验证，管理员可以通过设置 dfs.datanode.data.dir.perm 来修改 datanode 文件权限，这里设置为 700。

5.2.6　启动 NameNode

（1）在每个节点上获取 root 用户的 ticket，这里 root 为 Kerberos 创建的 root/admin 的密码。

```
ssh master "echo root|kinit root/admin"
ssh slave1 "echo root|kinit root/admin"
ssh slave2 "echo root|kinit root/admin"
```

（2）获取 master 节点的 ticket：

```
kinit -k -t /etc/hadoop/conf/hdfs.keytab hdfs/master@DYLAN.COM
```

如果出现异常"kinit：Password incorrect while getting initial credentials"，则重新导出 keytab，或者添加-norandkey 参数。

（3）启动服务，观察日志：

```
/etc/init.d/hadoop-hdfs-namenode start
```

（4）验证NameNode是否启动，运行下面命令查看HDFS：

```
hadoop fs -ls /
```

如果在 ticket 缓存中没有有效的kerberos ticket，执行上面命令时将会失败，会出现下面的错误：

```
14/11/04 12:08:12 WARN ipc.Client:Exception encountered while connecting to the
server:javax.security.sasl.SaslException:
GSS initiate failed [Caused by GS***ception:No valid credentials provided (Mechanism
level:Failed to find any Kerberos tgt)]
Bad connection to FS. command aborted. exception:Call to master/192.168.56.121:8020
failed on local exception:java.io.IOException:
javax.security.sasl.SaslException:GSS initiate failed [Caused by GS***ception:No
valid credentials provided (Mechanism level:Failed to find any Kerberos tgt)]
```

出现错误，重新执行步骤（1）和步骤（2）。

5.2.7　启动DataNode

DataNode需要通过JSVC启动。首先检查是否安装了JSVC命令，然后配置环境变量。

（1）在master节点查看是否安装JSVC：

```
ls /usr/lib/bigtop-utils/
```

该目录存在则表示已经安装bigtop-utils。

如果该目录不存在，执行命令"yum-y install bigtop-utils"进行安装。

（2）配置环境变量。编辑/etc/default/hadoop-hdfs-datanode，取消对下面的注释并添加一行设置JSVC_HOME，修改如下：

```
export HADOOP_SECURE_DN_USER=hdfs
export HADOOP_SECURE_DN_PID_DIR=/var/run/hadoop-hdfs
export HADOOP_SECURE_DN_LOG_DIR=/var/log/hadoop-hdfs
export JSVC_HOME=/usr/lib/bigtop-utils
```

（3）将/etc/default/hadoop-hdfs-datanode文件同步到其他节点：

```
scp /etc/default/hadoop-hdfs-datanode slave1:/etc/default/hadoop-hdfs-datanode
scp /etc/default/hadoop-hdfs-datanode slave2:/etc/default/hadoop-hdfs-datanode
```

（4）分别在slave1、slave2获取ticket然后启动服务：

```
#root为root/admin的密码,通过ssh远程连接slave1、slave2来操作
[root@master ~]# ssh master "kinit -k -t /etc/hadoop/conf/hdfs.keytab hdfs/master@
DYLAN.COM; systemctl start hadoop-hdfs-datanode"
[root@master ~]# ssh slave1 "kinit -k -t /etc/hadoop/conf/hdfs.keytab hdfs/slave1@D
YLAN.COM; systemctl start hadoop-hdfs-datanode"
[root@master ~]# ssh slave2 "kinit -k -t /etc/hadoop/conf/hdfs.keytab hdfs/slave2@
DYLAN.COM; systemctl start hadoop-hdfs-datanode"
```

（5）观看 master 上 NameNode 日志，出现下面的日志表示 DataNode 启动成功：

```
14/11/04 17: 21: 41 INFO security.UserGroupInformation:
Login successful for user hdfs/slave1@DYLAN.COM using keytab file /etc/hadoop/conf/
hdfs.keytab
```

5.3 YARN 配置 Kerberos

在进行 YARN 配置 Kerberos 前，需要完成 Kerberos 安装和 HDFS 配置 Kerberos 认证。

5.3.1 生成 keytab

（1）在 master 节点，即 KDC 服务器节点上执行如下命令：

```
cd /var/kerberos/krb5kdc/

kadmin.local -q "addprinc -randkey yarn/master@DYLAN.COM "
kadmin.local -q "addprinc -randkey yarn/slave1@DYLAN.COM "
kadmin.local -q "addprinc -randkey yarn/slave2@DYLAN.COM "

kadmin.local -q "addprinc -randkey mapred/master@DYLAN.COM "
kadmin.local -q "addprinc -randkey mapred/slave1@DYLAN.COM "
kadmin.local -q "addprinc -randkey mapred/slave2@DYLAN.COM "

kadmin.local -q "xst  -k yarn.keytab  yarn/master@DYLAN.COM "
kadmin.local -q "xst  -k yarn.keytab  yarn/slave1@DYLAN.COM "
kadmin.local -q "xst  -k yarn.keytab  yarn/slave2@DYLAN.COM "

kadmin.local -q "xst  -k mapred.keytab mapred/master@DYLAN.COM "
kadmin.local -q "xst  -k mapred.keytab mapred/slave1@DYLAN.COM "
kadmin.local -q "xst  -k mapred.keytab mapred/slave2@DYLAN.COM "
```

（2）复制 yarn.keytab 和 mapred.keytab 文件到其他节点的 /etc/hadoop/conf 目录：

```
$ scp yarn.keytab mapred.keytab master:/etc/hadoop/conf
$ scp yarn.keytab mapred.keytab slave1:/etc/hadoop/conf
$ scp yarn.keytab mapred.keytab slave2:/etc/hadoop/conf
```

（3）设置文件归属用户和权限：

```
#mapred: 通过ssh远程连接master、slave1、slave2，为mapred.keytab更改用户属性和文件属性
ssh master "chown mapred:hadoop /etc/hadoop/conf/mapred.keytab;chmod 400 /etc/hadoop/
conf/mapred.keytab"
ssh slave1 "chown mapred:hadoop /etc/hadoop/conf/mapred.keytab;chmod 400 /etc/hadoop/
conf/mapred.keytab"
ssh slave2 "chown mapred:hadoop /etc/hadoop/conf/mapred.keytab;chmod 400 /etc/hadoop/
conf/mapred.keytab"

#yarn: 通过ssh远程连接master、slave1、slave2，为yarn.keytab更改用户属性和文件属性
ssh master "chown yarn:hadoop /etc/hadoop/conf/yarn.keytab;chmod 400 /etc/hadoop/
```

```
conf/yarn.keytab"
ssh slave1 "chown yarn:hadoop /etc/hadoop/conf/yarn.keytab;chmod 400 /etc/hadoop/
conf/yarn.keytab"
ssh slave2 "chown yarn:hadoop /etc/hadoop/conf/yarn.keytab;chmod 400 /etc/hadoop/
conf/yarn.keytab"
```

5.3.2　修改 YARN 配置文件

（1）修改 yarn-site.xml，添加如下配置：

```
<!--添加 yarn 资源管理的密钥和认证用户-->
<property>
  <name>yarn.resourcemanager.keytab</name>
  <value>/etc/hadoop/conf/yarn.keytab</value>
</property>
<property>
  <name>yarn.resourcemanager.principal</name>
  <value>yarn/_HOST@DYLAN.COM</value>
</property>

<!--添加 yarn 节点管理的密钥和认证用户-->
<property>
  <name>yarn.nodemanager.keytab</name>
  <value>/etc/hadoop/conf/yarn.keytab</value>
</property>
<property>
  <name>yarn.nodemanager.principal</name>
  <value>yarn/_HOST@DYLAN.COM</value>
</property>
<property>
  <name>yarn.nodemanager.container-executor.class</name>
  <value>org.apache.hadoop.yarn.server.nodemanager.LinuxContainerExecutor</value>
</property>
<property>
  <name>yarn.nodemanager.linux-container-executor.group</name>
  <value>yarn</value>
</property>
```

（2）修改 mapred-site.xml，开启 mapred 的 kerberos 认证，添加 mapred 的密钥文件
（keytab）和认证用户（principal），添加如下配置：

```
<!--添加 mapred 工作日志的密钥和认证用户-->

<property>
  <name>mapreduce.jobhistory.keytab</name>
  <value>/etc/hadoop/conf/mapred.keytab</value>
</property>
<property>
  <name>mapreduce.jobhistory.principal</name>
  <value>mapred/_HOST@DYLAN.COM</value>
</property>
```

如果想要mapreduce jobhistory开启SSL，则添加：

```
<property>
  <name>mapreduce.jobhistory.http.policy</name>
  <value>HTTPS_ONLY</value>
</property>
```

（3）修改/etc/hadoop/conf/container-executor.cfg文件，内容如下：

```
#configured value of yarn.nodemanager.linux-container-executor.group
#配置yarn.nodemanager.linux-container-executor.group参数
yarn.nodemanager.linux-container-executor.group=yarn
#comma separated list of users who can not run applications
#禁用用户列表
banned.users=bin
#Prevent other super-users
#禁用超级用户
min.user.id=1000
#comma separated list of system users who CAN run applications
#允许操作的用户
allowed.system.users=root,nobody,hdfs,yarn
```

注意：

1）container-executor.cfg文件读写权限需设置为400，所有者为root: yarn。

2）yarn.nodemanager.linux-container-executor.group 要同时配置在 yarn-site.xml 和 container-executor.cfg 中，且其值需要为运行 NodeManager 的用户所在的组，这里为yarn。

3）banned.users 不能为空，默认值为 hdfs, yarn, mapred, bin。

4）min.user.id默认值为1000。

5）确保yarn.nodemanager.local-dirs和yarn.nodemanager.log-dirs对应的目录权限为755。

（4）在master节点设置/etc/hadoop/conf/container-executor.cfg文件权限：

```
chown root:yarn container-executor.cfg
chmod 400 container-executor.cfg
```

（5）设置/usr/lib/hadoop-yarn/bin/container-executor的读写权限为6050（保留默认设置）：

```
chown root:yarn /usr/lib/hadoop-yarn/bin/container-executor
chmod 6050 /usr/lib/hadoop-yarn/bin/container-executor
```

（6）测试是否配置正确：

```
/usr/lib/hadoop-yarn/bin/container-executor --checksetup
```

（7）将修改的文件同步到其他节点，如 slave1、slave2：

```
cd /etc/hadoop/conf/
scp yarn-site.xml mapred-site.xml container-executor.cfg  slave1:/etc/hadoop/conf/
scp yarn-site.xml mapred-site.xml container-executor.cfg  slave2:/etc/hadoop/conf/
ssh slave1 "cd /etc/hadoop/conf/; chown root:yarn container-executor.cfg; chmod 400
container-executor.cfg"
ssh slave2 "cd /etc/hadoop/conf/; chown root:yarn container-executor.cfg; chmod 400
container-executor.cfg"
```

5.3.3　启动服务

1. 启动 ResourceManager

ResourceManager 是通过 yarn 用户启动的，故应在 master 节点上先获取 yarn 用户的 ticket 再启动服务：

```
kinit -k -t /etc/hadoop/conf/yarn.keytab yarn/master@DYLAN.COM
systemctl start hadoop-yarn-resourcemanager
```

然后查看日志，确认是否启动成功。

2. 启动 NodeManager

NodeManager 是通过 yarn 用户启动的，故应在 slave1 和 slave2 节点上先获取 yarn 用户的 ticket 再启动服务：

```
ssh master "kinit -k -t /etc/hadoop/conf/yarn.keytab yarn/master@DYLAN.COM;systemctl
start hadoop-yarn-nodemanager"
ssh slave1 "kinit -k -t /etc/hadoop/conf/yarn.keytab yarn/slave1@DYLAN.COM;systemctl
start hadoop-yarn-nodemanager"
ssh slave2 "kinit -k -t /etc/hadoop/conf/yarn.keytab yarn/slave2@DYLAN.COM;systemctl
start hadoop-yarn-nodemanager"
```

3. 启动 MapReduce Job History Server

HistoryServer 是通过 mapred 用户启动的，故应在 master 节点上先获取 mapred 用户的 ticket 再启动服务：

```
kinit -k -t /etc/hadoop/conf/mapred.keytab mapred/master@DYLAN.COM
systemctl start hadoop-mapreduce-historyserver
```

5.3.4　测试

检查 Web 页面是否可以访问 http://master:8088/cluster，运行示例程序：

```
klist
#运行wordcount例子
sudo -u hdfs hadoop jar
/usr/lib/hadoop-mapreduce/hadoop-mapreduce-examples.jar
wordcount /tmp/wordcount/in /tmp/wordcount/out
```

访问 http://master:19888/jobhistory 的工作日志截图，如图 5.3 所示。

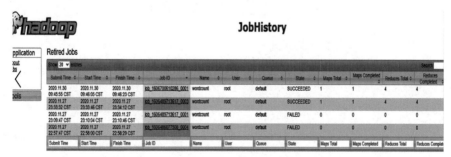

图 5.3　工作日志截图

5.4　本章小结

　　通过本章的学习，使读者能掌握Kerberos的安装配置操作，能掌握HDFS和YARN服务配置Kerberos的配置操作，包括keytab文件的创建和配置文件的修改。

第6章
大数据平台治理

📖 **学习目标**

- 掌握大数据数据资产内容
- 掌握大数据管理平台体系
- 掌握大数据数据共享与开放
- 掌握大数据安全与隐私保护

本章主要介绍大数据平台下的数据资产安全及大数据平台管理体系、大数据的数据共享与开放、数据的安全与隐私保护等内容。

6.1　大数据数据资产概述

6.1.1　数据资产定义

"数据资产"这一概念是由信息资源和数据资源的概念逐渐演变而来的。信息资源是在20世纪70年代计算机科学快速发展的背景下产生的，信息被视为与人力资源、物质资源、财务资源和自然资源同等重要的资源，高效、经济地管理组织中的信息资源是非常必要的。数据资源的概念是在20世纪90年代伴随着政府和企业的数字化转型而产生，是有含义的数据集结到一定规模后形成的资源。数据资产在21世纪初大数据技术的兴起背景下产生，并随着数据管理、数据应用和数字经济的发展而普及。

中国信通院在2017年发布了《数据资产管理实践白皮书》，其中将"数据资产"定义为"由企业拥有或者控制的，能够为企业带来未来经济利益的，以一定方式记录的数据资源"。这一概念强调了数据具备的"预期给企业主体带来经济利益"的资产特征。企业中数据资产的概念边界随着数据管理技术的变化而不断拓展。在早期文件系统阶段，数据以"文件"的形式保存在磁盘之上，初步实现了数据的访问和长期保存，数据资产主要指这些存储的"文件"。随后的数据库与数据仓库阶段，数据资产主要指结构化数据，包括业务数据和各类分析报表等，被用来支撑企业的经营和高层各项决策。在大数据阶段，随着分布式存储、分布式计算及多种AI技术的应用，结构化数据之外的数据也被纳入数据资产的范畴，数据资产边界拓展到了海量的标签库、企业级知识图谱、文档、图片、视频等内容。

在数字经济的发展历程中，社会各个行业见证了数据在生产活动中的不可替代性和核心作用。人们对数据价值的认识也由浅入深、由简单趋向复杂。如今，数据不仅仅是记录、反映客观世界的一种资源，还带有资产的属性，是个人或者企业资产的重要组成部分，是创造财富的基础。

6.1.2 数据资产管理五星模型

20 世纪 80 年代，在数据随机存储技术和数据库技术应用催化下，数据管理概念随之诞生。数据管理主要关注目标是实现计算机系统中的数据方便地存储和灵活访问，经过四十多年的发展，数据管理的理论体系主要形成了国际数据管理协会（DAMA）、IBM 和数据管控机构（DGI）所提出的三个流派，其代表的数据管理框架和主要观点如表 6.1 所示。

表 6.1　数据管理框架对比

框架名称	内　　涵	主要观点
DAMA 数据管理框架	规划、控制和提供数据资产的一组业务职能，包括开发、执行和监督有关数据的计划、政策、方案项目、流程、方法和程序，从而控制、保护、交付和提高数据资产的价值	管理活动是组织执行的任务，环境要素是管理活动能够正常执行的基础，二者的匹配性决定了数据管理是否成功 框架更偏向知识梳理，覆盖比较全面，但缺少可执行的步骤
IBM 数据治理模型	组织管理其信息知识并回答问题的能力	从可执行的角度梳理了四个功能域，明确了数据管理的最终目的，具有一定的可执行性
DGI 数据治理框架	包含信息相关过程的决策权和控制的活动集合	建立标准的流程，协调降低成本，确保流程的透明性 框架较为清晰，确立了目的、活动主体和行为准则

然而，以上三种理论体系都是大数据时代之前的产物，其视角还是将数据作为信息来管理，更多的是为了满足监管要求和企业考核的目的，并没有从数据价值释放的维度来考虑。在数据资产化背景下，数据资产管理是在数据管理基础上的进一步发展，可以视作数据管理的"升级版"。主要区别表现为以下三方面。

一是管理视角不同，数据管理主要关注的是如何解决问题数据带来的损失，而数据资产管理则关注如何利用数据资产为企业带来价值，需要基于数据资产的成本、收益来开展数据价值管理。

二是管理职能不同，传统数据管理的管理职能包含数据标准管理、数据质量管理、元数据管理、主数据管理、数据模型管理、数据安全管理等，而数据资产管理针对不同的应用场景和大数据平台建设情况，增加了数据价值管理和数据共享管理等职能。

三是组织架构不同，在"数据资源管理转向数据资产管理"的理念影响下，相应的组织架构和管理制度也有所变化，需要有更专业的管理队伍和更细致的管理制度来确保数据资产管理的流程性、安全性和有效性。

基于上述差异点，上海新炬网络技术有限公司结合国内外数据资产管理理论经验和日常企业级数据资产管理实践，在 2018 年 7 月的中国数据资产管理峰会上，发布如图 6.1 所示的数据资产管理模型——AIGOV 五星模型。

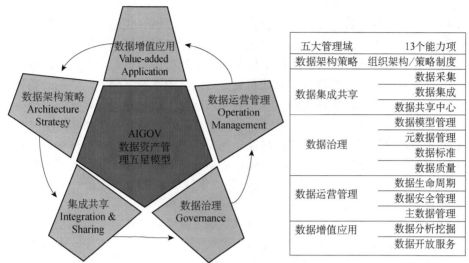

五大管理域	13个能力项
数据架构策略	组织架构/策略制度
数据集成共享	数据采集
	数据集成
	数据共享中心
数据治理	数据模型管理
	元数据管理
	数据标准
	数据质量
数据运营管理	数据生命周期
	数据安全管理
	主数据管理
数据增值应用	数据分析挖掘
	数据开放服务

图 6.1 AIGOV 五星模型

在数据资产管理 AIGOV 五星模型中将数据资产管理相关工作划分成五个管理域和 13 个能力项。

1. 数据架构策略

数据架构策略，包含组织架构/策略制度一个能力项。核心是数据资产管理工作中人员组织结构、相关策略制度组件制定。企业需要根据自身发展战略，制定合适的数据资产管理策略规划、制度和流程，并组建专业数据资产管理团队，明确职责，从组织架构上保障数据资产管理活动的顺利展开。在企业数据资产管理活动中，如果没有组织和相关人员，数据资产管理规章制度只会是无法落地的一纸空文。

2. 数据集成共享

数据集成共享管理域，包括数据采集、数据集成、数据共享中心三个能力项。目标是围绕数据实现企业中各式数据的采集、集成以及共享，打破企业中形成的数据孤岛，将数据进行有效的整合和集成，让数据实现更多的关联和碰撞，产生更多业务、产品、服务及管理等多方面的创新。数据采集、集成和处理计算之后，形成各种各样的数据产品。这些数据产品通过数据共享中心打破企业历史沉淀的数据孤岛，通过数据采集、集成进行有效整合，构建企业级数据共享中心，满足企业内部数据交互、访问、共享的业务需求，使数据能够更好地反哺企业业务的发展。

3. 数据治理

数据治理，包含数据模型管理、元数据管理、数据标准管理、数据质量管理几个能力项目。核心是通过一套标准数据治理规范在企业内部建立一个透明可读、高质量的数据环境。

数据治理往往始于数据模型管理，根据企业的特点和现状从正向建模和逆向两个方面入手。针对企业存在大量历史存量系统或者在用系统中的数据难以理解和使用问题需要逆向进行数据模型梳理，把数据模型整理清晰，梳理清楚企业数据的基本全貌。完成数据模型管理工作后，企业最终将以数据地图、数据资产目录等方式向企业数据应用、管理和维护人员进行开放和共享，让数据相同关系人都可以从中获取必要的数据信息。

数据模型元数据管理最重要输入内容。元数据管理通过各式的关于数据的信息采集、归并整合和应用等手段，向企业提供全局企业多角度元数据视图。可视化的元数据管理工具，为企业数据应用和开发人员提供图形化全局元数据检索和查询、数据处理过程上下文的数据血缘关系分析，以及预览数据处理和变更对全局的影响度分析。借助元数据管理工具，实现强大元数据监控、稽核和版本管理的能力，便于数据应用和管理人员分析元数据与实际数据中心或者数据仓库之间的差异，维护元数据的权威性和准确性。

元数据和数据模型在企业内部数据建设还需要实现标准化过程，数据标准化维度往往包括多个方面，包括数据定义命名的标准化、数据设计的标准化、数据内容和格式的标准及数据交换的标准等，通过这些数据标准化的工作打通企业内部数据的设计和认知的统一，便于企业人员理解和认识数据，有利于数据的共享和整合。

完善的元数据管理及数据标准体系，可以更加方便企业人员进行数据质量管理。数据质量管理借助工具手段将质量管理PDCA循环管理方法论真正落地。在这个过程中，利用数据质量管理工具对数据质量进行有效监控和分析。

4. 数据运营管理

数据运营管理域，包含数据生命周期管理、数据安全管理、主数据管理三个能力项，其核心目标是提升数据安全和运营效率。数据资产管理团队通过制定合理、完整的数据生命周期管理方案，针对不同类型的业务数据进行贯穿其整个生命周期的管理。面对业务部门和IT部门对数据使用的要求进行调研和分析，结合企业中各类数据的特点和趋势，制定不同数据在不同阶段数据生命周期策略，企业上下确认并达成一致后，形成企业中数据生命周期管理规范并发布。同时基于国家、行业和企业对数据安全管控规范，对现有数据进行敏感分级分类，形成敏感数据目录。以此为基础，还需要针对不同数据制定和完善如安全审计、测试数据管理、数据脱敏、数据提取管理等应用场景。对于企业关键业务实体的核心主数据，通过主数据采集、质量管理、审核、发布等方式统一管理企业的黄金数据。

5. 数据增值应用

数据增值应用，包含数据分析挖掘和开放服务两个能力项。目标是真正将数据服务于企业和企业的数据战略联盟间，提升数据价值、实现业务互动。具体落地方式是企业数据分析人员借助数据可视化、数据统计、挖掘算法和机器学习对整合到大数据共享中心的数据进行分析验证，提取和发现有用的信息并形成结论进行企业辅助决策和价值变现。另一方面，企业将原始数据、经过有效加工的数据或者整合后的数据报告，通过数据资产化的评估、脱敏和定价，与外部合作伙伴实现数据交换、交易和流通，为企业获得战略或财务收益。

作为一个相对成熟的数据管理方法论，数据资产管理AIGOV五星模型对于构建企业的数据资产管理环境，实现数据资产保值和增值，提高数据质量都具有一定参考意义。一方面，数据资产管理AIGOV五星模型是企业已有的数据资产管理运营实践活动经验积累，通过借鉴该模型方法能够提前规避各种常见已知问题和典型性陷阱。减少企业数据资产管理活动中的试错成本，提高数字化进程效率。另一方面，数据资产管理AIGOV五星模型提出的数据资产管理平台体系思想，为企业实施数据资产管理活动提供了平台化的支撑参考。企业通过各种可视化的数据资产管理平台，可以更加高效地管理数据和提升数据质量，推动企业内外的数据共享和应用，提升企业内部数据价值，实现数据变现和增值。

最后，值得注意的是，数据资产管理 AIGOV 五星模型只是一个数据资产管理框架抽象模型，企业在进行数字资产管理工作过程中，更多的是需要结合企业自身战略、数据资产状况、人力物力等综合因素，结合该模型分阶段有选择性地制定数据资产管理规划和工作。

6.1.3 大数据资产管理框架

数据资产管理"AIGOV 五星模型"从数据资产管理的全局视角和整体过程出发，总结归纳出了企业生产中数据资产化价值实现的大致过程。但对于企业中如何分层落地实施却没有给出具体解决方案。从大数据发展历史来看，企业要通过"数据驱动"实现数据价值变现，需要依次经历大数据处理能力建设、数据资产管理、业务价值实现三个阶段。因此应用在企业中的大数据资产管理体系需要包括大数据资产治理和管控、大数据资产应用创新和资产共享、大数据资产流通运营和资产增值三个方面的核心内容。一个典型通用的大数据资产管理总体功能框架，如图 6.2 所示。

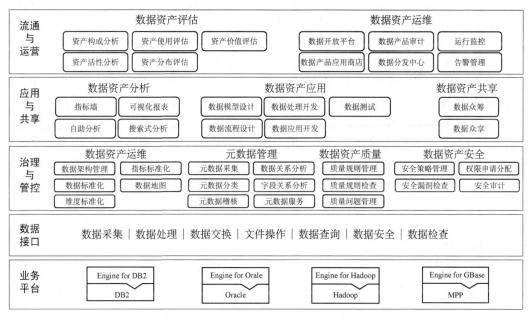

图 6.2　大数据资产管理总体框架

在大数据资产管理框架中，业务平台和数据接口属于大数据管理体系中的数据基础工程部分的工作，主要是针对海量多杂的数据提供行之有效的存储、计算、分析工具平台，数据接口对多种异构的数据访问方式形成统一接口访问标准，便于数据交换和传输。

治理与管控在海量数据存储计算和统一访问的基础上，面向数据的生命周期，从空间视角和时间视角实现治理和管控。重点关注数据质量、能效、安全几个方面，使得用户能够快速准确地获取自己所要数据的同时，提供高质量数据，并且在出现数据质量问题时候能够快速定位。

数据资产应用创新是指将数据资产进行适当加工和分析，为企业管理控制和科学决策提供合理依据，从而支持企业经营活动开展、创造经济利益的过程。

大数据的流通运营和资产增值是数据资产管理的最终目的。从现阶段看，企业中实现数据资产增值和变现的主要方法是对内强化数据分析能力，应用分析结果使数据资产增值；对外共享进行数据租售，实现数据资产变现。从未来发展来看，企业数据增值的潜能存在于跨界合作，通过跨界战略合作、用数据共享来推动彼此主营业务，实现远高于简单的数据租售带来的直接经济价值。常用的跨界合作的主要形式有数据合作、交叉营销、资源互换、整合推广。

6.2　大数据平台管理体系

6.2.1　大数据标准体系框架

步入大数据时代后，大数据相关技术和产业的发展推动各行各业应用落地，数据思维和数据经济对政府、企业决策和人们的生活方式产生深远的影响。各种大数据产品和面向各行业的大数据应用层出不穷，通过标准化的途径规范认知，整合资源，促进各方达成共识势在必行。加强大数据标准化研制工作，对推动我国大数据产业进程，加快技术与标准的相互融合，落实大数据国家战略具有重要意义。

自2012年起，ITU-T、ISO/IEC、NIST、IEEE BDGMM等国际标准化组织相继开展大数据标准化工作，目前已发布了多项大数据标准。在我国，为了推动和规范大数据产业快速发展，建立大数据产业链，与国际标准接轨，在工业和信息化部、国家标准化管理委员会的组织和支持之下，全国信息技术标准化技术委员会大数据标准工作组于2014年12月2日正式成立。目前，工作组已开展33项大数据国家标准的研制工作，其中已发布国家标准24项。在《大数据标准化白皮书》（2018版）中，根据数据全周期管理，以及未来大数据发展的趋势，提出了如图6.3所示的大数据标准体系框架。

整个大数据标准体系由七个类别的标准组成，分别为基础标准、数据标准、技术标准、平台和工具标准、管理标准、安全和隐私标准、行业应用标准。各自涵盖规范内容如下。

1. 基础标准

为整个标准体系提供包括总则、术语、参考模型等基础性标准。

2. 数据标准

该类标准主要针对底层数据相关要素进行规范，包括数据资源和数据交换共享两部分，其中数据资源包括元数据、数据元素、数据字典和数据目录等，数据交换共享包括数据交易和数据开放共享相关标准。

3. 技术标准

该类标准主要针对大数据相关技术进行规范，包括大数据集描述及评估、大数据处理生命周期技术、大数据开放与互操作、面向领域的大数据技术四类标准。

其中，大数据集描述及评估标准主要针对多样化、差异化、异构异质的不同类型数据建立标准的度量方法，以衡量数据质量，同时研究标准化的方法对多模态的数据进行归一处理，并根据我国国情，制定相应的开放数据标准，以促进政府数据资源的建设。大数据处理生命周期技术标准主要针对大数据产生到其使用终止这一过程的关键技术进行标准制

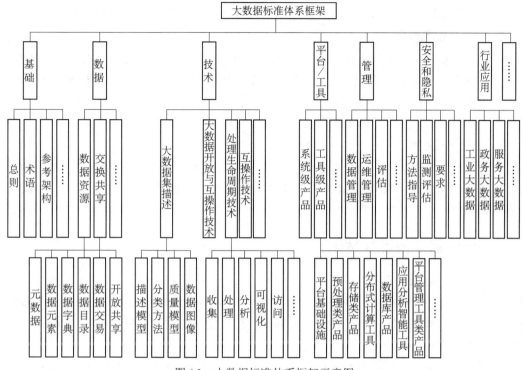

图6.3　大数据标准体系框架示意图

定，包括数据产生、数据获取、数据存储、数据分析、数据展现、数据安全与隐私管理等阶段的标准制定。大数据开放与互操作标准主要针对不同功能层次功能系统之间的互联与互操作机制、不同技术架构系统之间的互操作机制、同质系统之间的互操作机制的标准化进行研制。面向领域的大数据技术标准主要针对电力行业、医疗行业、电子政务等领域或行业的共性且专用的大数据技术标准进行研制。

4. 平台和工具标准

该类标准主要针对大数据相关平台和工具进行规范，包括系统级产品和工具级产品两类。

系统级产品包括实时计算产品（流处理）、数据仓库产品（OLTP）、数据集市产品（OLAP）、数据挖掘产品、全文检索产品、非结构化数据存储检索产品、图计算和图检索产品等。

工具级产品包括平台基础设施、预处理类产品、存储类产品、分布式计算工具、数据库产品、应用分析智能工具、平台管理工具类产品的技术、功能、接口等进行规范。相应的测试规范针对相关产品和平台给出测试方法和要求。

5. 管理标准

管理标准作为数据标准的支撑体系，贯穿数据生命周期的各个阶段。该部分主要是数据管理、运维管理和评估三个层次进行规范。

数据管理标准主要包括数据管理能力模型、数据资产管理及大数据生命周期中处理过程的管理规范。

运维管理主要包含大数据系统管理及相关产品等方面的运维及服务等方面的标准。

评估标准包括设计大数据解决方案评估、数据管理能力成熟度评估等。

6. 安全和隐私标准

数据安全和隐私保护作为数据标准体系的重要部分，贯穿整个数据生命周期的各个阶段。大数据应用场景下，大数据的4V特性导致大数据安全标准除关注传统的数据安全和系统安全外，还应在基础软件安全、交易服务安全、数据分类分级、安全风险控制、电子货币安全、个人信息安全、安全能力成熟度等方向进行规范。

7. 行业应用标准

行业应用类标准主要是针对大数据为各个行业所能提供的服务角度出发制定的规范。该类标准指的是各领域根据其领域特性产生的专用数据标准，包括工业、政务、服务等领域。

6.2.2 大数据平台关键技术

1. 大数据平台参考架构

要实现海量数据全生命周期管理，建设端到端的大数据平台不可或缺。当前大数据领域新型技术仍在高速发展，新的技术框架和组件依然层出不穷，业界关于大数据系统技术标准体系尚未达成共识。

2015年，美国国家标准与技术研究院（National Institute of Standards and Technology，NIST）发布了《大数据互操作框架第6卷：参考架构》（*Big Data Interoperability Framework Volume 6 Reference Architecture*）。2016年，全国信息技术标准化技术委员会大数据标准工作组结合NIST的《大数据互操作框架第6卷：参考架构》，制定并发布了如图6.4所示的GB/T 35589—2017《信息技术大数据技术参考模型》国家标准，提出了我国大数据参考架构。该参考架构中立于大数据供应商，并在技术和基础设施方面独立为大数据标准化提供基本参考点，为大数据系统的基本概念和原理提供了一个总体框架，为各种利益相关者提供一种交流大数据技术的通用语言，方便了人们对大数据复杂性操作的认识。

GB/T 35589—2017大数据参考架构围绕代表大数据价值链的横纵两个维度展开，分别是信息价值链（水平轴）和IT价值链（垂直轴）。信息价值链表示大数据的应用理论作为一种数据科学方法，从数据到知识的处理过程中所实现的信息价值，其核心价值通过数据收集、预处理、分析、可视化和访问等活动实现。IT价值链表示大数据作为一种新兴的数据应用范式为IT技术产生的新需求带来的价值，其核心价值通过为大数据应用提供存储和运行大数据的网络、基础设施、平台、应用工具及其他IT服务实现。

从模型构成上看，大数据通用模型架构是由一系列在不同概念层级上的逻辑构件组成的。这些逻辑构件被划分为三个层级，从高到低依次为角色、活动和功能组件。五个主要的模型构件代表在每个大数据系统中存在的不同技术角色：系统协调者、数据提供者、大数据应用提供者、大数据框架提供者和数据消费者。另外两个非常重要的模型构件是安全隐私与管理，代表能为大数据系统其他五个主要模型构件提供服务和功能的构件。其中管理角色的功能尤其重要，被集成在任何大数据解决方案中。

架构体系中的管理角色可以归类为系统管理、大数据管理和大数据治理这三个活动组。系统管理活动组包括调配、配置、软件包管理、软件管理、备份管理、能力管理、资源管理和大数据基础设施的性能管理等活动。大数据管理涵盖了大数据生存周期中所有的处理过程，其活动和功能是验证数据在生命周期的每个过程是否都能够被大数据系统正确地处理。大数据治理负责定义在数据全生存周期中如何访问和处理数据，从而实现更广泛的策略和指引，以确保数据管理的角色和责任的执行、维护数据的合规性、满足数据质量要求、标准化数据管理和利用、降低数据管理的低效率和成本、通过定义和验证数据访问要求来提高数据安全性、建立数据访问的过程以提高性能等目标的实现。

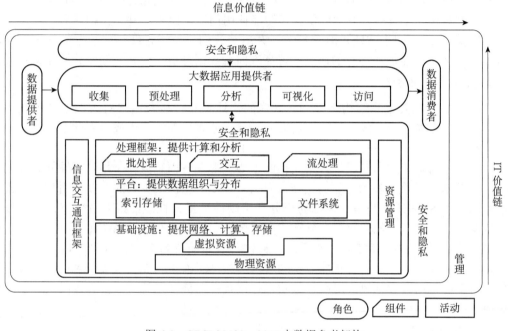

图 6.4 GB/T 35589—2017 大数据参考架构

该架构可以用于表示由多个大数据系统组成的堆叠式或链式系统，其中一个系统的数据消费者可以作为后面一个系统的数据提供者。该架构支持各种商业环境，包括紧密集成的企业系统和松散耦合的垂直行业，有助于理解大数据系统如何补充并有别于已有的分析、商业智能、数据库等传统的数据应用系统。

2. 大数据平台关键实现技术

实际工程项目中，实现上述大数据通用系统需要涉及的关键技术有分布式数据库技术、分布式存储技术、流失计算技术、图数据库技术。

3. 分布式数据库技术

分布式数据库是指将物理上分散的多个数据库单元连接起来组成逻辑上统一的数据库。随着各行业大数据应用对数据库需求的不断提升，数据库技术面临数据的快速增长及系统规模的急剧扩大，不断对系统的可扩展性、可维护性提出更高要求。当前以结构化数据为主，结合空间、文本、时序、图等非结构化数据的融合数据分析成为用户的重要需求方向。同时随着大规模数据分析对计算力要求的不断提升，需要充分发挥异构计算单元（如 CPU、GPU、AI 加速芯片）来满足应用对数据分析性能的要求。

分布式数据库主要分为 OLTP 数据库、OLAP 数据库、HTAP 系统。OLTP（联机事务处理）数据库，用于处理数据量较大、吞吐量要求较高、响应时间较短的交易数据分析。OLAP（联机分析处理）数据库，一般通过对数据进行时域分析、空间分析、多维分析，从而迅速、交互、多维度地对数据进行探索，常用于商业智能系统的实时决策。HTAP（混合交易/分析处理）系统，混合 OLTP 和 OLAP 业务同时处理，用于对动态的交易数据进行实时的复杂分析，使得用户能够做出更快的商业决策，支持流、图、空间、文本、结构化等多种数据类型的混合负载，具备多模引擎的分析能力。

分布式数据库的发展呈现与人工智能融合的趋势。一方面基于人工智能进行自调优、自诊断、自愈、自运维，能够对不同场景提供智能化性能优化能力；另一方面通过主流的数据库语言对接人工智能，有效降低人工智能使用门槛。此外，基于异构计算算力，分布式数据库能基于对不同 CPU 架构（ARM、X86 等）的调度进行结构化数据的处理，并基于对 GPU、人工智能加速芯片的调度实现高维向量数据分析，提升数据库的性能、效能。

4. 分布式存储技术

随着数据（尤其是非结构化数据）规模的快速增长，以及用户对大数据系统在可靠性、可用性、性能、运营成本等方面需求的提升，分布式架构逐步成为大数据存储的主流架构。

基于产业需求和技术发展，分布式存储主要呈现三方面趋势。一是基于硬件处理的分布式存储技术。目前大多的存储仍是使用 HDD（传统硬盘），少数的存储使用 SSD（固态硬盘），或者 SSD+HDD 的模式，如何充分利用硬件来提升性能，推动着分布式存储技术进一步发展。二是基于融合存储的分布式存储技术。针对现有存储系统对块存储、文件存储、对象存储、大数据存储的基本需求，提供一套系统支持多种协议融合，降低存储成本，提升上线速度。三是人工智能技术融合，例如基于人工智能技术实现对性能进行自动调优、对资源使用进行预测、对硬盘故障进行预判等，提升系统可靠性和运维效率，降低运维成本。

5. 流计算技术

流计算是指在数据流入的同时对数据进行处理和分析，常用于处理高速并发且时效性要求较高的大规模计算场景。流计算系统的关键是流计算引擎，目前流计算引擎主要具备以下特征：支持流计算模型，能够对流式数据进行实时的计算；支持增量计算，可以对局部数据进行增量处理；支持事件触发，能够实时对变化进行及时响应；支持流量控制，避免因流量过高而导致崩溃或者性能降低等。

随着数据量的不断增加，流计算系统的使用日益广泛，同时传统的流计算平台和系统开始逐步出现一些不足。状态的一致性保障机制相对较弱，处理延迟相对较大，吞吐量受限等问题的出现，推动着流计算平台和系统向新的发展方向延伸。其发展趋势主要包括：更高的吞吐速率，以应对更加海量的流式数据；更低的延迟，逐步实现亚秒级的延迟；更加完备的流量控制机制，以应对更加复杂的流式数据情况；容错能力的提升，以较小的开销来应对各类问题和错误。

6. 图数据库技术

图数据库是利用图数据结构进行语义查询的数据库。相比关系模型，图数据模型具有独特的优势。一是借助边的标签，能对具有复杂甚至任意结构的数据集进行建模；而使用关系模型，需要人工地将数据集归化为一组表及它们之间的 JOIN 条件，才能保存原始结构的全部信息。二是图模型能够非常有效地执行涉及数据实体之间多跳关系的复杂查询或分析，由于图模型用边来保存这类关系，因此只需要简单的查找操作即可获得结果，具有显著的性能优势。三是相较于关系模型，图模型更加灵活，能够简便地创建及动态转换数据，降低模式迁移成本。四是图数据库擅于处理网状的复杂关系，在金融大数据、社交网络分析、推荐、安全防控、物流等领域有着更为广泛的应用。

6.2.3 面向特定领域大数据参考架构

针对安全性、可靠性、实时性要求更高的银行、电子商务、航空航天、网络安全、应急反恐、军事对抗等特定领域（以下简称"特定领域"），构建大数据相关标准体系，实现相关大数据系统互联、互通、互操作也是实现重要信息跨部门、跨领域、跨平台安全共享的坚实基础。对加速这些领域大数据的快速发展具有重要意义。鉴于此，北京系统工程研究所的林旺群、高晨旭等学者在《面向特定领域大数据平台架构及标准化研究》一文中给出了如图 6.5 所示的大数据参考架构。

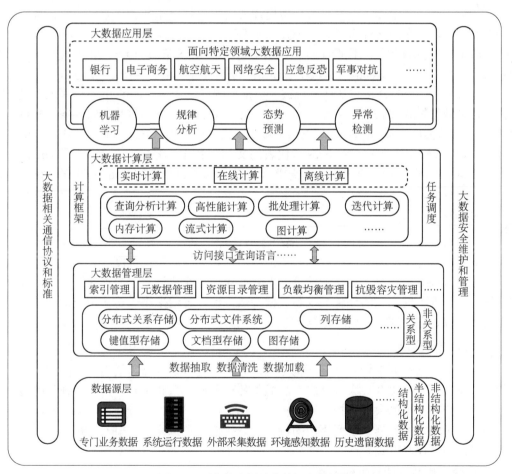

图 6.5 面向特定领域大数据参考架构

整个参考架构由数据源层、大数据管理层、大数据计算层、大数据应用层、大数据相关通信协议和标准、大数据安全维护和管理等部件组成，其中大数据相关通信协议和标准、大数据安全维护和管理两大部件贯穿大数据参考架构始终。大数据管理层和大数据计算层由底层各类物理存储资源、计算资源和网络资源等通过虚拟化和分布式技术形成的虚拟资源提供支撑，构成大数据体系平台。自底向上，面向特定领域大数据参考架构体现了"数据→信息→知识→决策"的转化过程，实现大数据到大价值的转变。

1. 数据源层

主要负责数据的供给和数据清洗等。面向特定领域大数据来源广泛，类型多样，体量巨大。数据源层数据来源包括面向特定领域专门业务数据、系统运行数据、外部采集数据、环境感知数据和信息系统迁移改造过程中留下的历史遗留数据等。对于面向特定领域的大数据数据源，从数据类型维度分析，这些数据包括结构化数据、半结构化数据和非结构化数据；从数据时间维度分析，这些数据包括离线数据、近似实时数据和实时数据。

2. 大数据管理层

负责对特定领域大数据的存储、组织和管理。由于不同领域面临的任务不同，因而对数据格式、存储方法、读写方式、存储周期等要求差异较大，面向特定领域的大数据参考架构在大数据管理层设计了针对不同任务所需要的大数据组织和管理方法，包括采用分布式关系数据库、分布式文件系统、NoSQL 数据库等。

目前主流的分布式关系数据库包括 Oracle RAC、MySQL cluster、MemSQL 等。常见的分布式文件系统包括 Ceph、HDFS、Lustre、GridFS 等。由于 Hadoop 生态系统的日益壮大，以 HDFS 为代表的分布式文件系统被大数据系统广泛采用。NoSQL 数据库大多具有无须预先定义数据模式和表结构、无共享架构、异步复制、最终一致性和软事务等特点。典型的 NoSQL 数据库有以 BigTable、Dynamo、HBase、Gemfire、Cassandra 为代表的键值存储数据库，以 MongoDB 和 Couchbas 为代表的文档型数据库系统，以 Neo4j 和 Graph 为代表的图数据库。对于不同领域的任务需求，可以根据不同类型的 NoSQL 数据库特点，选取适合的大数据组织管理方式。

3. 大数据计算层

提供大数据运算所需要的计算框架和任务调度等功能，负责对特定领域大数据的计算、分析和处理等。根据大数据处理多样性的需求和不同的特征维度，大数据计算模式可以大致分为查询分析计算、高性能计算、批处理计算、流式计算、内存计算、迭代计算和图计算等。根据不同领域的任务要求和数据特点，可以灵活采用上述一种或多种计算模式提供实时计算、在线计算或离线计算。

4. 大数据应用层

构建在大数据存储架构和计算架构之上，为了满足特定领域需要而开发的面向专门任务的大数据应用系统集合。大数据应用层提供各种挖掘模型和工具，并以可视化的方式展现给最终用户。常见的大数据挖掘和分析任务包括机器学习、规律分析、态势预测、异常检测等。为了满足大数据平台多用户的特点，系统采用虚拟化方法引入多租户模式，提供各类数据的访问控制方式。

5. 大数据相关通信协议和标准

负责消息传输、数据管理和功能接口交互等的相关规则和约定。大数据相关通信协议和标准通常以协议栈和标准集合的形式定义数据处理和信息交互时数据单元应使用的格式、信息单元应包含的信息与语义、连接方式、信息发送和接收的时序等。通信协议和标准均具有层次性特点，每个层次完成一部分功能，各个层次相互配合共同完成相关功能。

目前大数据相关协议和标准在充分继承传统数据处理的相关方法上不断创新发展。

6. 大数据安全维护和管理

大数据安全既包括传统数据平台的物理安全、系统安全、网络安全等，又包括大数据特有的数据安全、隐私防护等。面向特定领域大数据系统核心软硬件产品包括操作系统、数据管理平台、数据计算平台、处理器和关键板卡等。网络安全体现在大数据系统内部网络和开放数据共享平台上的系统信息的安全，包括用户口令鉴别、用户存取权限控制、安全审计、计算机病毒防治等。数据安全主要体现在数据的分级访问控制、数据加密存储和传输、数据完整性和数据真实性等。此外，面向特定领域大数据隐私保护也非常重要，比如在军事对抗领域，很多关键信息都涉及大数据隐私保护问题，一旦出现隐私泄露将可能造成严重的后果。

综述所述，数据源扮演大数据提供者角色，大数据管理层和大数据计算层扮演大数据运行框架提供者角色，大数据应用层扮演大数据消费者角色，大数据安全和维护管理扮演大数据安全维护者角色，大数据相关通信协议、标准，以及大数据系统维护者扮演大数据协调运维者角色。整个面向特定领域大数据参考架构各个部件密不可分，角色互补，形成一个有机统一总体。

6.3 大数据的数据共享与开放

6.3.1 数据共享开放概述

组织的数据共享与开放在通常意义上分为"数据共享"和"数据开放"两个概念。其中数据共享主要指的是面向企业内部的数据流动，其中由数据应用单位提出企业内部跨组织、跨部门的数据获取需求，由对应数据供给单位进行授权，并由信息部门向该数据应用部门开放数据访问权限。而数据开放则指企业向政府部门、外部企业、组织和个人等外部用户提供数据的行为。

在数据共享与开放的过程中，主要参与的角色可以分为四种：数据拥有者、数据消费者、数据服务者和数据运营者。

（1）数据拥有者：通常是指数据的合法拥有方，在数据共享中，则特指信息系统的业务管理部门及单位。其负责在日常业务活动中，组织人员在信息系统中录入数据，或合法获取外部数据并提供使用。

（2）数据消费者：在数据共享中，是指发起数据共享需求申请并使用数据用于开展合法、合规业务的内部部门及单位。在数据开放中，则是指发起数据开放需求申请并使用数据用于开展合法、合规业务的外部单位，包括政府单位、外部企业或个人。

（3）数据服务者：负责在数据拥有者给出的数据资源基础上，根据数据消费者可能的使用需求，提供各类服务，如将原始数据加工成产品、提供数据交易过程中的代理服务、针对数据的真实性或者有效性提供验真服务、对数据的开放过程的合法、合规性提供审计服务等。

（4）数据运营者：负责提供一个支持数据共享与开放的环境，如统一的服务平台、标准化的数据产品、数据资源目录查询检索等，以及开展以创造经济价值为导向的运营活动，如客户管理、订单管理、营销宣传等。

类似云计算的业务模式，当下数据开发共享也存在如图6.6所示的三种开发业务模式。

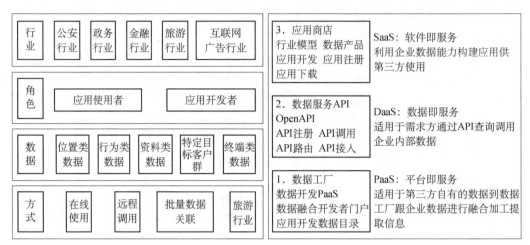

图 6.6　数据开放共享三种业务模式

1）提供 SaaS（软件即服务）开放模式，即通过数据共享与开放，开发并发布数据应用，供企业外部用户在线使用。

2）提供 DaaS（数据即服务）开放模式，即将数据封装为 API，提供给企业内外部系统或开发者调用。

3）提供 PaaS（平台即服务）开放模式，即第三方将自有的数据加入企业提供的开放环境中，跟企业数据进行融合、加工后提取其中的信息，满足业务应用的分析需求。

6.3.2　政府数据开放共享发展历程

曾有研究显示，政府掌握了80%的社会信息资源，无论这个数字是否准确，政府拥有庞大的数据资源是不言而喻的事实。政府数据由于具有规模性、权威性、公益性和全局性等特点，蕴含的价值巨大，因此，一般提到数据开放共享，广义上包括政府与企业之间的数据开放共享，以及企业与企业之间的数据开放共享，而狭义上是指政府数据开放共享。

数据开放共享这个概念并非一开始就有，在《2005—2015年国内外政府数据开发共享研究述评》一文中，黄如花学者指出，政府数据开放共享的概念大概经历了三个发展阶段的演变。

第一个阶段的主要概念是"政府信息公开"，1996年，美国克林顿政府颁布的《信息自由法》修正案提出"政府信息公开"，这个概念迅速成为美国学术界关注的话题，随后，世界上许多国家开始颁布类似的法律法规。例如，英国 2000 年颁布了《信息公开法》，日本在 2001 年颁布了《行政机关拥有信息公开法》，我国在 2007 年颁布了《政府信息公开条例》，这些都强调公民获取政府信息的权利和政府依法公开行政信息的义务。

第二个阶段的概念是"开放政府数据"，2009 年，美国奥巴马政府签署了《开放透明政府备忘录》。同年，颇具影响力的 data.gov 上线，标志着美国开放政府数据运动的开始，随着英国政府上线 data.gov.uk、澳大利亚政府推出 data.gov.au 等，开放政府数据形成了世界潮流。2011 年，美国、英国、挪威、巴西等八国签署《开放数据声明》，并成立开放政府合作伙伴；2013 年，八国集团（G8）首脑签署《开放数据宪章》，强调要通过政府数据的开放共享提高政府透明度和运作效率，为各国公民提供更好的公共服务。

第三个阶段的概念是"政府数据开放共享"，随着越来越多的国家和机构参与开放政府数据，数据开放共享问题成为新热点。我国在政府文件《促进大数据发展纲要》中较早明确提出了政府数据开放共享的概念。

因此，从概念上来说，政府数据开放共享与政府信息公开、开放政府数据密切相关，也有所不同，它是政府信息资源发展到当前阶段的产物，尤其强调数据的公开性、可获取性和可用性。我们可以简单理解为，政府数据开放共享是指政府机构在法律法规范围内开放、共享其生产或拥有的按照一定标准规范组织过的数据集，这部分数据可供企业和个人自由使用，为社会创造价值。同时，政府数据的开放共享应是在充分的数据安全保障范围内的，要严防泄露危害国家安全和侵犯个人隐私的数据。

6.3.3　数据开放共享主要实现方式

当前，实现政府数据有效开放共享的方式主要有数据开放、数据交换、数据交易三种方式。

1. 数据开放

数据开放主要是指政府机关数据面向公众开放。因此，该方式限定了被开发的数据必须是非敏感数据，同时被开放共享数据不涉及公民个人隐私信息，并且需要保证数据经过二次加工或者挖掘分析后依然不涉及敏感信息和个人隐私信息。

政府通过数据开发为公民提供开源资源在线检索、下载及调用等服务，典型的政府开放框架如图 6.7 所示。

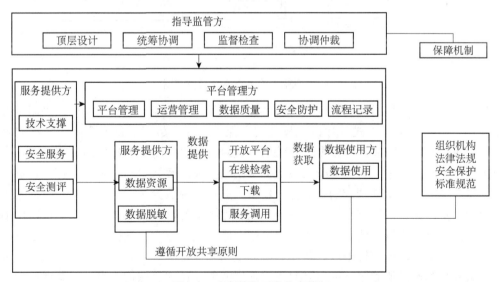

图 6.7　政府数据开发共享框架

具体而言，数据提供方要对数据资源进行分类甄别，尤其是要依据相关法律法规对数据进行脱敏处理，然后才能开放共享；平台管理方负责对数据提供方提供的开放数据进行清洗、审核、编辑、归类、存储和提供等工作，并对所有的数据开放活动进行记录和追踪；服务提供方为数据开放共享提供技术支撑、安全测评等相关服务；指导监管方负责制定监管规则和协调机制，在责任主体产生冲突时进行协调和仲裁，对违法违规行为组织调查并处置。

2. 数据交换

数据交换主要是政府部门之间、政府与企业之间通过签署协议或合作等方式开展的非营利性数据开放共享。一般有两种情况。一种是为信用较好或有关联的实体之间提供数据交换机制，由第三方机构为双方提供交换区域、技术及服务。这种交换适用于非涉密或保密程度比较低的数据。另一种是针对敏感数据封装在业务场景中的闭环交换。通过安全标记、多级授权、基于标准的访问控制、多租户隔离、数据族谱、血缘追踪及安全审计等安全机制构建安全的交换平台空间，确保数据可用不可见。政府与企业数据交换的框架设计如图6.8所示。

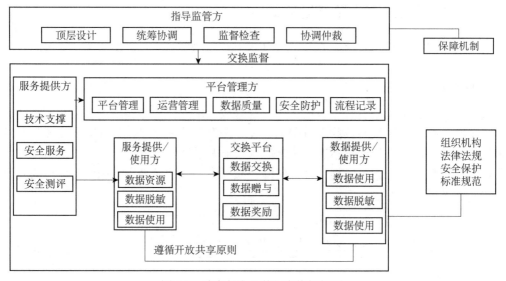

图 6.8　政府与企业数据交换框架图

具体而言，数据提供方授权使用方获得数据资源，一般通过数据交换协议来明确数据使用范围、权限、使用方式、知识产权及安全保护要求。数据提供方要确定数据准确有效、及时更新和安全可靠，并依据相关法律法规对数据进行脱敏处理后展开交换。当企业共享数据给政府时，也会有数据赠与或数据奖励的方式。数据赠与是企业履行社会责任的一种表现，一些具有奉献精神的企业会无偿将某些数据提供给所有可能对这些数据感兴趣的部门或机构。数据使用方在授权范围内获取和使用资源，并采取措施确保交换数据不丢失、不泄露、不被未授权读取或扩大使用范围。服务提供方为数据提供方和使用方提供技术及服务支撑工作，如数据整理、数据脱敏、数据接口定制等。必要时，数据提供方可请具备相关安全测评资质的服务提供方对数据使用方的数据安全保护能力进行测评。指导监管方依照国家法律法规和政策文件的授权，对政府与企业之间的数据交换工作进行指导和安全监管，在责任主体间产生冲突时进行协调和仲裁。

3. 数据交易

数据交易主要是对数据资产进行明码标价，有特定机构进行买卖交易。当前市场上较多的第三方数据交易平台提供的主要是这种模式。当前较为典型的代表是贵阳大数据交易所、长江大数据交易所及东湖大数据交易平台。

在数据交易中，数据提供方通过交易平台为数据使用方提供有偿的数据开放共享服务，数据使用方按照市场交易规则进行付费，从而获得数据或者相关服务的调用权限。典型的政府与企业数据交易框架如图6.9所示。

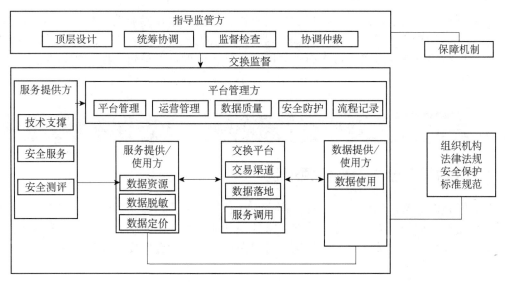

图 6.9　政府与企业数据交易框架图

具体而言，数据提供方要具备数据的知识产权，保证数据的有效性和准确性，并及时更新和安全可靠。按照相关制度和交易原则及市场行情进行数据定价，交易数据必须脱敏处理和合规合法，不会对个人隐私和国家安全造成危害。数据适用方在授权范围内获取和使用资源，并采取措施确保交易数据不丢失、不泄露、不被未授权读取或扩大使用范围。平台管理方负责对数据提供方提供的开发数据进行清洗、审核、编辑、归类、存储和提供等工作，对交易双方的资质进行审核，制定数据交易规则、安全管理制度，并对所有的数据开放活动进行记录和审核。服务提供方为数据交易提供技术和服务支撑，可以有偿提供数据分析、数据整合等服务。指导监管方依照国家法律法规和政策文件的授权，对政府与企业之间数据交换工作进行指导和安全监管，在责任主体间产生冲突时进行协调和请示。

6.3.4　大数据开放共享困境

在大数据时代，数据依靠流动创造价值，已经成为深入人心的理念，并且无论在国家政策宏观引导上，还是地方具体落实实施上，都取得了比较显著的成效。但是，如下三个典型问题依然是阻碍数据顺畅流动、实现数据更大程度开放共享的主要因素。

1. 无意愿开放共享已有数据

对于已经拥有数据资源积累的部门或者企业，由于观念约束、利益补偿、安全制约等因素，不愿意分享自己已有的数据，客观上造成"数据孤岛"现象。

2. 无胆量开放共享关键数据

世界范围内，数据泄露、隐私侵犯的案例层出不穷，数据伦理问题也是一直是业界争论不休的话题，企业组织乃至国家政府对于数据开放共享持保守态度。基于安全考虑，数据开放共享程度降低。

3. 无能力开放共享复杂数据

数据开放共享的前提是保证数据质量，不同行业的数据在专业性、数据结构、数据标准、数据规范上的差异极大。要实现这些异构数据的开放共享，对于数据处理、数据存储、数据脱敏等方面有较高的技术要求。因此，技术问题也是导致数据开放共享的一个重要因素。

6.4 大数据安全与隐私保护

6.4.1 大数据安全与隐私问题现状

数据时代的到来，让数据像石油一样成为一种战略资源，对人类生活、工作、思维产生了重点变革。如今人们在享受大数据带来的便利的同时，也面临着企业资产和个人隐私数据泄露的风险。从整体网络环境和用户习惯角度来看，大数据安全和隐私问题主要表现在以下几个方面。

1. 网络攻击模式的改变

相对于传统网络攻击主要针对 ICT 系统和信息资源进行攻击破坏，如今新的网络攻击更趋向通过各种手段获得政府、企业或者个人的私密信息资源进而变现获利。因此在大数据时代，众多公司和个人在数据的收集与保护上展开角逐竞争。从隐私的角度来看，大数据时代 IT 基础设施的升级把大众带入了一种开放共享的网络环境中。在大数据获得开放的同时，也带来了对数据安全的隐忧。

2. 数据技术是开放与安全的二元挑战

大数据安全是"互联网+"时代的核心挑战，安全问题具有线上和线下融合在一起的特征。传统解决网络安全的基本思想是划分边界，在每个边界设立网关设备和网络流量设备，用守住边界的办法来解决安全问题。但随着移动互联网、云服务的出现，网络边界实际上已经消亡了。信息安全的危险正在进一步升级，在 APT、DDos、异常风险、网络漏洞等的威胁下，传统防御型、检测型的安全防护措施已经力不从心，无法适应新形势下的要求。

3. 生产过程中用户权限的发放和管理问题

现实生活中难以用有效的方式向用户发放权限，实现角色预设、难以检测、控制开发者的访问行为，防止过度的大数据分析、预测和连接。在大数据时代，很多数据在收集时并不知道其用途是什么，往往是二次开发创造了价值，公司无法事先告诉用户尚未想到的用途，而个人也无法同意这种尚是未知的用途，所以这样一种威胁状态是值得社会和个人去面对和思考的问题。

数据安全和隐私问题之所以在大数据背景更加突出和明显，与大数据底层基础支撑技术和网络环境中的大数据的可信度难以保证两个方面息息相关。从大数据底层基础技术的演进迭代来看，大数据主要依托的基础技术是 NoSQL。当前广泛应用的 SQL（关系型数据库）技术，经过长期改进和完善，在维护数据安全方面已经设置严格的访问控制和隐私管理工具。而在 NoSQL 技术中，并没有这样的要求。大数据环境下的数据来源和承载方式多种多样，如物联网、移动互联网、PC 及遍布地球各个角落的传感器，数据分散存在的状态，使企业很难定位和保护所有这些机密数据。NoSQL 允许不断地对数据记录添加属性，其前瞻安全性变得非常重要，对数据库管理员提出了新的要求。

除此之外，网络中存储传输的大数据的可信性难以保障。网络中的数据并非都可信，这主要反映在伪造的数据和失真的数据两个方面。有人可能通过伪造数据来制造假象，进而对数据分析人员进行诱导，或者数据在传播中逐步失真。这可让大数据分析和预测得出无意义或错误的结果。北京信息科学技术研究院院长冯登国认为，用信息安全技术手段鉴别所有数据来源的真实性是不可能的。过去往往认为"有图有真相"，事实上图片可以移花接木、时空错乱，或者照片是对的，可是文字解释是捏造的。

6.4.2　大数据安全技术总体视图

考虑到大数据平台为上层应用系统提供存储和计算资源，是对数据进行采集、存储、计算、分析与展示等处理的工具和场所，因此，从大数据平台为基本出发点，形成了如图 6.10 所示的大数据安全技术总体视图。

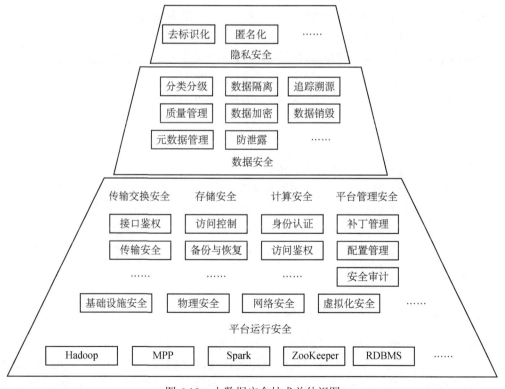

图 6.10　大数据安全技术总体视图

在总体视图中，大数据安全技术体系分为大数据平台运行安全、数据安全和隐私安全三个层次，自下而上为依次承载的关系。大数据平台不仅要保障自身基础组件安全，还要为运行其上的数据和应用提供安全机制保障；除平台安全保障外，数据安全防护技术为业务应用中的数据流动过程提供安全防护手段；隐私安全保护是在数据安全基础之上对个人敏感信息的安全防护。

1. 数据平台安全

大数据平台安全是对大数据平台传输、存储、运算等资源和功能的安全保障，包括传输交换安全、存储安全、计算安全、平台管理安全以及基础设施安全。

传输交换安全是指数据传输过程中需要保障与外部系统交换数据过程的安全可控，需要采用接口鉴权等机制，对外部系统的合法性进行验证，采用通道加密等手段保障传输过程的机密性和完整性。存储安全是指对平台中的数据设置备份与恢复机制，并采用数据访问控制机制来防止数据的越权访问。计算组件应提供相应的身份认证和访问控制机制，确保只有合法的用户或应用程序才能发起数据处理请求。

平台管理安全包括平台组件的安全配置、资源安全调度、补丁管理、安全审计等内容。此外，平台软硬件基础设施的物理安全、网络安全、虚拟化安全等是大数据平台安全运行的基础。

2. 数据安全

数据安全防护是指平台为支撑数据流动安全所提供的安全功能，包括数据分类分级、元数据管理、质量管理、数据加密、数据隔离、防泄露、追踪溯源、数据销毁等内容。大数据促使数据生命周期由传统的单链条逐渐演变成为复杂多链条形态，增加了共享、交易等环节，且数据应用场景和参与角色愈加多样化，在复杂的应用环境下，保证国家重要数据、企业机密数据及用户个人隐私数据等敏感数据不发生外泄，是数据安全的首要需求。海量多源数据在大数据平台汇聚，一个数据资源池同时服务于多个数据提供者和数据使用者，强化数据隔离和访问控制，实现数据"可用不可见"，是大数据环境下数据安全的新需求。

3. 隐私保护

隐私保护是指利用去标识化、匿名化、密文计算等技术保障个人数据在平台上处理、流转过程中不泄露个人隐私或个人不愿被外界知道的信息。隐私保护是建立在数据安全防护基础之上的保障个人隐私权的更深层次安全要求。然而，大数据时代的隐私保护不再是狭隘地保护个人隐私权，而是在个人信息收集、使用过程中保障数据主体的个人信息自决权利。实际上，个人信息保护已经成为一个涵盖产品设计、业务运营、安全防护等在内的体系化工程，不是一个单纯的技术问题。

6.4.3 开源大数据平台安全方案

以 Hadoop 为基础的大数据开源生态圈应用非常广泛。最早，Hadoop 考虑只在可信环境内部署使用，而随着越来越多部门和用户加入进来，任何用户都可以访问和删除数据，从而使数据面临巨大的安全风险。另外，对于内部网络环境和数据销毁过程管控的疏漏，在大数据背景下，如不采取相应的安全控制措施，也极易出现重大的数据泄露事故。

为了应对上述安全挑战，2009 年开始，Hadoop 开源社区开始注重保护大数据安全，相继加入了身份验证、访问控制、数据加密和日志审计等重要安全功能，如图 6.11 所示。

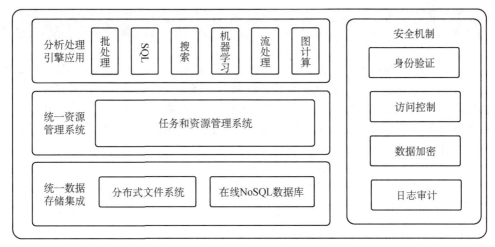

图 6.11　开源大数据平台安全机制

身份验证是确认访问者身份的过程，是数据访问控制的基础。在身份验证方面，Hadoop 大数据开源软件将 Kerberos 作为目前可选的强安全的认证方式，并以此为基础构建安全的大数据访问控制环境。

基于身份验证的结果，Hadoop 使用各种访问控制机制在不同的系统层次对数据访问进行控制。HDFS（Hadoop 分布式文件系统）提供了 POSIX 权限和访问控制列表两种方式，Hive（数据仓库）则提供了基于角色的访问控制，HBase 提供了访问控制列表和基于标签的访问控制。

数据加密作为保护数据安全、避免数据泄露的主要手段在大数据应用系统中广泛采用，有效地防止通过网络嗅探或物理存储介质销毁不当而导致数据泄密。对于数据传输，Hadoop 对各种数据传输提供了加密选项，包括对客户端和服务进程之间及各服务进程之间的数据传输进行加密。同时 Hadoop 也提供了数据在存储层落盘加密，保证数据以加密形式存储在硬盘上。最后，Hadoop 生态系统各组件都提供日志和审计文件记录数据访问，为追踪数据流向，优化数据过程，以及发现违规数据操作提供原始依据。

基于上述系列安全机制，Hadoop 基本构建起了满足基本安全功能需求的大数据开源环境。Kerberos 作为事实上的强安全认证方式被业界广泛采用。但由于 Kerberos 采用对称密钥算法来实现双向认证，在大规模部署基于 Kerberos 的分布式认证系统时，可能会带来部署和管理上的挑战。普遍解决方案是采用第三方提供的工具简化部署和管理流程。访问控制方面，大数据环境访问控制的复杂性不仅在于访问控制的形式多样，还在于大数据系统允许在不同系统层面广泛共享数据，需要实现一种集中统一的访问控制从而简化控制策略和部署。数据加密方面，通过基于硬件的加密方案，可以大幅提高数据加解密的性能，实现最低性能损耗的端到端和存储层加密。然而，加密的有效使用需要安全灵活的密钥管理，这方面开源方案还比较薄弱，需要借助商业化的密钥管理产品。日志审计作为数据管理，数据溯源以及攻击检测的重要措施不可或缺。然而 Hadoop 等开源系统只提供基本的日志和审计记录，存储在各个集群节点上。如果要对日志和审计记录信息做集中管理和分析，仍然需要依靠第三方工具。

6.5　本章小结

本章内容围绕大数据资产、大数据管理平台、政府行业的数据共享与开放、大数据安全与隐私保护几个要点展开。结合业界对大数据资产概念及管理模型的定义描述，抽象出大数据资产管理框架和大数据平台参考架构，同时，针对数据开放和共享需求较迫切的政务行业数据开放和共享方案进行了介绍。最后，从数据全生命周期出发介绍了大数据安全架构和隐私保护方案。

第三部分　大数据平台资源治理

第7章
大数据平台资源治理

学习目标

- 掌握集群网络连接与配置
- 掌握SSH无密钥登录配置
- 掌握Hadoop全分布式结构
- 掌握JDK安装配置

平台基础环境配置直接关系到平台及相关组件的安装是否成功，若基础环境配置错误会导致后期安装失败。本章会介绍基础环境配置涉及的网络连接配置、主机地址映射、无密钥登录、JDK的安装配置等内容。

7.1 大数据平台资源治理概述

7.1.1 资源统一管理与调度

信息技术的快速发展促进了社会各行各业数字化进程。近年来，无论是政府机构为了提供更加高质高效的公共服务，还是企业组织为了吸引更多的消费者进行多维度的消费，均在积极进行各自领域的数字化业务探索研究。而数字化业务的落地推进与大规模处理海量数据工作息息相关。

在面对增长迅速、复杂多样的数据资源时，过去的传统单机模式已经很难满足海量数据传输、存储、计算需求，取而代之的是商业大数据服务器集群已经成为主要的数据分析平台。诸多科研人员和互联网公司，包括Google、微软、Facebook、阿里巴巴等，都致力于开发各种各样的分布式计算框架，用于支持不同类型的数据密集型应用，主要有MapReduce、Spark、Storm、FlinK、S4等。由于这些计算框架诞生于不同公司或者实验室，各有所长，各自解决某一类特定领域的应用问题，如支持离线计算、在线计算、迭代式计算、流式计算、内存计算等。而实际企业进行大数据处理过程中，为了满足不同场景的业务需求，可能会采用到多种计算框架，例如对于搜索引擎公司，可能采用MapReduce框架进行网页索引建立，用Spark框架进行自然语言处理/数据挖掘，采用Flink框架进行实时流式数据处理。在使用各种计算框架的初期，可以采用各种计算框架自带的 Standalone 部署模式，即每个计算框架部署在独立的集群上，同时通过 LXC 技术对 CPU、内存等计算资源进行隔离。这种在物理上将整个集群资源划分成不同子集群，每个框架独立地部署和运行于若干节点上，计算框架彼此之间没有任何联系的静态资源分配方式，虽然在初期能够在一定程度上解决大数据平台的计算能力问题，但静态资源管理的方式不能充分利用集群计算资源，并且多个集群也可能导致数据冗余度增加。比较有效的方式是，让不同计算框架复用同一个集群，以提高集群利用率和减少大数据集备份的开销。

从数据业务发展的整体角度来看，实际大数据业务的迭代演进，经常会遇到异构负载的资源需求越来越多样化，资源约束和偏好越来越复杂的问题。典型的业务场景是一个任务运行需要考虑 CPU、内存、网络、磁盘甚至内存带宽、网络带宽等，还需要考虑数据的本地性，对物理机器的偏好等。同时在一个大数据平台中，不同类型任务在调度过程中不可避免会调度至相同的数据节点上，这就需要对不同种类的任务进行隔离以减少两者之间的干扰，调度过程中进行动态资源调整。另外，整个大数据平台在任务抢占模式下的重调度机制、故障恢复也必须考虑。除上述问题外，当前所有企业机构所面临的一个共同难题是集群资源利用率低，全球云服务器的平均物理资源利用率低于 20%，并且通常在逻辑资源几乎全部分配的前提下实际的物理资源利用量不及资源申请总量的一半。

基于硬件资源利用率，生产环境的运维成本，数据共享等因素考虑，企业希望将所有这些框架部署到一个公共的集群中，让它们共享集群的资源，并对资源进行统一使用，动态管理。这样，便诞生了资源统一管理与调度平台的概念来解决大数据平台资源治理问题。结合实际生产业务需求，资源统一管理和调度平台必须满足的需求主要包括如下几个方面。

1. 支持多种计算框架

资源统一管理和调度平台需要提供一个全局的资源管理器。所有接入的框架要先向该全局资源管理器申请资源，等待所需资源申请成功之后，再由框架自身的调度器来决定资源交由哪个任务使用，也就是说，整个大的系统是个双层调度器，一层是统一管理和调度平台提供的，另一层是框架自身的调度器。

2. 提供资源隔离能力

不同的框架中的不同任务往往需要的资源（内存、CPU、网络 IO 等）不同，它们运行在同一个集群中，会相互干扰，为此，应该提供一种资源隔离机制避免任务之间由于资源争用导致效率下降。

3. 良好的扩展性

现有的分布式计算框架都会将系统扩展性作为一个非常重要的设计目标，比如 Hadoop，好的扩展性意味着系统能够随着业务的扩展线性扩展。资源统一管理和调度平台融入多种计算框架后，不应该破坏这种特性，也就是说，统一管理和调度平台不应该成为制约框架进行水平扩展。

4. 健壮的容错性

同扩展性类似，容错性也是当前分布式计算框架的一个重要设计目标，统一管理和调度平台在保持原有框架的容错特性基础上，自己本身也应具有良好的容错性。

5. 高效的资源利用率

高效的资源利用率是大数据统一资源管理调度系统的核心能力。如果大数据平台仅支持静态资源配置管理，也就是固定为每个计算框架分配不可变的集群节点或者容器，往往由于作业自身的特点或者作业提交频率等原因，集群利用率很低。当将各种框架部署到同一个大的集群中，进行统一管理和调度后，由于各种作业交错且作业提交频率大幅度升高，整个集群的资源利用率也将大大提高。

总之，大数据集群资源统一管理系统需要支持多种计算框架，并需要具有良好的扩展性、容错性和高资源利用率等几个特点。一个行之有效的资源统一管理系统需要包含资源管理、分配和调度等功能。

7.1.2 资源管理调度模型框架

基于上述大数据集群统一资源管理与调度平台需求分析，大数据的资源管理与调度系统的主要目的是将集群中的各种资源通过一定策略分配给用户提交到系统里的各种任务，大数据系统中的资源主要包括内存、CUP、网络资源与磁盘 I/O 资源这几类。将大数据集群资源管理与调度系统概念需求进行抽象可以得到如图 7.1 所示的概念模型，该概念模型主要强调的三个要素分别是资源组织模型、资源调度策略、任务组织模型。

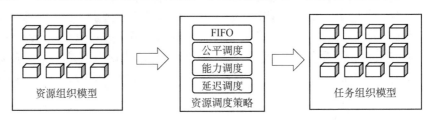

图 7.1　大数据资源管理与调度概念模型

资源组织模型的主要目标是将集群中当前可用的各种资源采用一定的方式组织起来，以方便后续的资源分配过程。一个常见的资源组织方式是将资源组织成多层级队列的方式，比如 Facebook 的 Corona 将资源组织模型建为 "all resource>group>pool" 三级队列结构。平级多队列以及单队列也是非常常见的资源组织模型，可以将其看作多层级队列结构的特殊组织形式。

资源调度策略负责以一定方式将资源分配给提交到系统的任务，常见的调度策略包括 FIFO、公平调度、能力调度、延迟调度等，具体的调度策略将在本章节的后续内容中展开叙述。

任务组织模型的主要目标是将多用户提交的多任务通过一定方式组织起来，以便后续资源分配。Hadoop 1.0 中将任务按照平级多队列组织，Hadoop 2.0 中的容量调度增加了层级队列的树形队列结构，以便用更灵活的方式管理任务队列。

结合大数据资源管理与调度概念模型要素，当前应用在企业中大数据资源管理与调度通用框架如图 7.2 所示，大数据集群中每台机器上会配置节点管理器，其主要职责是不断地向资源收集器汇报目前本机资源使用状况，并负责容器的管理工作。当某个任务被分配到本节点执行时，节点管理器负责将其纳入某个容器执行并对该容器进行资源隔离，以避免不同容器里运行的任务相互干扰。通用调度器由资源收集器和资源调度策略构成，同时管理资源池和工作队列数据结构。资源收集器不断地从集群内各个节点收集和更新资源状

态信息，并将其最新状况反映到资源池中，资源池列出了目前可用的系统资源。资源调度
策略是具体决定如何将资源池中的可用资源分配给工作队列的方法，常见的策略包括
FIFO、公平调度策略和能力调度策略等。资源调度策略模块往往是可插拔的，实际系统
应用者可以根据情况设定符合业务状况的调度策略。当用户新提交作业时，其进入工作队
列，等候分配使其可启动的资源。

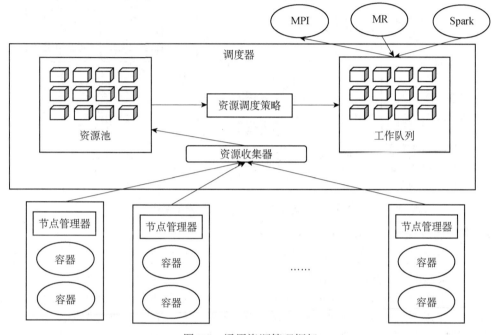

图 7.2　通用资源管理框架

大数据平台在实现集群资源统一治理目标上，资源调度模块是最为关键也是最具有挑
战性的部分。具体而言，资源调度是根据一定的资源使用规则，在不同资源使用者之间进
行资源调整的过程，不同的计算任务对应着不同的资源使用者，每个计算任务在集群节点
上对应于一个或多个进程（或者线程）。资源调度的目的是将用户任务分配到合适的资源
上，使得在满足用户需求的前提下，任务完成时间尽量小，且资源利用率尽量高。资源调
度最终要实现时间跨度、服务质量、负载均衡、经济原则最优的目标。

资源管理调度模型按照资源的组织调度形式可分为集中调度模型、层次调度模型和非
集中调度模型。根据 Google 公布的下一代集群管理系统 Omega 的设计细节中的信息，我
们介绍了 Google 经历的三代资源调度器的架构，如图 7.3 所示，分别是中央式调度模型、
双层调度模型和共享状态调度模型。

1. 中央式调度模型（Monolithic Scheduler）

所有的资源由一个中央调度程序调度，所有系统可用的相关信息都被聚集在中心机
上。其典型的代表是 MapReuce v1 中 JobTracker 的实现，集群中所有节点的信息和其资源
量都被统计后，存放于 JobTracker 中，资源的管理和作业的调度都放到 JobTracker 进程中
完成。这种设计方式的缺点很明显，首先，扩展性差，集群规模受限，JobTracker 既要负
责集群管理，还要负责作业调度，很难赶得上作业和任务数量的增长。其次，框架支持性
差，任务单一。并且 MapReduce v1 只能支持 MapReduce 作业，而新兴的流式作业、迭代作

业等的调度策略并不能嵌入在中央式调度器中。一种对中央式调度器的优化方案是将每种调度策略放到单独一个路径（模块）中，不同的作业由不同的调度策略进行调度。这种方案在作业量和集群规模较小时，能大大缩短作业响应时间，但由于所有策略仍在一个集中式的组件中，整个系统的扩展性并没有变得更好。

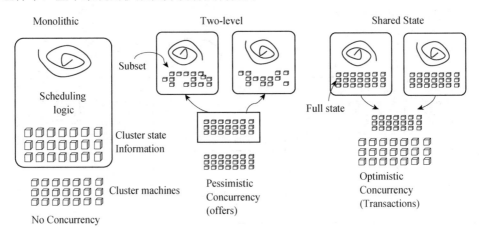

图 7.3　Google 提出的三种调度模型架构

2. 双层调度模型（Two-level Scheduler）

结合上述优化方案，采用分而治之策略（或策略下放机制）解决了中央式调度器的不足。从整体架构上看，双层调度器仍保留一个简化后的中央式调度器，但调度策略则下放到各个应用程序的调度程序来完成。当前比较有名的开源资源统一管理和调度系统 Mesos 和 Yarn 均是采用双层调度模型的。双层调度模型的特点是，各个计算框架调度器并不知道整个集群资源使用情况，只是被动地接收资源。即简化的中央式调度器仅负责管理资源，将可用的资源推送给各个框架，而框架自己选择使用还是拒绝这些资源；一旦框架接收到新资源后，再进一步调用自己的调度器将资源分配给其内部的各个应用，进而实现双层调度。

双层调度模型的不足在于各个框架无法探知整个集群的实时资源使用情况，而对于一些应用，为之提供实时资源使用情况可以为之提供潜在的优化空间，采用悲观锁，并发粒度小，双层资源调度模型采用悲观锁，即在中央式调度器中对资源进行加锁控制。当资源调度器将可用资源推送给任意框架时，就会对这部分资源加全局锁，其他框架无法使用这部分资源（即使这部分资源并未被使用）。等到该框架返回资源使用情况后，中央式调度器释放资源的全局锁，此时才能够将资源推送给其他框架使用，这大大限制了系统并发性。

3. 共享状态调度模型（Share State Scheduler）

为了克服双层调度模型的以上两个不足之处，Google 提出一种基于共享状态的调度模型，并依据该模型研发下一代资源管理系统 Omega。共享状态调度是将双层调度中的中央式资源调度模块简化成一种持久化的共享数据，这里的"共享数据"实际上就是整个集群的实时资源使用信息。一旦引入共享数据后，共享数据的并发访问方式就成为该调度模型的核心，而 Omega 则采用了传统数据库中基于多版本的并发访问控制方式，进而大大提升了系统并发性。

7.2　资源管理调度技术框架

7.2.1　Hadoop资源管理调度架构

当前市面上所有厂商发行的大数据平台版本，追根溯源于 Google 在 2004 年前后发表的三篇论文，分布式文件系统 GFS、分布式计算框架 MapReduce 和 NoSQL 数据库系统 BigTable，业界号称 Google 大数据"三驾马车"。在论文发表后，Lucene 开源项目的创始人 Doug Cutting 根据论文原理初步实现了类似 GFS 和 MapReduce 的功能，并在 2006 年将该部分功能设置成独立 Hadoop 项目，Hadoop 项目中主要包括分布式文件系统 HDFS 和大数据计算引擎 MapReduce 两个组件。

在早期，MapReduce 既是一个执行引擎，又是一个资源调度框架，集群的资源调度管理由 MapReduce 自己完成。但是这样不利于资源复用，也使得 MapReduce 非常臃肿。于是，在 Hadoop 2.0 中，YARN（Yet Another Resource Negotiator：另外一个资源协调器），成为一个独立的项目开始运营，作为独立资源管理组件运行在 Hadoop 系统中，用于集群资源的统一管理和分配。伴随后来大数据技术的发展，各种场景下的计算引擎层出不穷，主要有内存式计算引擎 Spark，分布式实时计算 Storm，从流计算框架 Flink 等。这些计算引擎都使用 YARN 进行资源管理和调度。

从整体上看，资源管理框架 YARN 仍然是一个 Master/Slave 结构，如图 7.4 所示，描述了 YARN 的基本组成架构，主要包括 YARN 集群全局资源管理器 Resource Manager（RM）、节点资源管理器 Node Manager（NM）、Application Master（AM）及 Containers 四部分。在整个资源管理框架中，RM 是 Master，NM 为 Slave，RM 负责对各个 NM 上的资源进行统一管理和调度。

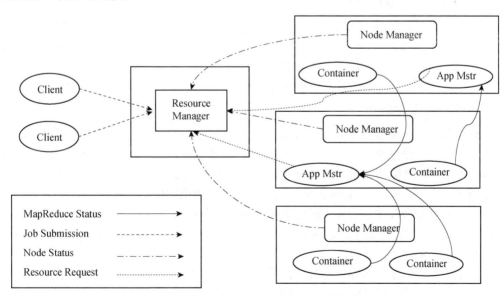

图 7.4　YARN 的基本组成架构

1. 全局资源管理器 Resource Manager（RM）

全局资源管理器 Resource Manager（RM）主要负责整个系统的资源管理和分配，主要有调度器（Scheduler）和全局应用程序管理器（Applications Manager，ASM）组成。调度器（Scheduler）主要功能是根据资源容量、队列等方面的限制条件将系统中的资源分配给各个应用程序。这是一个纯调度器，它不再从事任何与具体应用程序相关的工作，比如不负责监控或者跟踪应用的执行状态等，也不负责因应用程序执行失败或硬件故障处理后的重新启动，应用状态监控和失败重启的任务则是由应用程序相关的 Application Master 完成的，调度器仅根据各个应用程序的资源需求进行资源分配，而资源分配单位用一个抽象概念资源容器（Resource Container，简称 Container）表示，Container 是一个动态资源分配单位，它将内存、CPU、磁盘、网络等资源封装在一起，从而限定每个任务使用的资源量。在 YARN 中，资源调度器是一个可插拔的组件，可以自行设计新的调度器。

2. 全局应用程序管理器 Applications Manager（ASM）

全局应用程序管理器 Applications Manager（ASM）主要负责管理整个系统中的所有应用程序，包括应用程序的提交、与调度器进行资源协商后启动 Application Master、监控 Application Master 运行状态并在失败时重新启动它等，YARN 系统内的每个应用管理器 Application Master（AM）的最初启动以及运行状态均由 ASM 负责管理。

为了避免全局资源管理器 Resource Manager（RM）的单点故障问题，YARN 引入了备用 Resource Manager 来实现 HA，当 Active Resource Manager 故障后，Standby Resource Manager 会通过 ZooKeeper 选举，自动提升为 Active Resource Manager。

用户提交的每个应用程序均包含一个独立的应用管理器 Application Master（AM）。其主要功能是与全局资源管理器 Resource Manager（RM）协商以获取 Container 资源，并将得到的资源进一步分配给内部的任务；与当前的节点管理器通信以启动和停止任务；监控所提交任务的运行状态，并在任务运行失败时重新为任务申请资源。

3. 节点资源管理器 Node Manager（NM）

节点资源管理器 Node Manager（NM）负责对每个节点上运行的资源进行管理，一方面，它定期向全局资源管理器 RM 汇报本节点的资源使用情况和各个 Container 的运行状态；另一方面，它接收并处理来自 AM 的任务启动/停止的各种请求。由于 YARN 内置了容错机制，单个 NM 的故障不会对应用程序运行产生严重影响。

4. 资源容器 Container

资源容器 Container 是 YARN 中的基础资源分配单元，是对应用程序运行环境的抽象，并为应用程序提供资源隔离环境。它封装了多维度的资源：内存、CPU、磁盘、网络等，当 AM 向 RM 申请资源时，RM 为 AM 返回的资源就是由 Container 来表示的。YARN 中每个任务均会对应一个 Container，且该任务只能使用 Container 中描述的资源。Container 不同于 MRV1 中的 slot，它是动态资源的划分单位，是根据应用程序的需求动态生成的。Container 最终由 Container Executor 启动和执行，YARN 目前有三种可选的 Container Executor：

Default Container Executor，直接以进程方式启动 Container，不提供任何隔离机制和安全机制，任何任务都是以 YARN 服务启动者的身份运行的。

Linux Container Executor，提供了安全和 Cgroups 隔离的 Container Executor，它以应用程序提交者的身份运行 Container，提供了 CPU 和内存隔离的运行环境。

Docker Container Executor，直接在 YARN 集群中运行 Docker Container。

当用户通过客户端向 YARN 提交一个应用程序后，将分两个阶段执行，第一阶段是启动 Application Master；第二阶段是由 Application Master 创建应用程序，为其申请资源，并监控它的运行过程，直至运行成功。整个任务执行流程大致如图 7.5 所示。

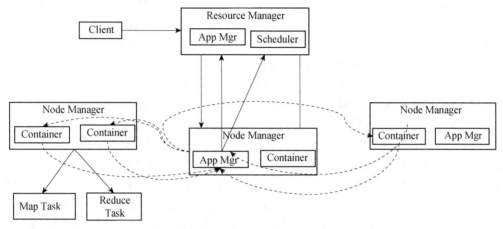

图 7.5　YARN 任务执行流程

（1）用户通过客户端向 YARN 集群中的全局资源管理器 Resource Manager（RM）提交需要执行的计算任务；

（2）全局应用程序管理器 Applications Manager（ASM）与节点资源管理器 Node Manager NM 交互开启第一个 Container，并在该 Container 中启动 APP Master 用于监控和管理所提交任务的运行状态；

（3）应用管理器 Application Master（AM）向 Applications Manager 进行信息注册；

（4）应用管理器 Application Master（AM）计算待执行的任务所需资源，并向调度器 Scheduler 申请相应的资源；

（5）Scheduler 接收到应用管理器 Application Master（AM）资源申请请求后，将 CPU、内存资源封装为 Container 的形式返回给应用管理器 Application Master（AM）；

（6）应用管理器 Application Master（AM）根据得到的资源列表与对应的节点资源管理器 Node Manager（NM）节点通信，其启动待执行的任务；

（7）节点资源管理器 Node Manager（NM）准备该任务所需的配置如环境变量、JAR 包、二进制程序等，然后启动该任务；

（8）Container 中的任务在执行过程中会以心跳的形式向应用管理器 Application Master（AM）汇报自己的执行状态；同时应用管理器 Application Master（AM）也会向全局应用程序管理器 Applications Manager（ASM）汇报任务执行状态；

（9）任务完成后，应用管理器 Application Master（AM）会向 RM 注销并关闭自己，释放资源，整个任务执行结束。

7.2.2　YARN 资源隔离

在实现大数据平台资源综合治理中，根据实际业务需求常常采用不同级别的资源隔离手段为不同机构组织、存储引擎、计算框架提供可独立使用的计算资源以避免其相互干扰。当前存在相当多的资源隔离解决方案，硬件虚拟化、虚拟机、Cgroups、Linux

Container等，YARN对内存资源和CPU资源采用了不同的资源隔离方案。

应用程序运行过程中，所分配到的内存资源大小直接决定了应用程序是否能够正常运行，针对内存资源隔离的实现，YARN提供了两种可选方案：线程监控方案和基于Cgroups的方案。默认情况下，YARN采用了线程监控的方案控制内存使用，即每个Node Manager会启动一个额外的监控线程监控每个Container的内存资源使用，一旦发现其超出配置限制，就将该Container运行环境进行强制异常终止，另一个方案则是基于Cgroupsr的，因为基于Linux内核，可以严格控制内存使用上限。

应用程序在运行过程中，CPU资源一般并不会直接导致程序的异常终止，因此相对于内存资源而言，CPU更是一种弹性资源。YARN中采用Cgroups技术并引入了虚拟CPU（Virtual CPU）的概念，由物理CPU映射而产生，比如一个物理CPU代表4个虚拟CPU，YARN不让管理员和用户配置可用的物理CPU个数，而是直接配置虚拟CPU个数，虚拟CPU允许用户更细粒度地设置CPU资源，比如希望一个任务在最差的情况下使用一个CPU的50%，可以在提交任务时设置CPU个数为2——假设物理CPU和虚拟CPU的映射关系为1：4，从一定程度上还解决了CPU异构的问题。YARN后来引入了新的"Container Executor：Docker Container Executor"，从此，Node Manager能够将YARN Container直接运行在Docker中，Docker的所有好处，当然也包括资源隔离，都可以直接共享得到。

7.2.3 YARN资源调度策略

Hadoop最初为批处理作业而设计，MapReduce v1仅提供了一种简单的FIFO调度机制分配任务，随着Hadoop的普及，单个Hadoop集群中用户量和应用程序种类不断增加，FIFO调度机制开始不能满足实际业务需求。另外单个Hadoop集群的用户量越来越大，不同用户提交的应用程序往往具有不同的服务质量要求QoS（Quality of Service），典型的应用有以下几种：

批处理作业：这种作业往往耗时很长，对完成时间一般没有严格要求，典型应用有数据挖掘、机器学习等计算任务。

交互式作业：这种作业需要能及时返回结果，支持类SQL的交互式查询语言，一般是数据分析师使用的场景。

生产性作业：这种作业要求有一定量的资源保证，典型应用有统计值计算、垃圾数据分析等。

不同的作业对应着不同的资源需求，统计类作业往往趋向于是CPU密集，而数据挖掘类的作用一般是I/O密集，因此，YARN中满足多租户多队列的调度器应运而生。支持多队列多用户的调度器允许管理员按照应用需求对用户或者应用程序分组，并为不同的用户组和应用组来分配不同的资源量，同时通过添加各种约束防止单个用户或者应用程序独占资源，进而能够满足各种QoS需求，典型代表为Yahoo开发的容量（Capacity）调度算法以及Facebook开发的基于最大最小资源分配策略的公平（Fair）调度算法，接下来，将对典型调度策略进行介绍分析。

1. 先进先出（FIFO）调度策略

由于最早的Hadoop系统面向的是单用户提交的大规模数据处理作业，所以一个用户按照优先级提交至具有不同优先级的队列中后，由调度器（Scheduler）先按照作业提交的时间顺序选择待执行的作业，如图 7.6 所示。FIFO 队列设置了 5 个优先等级，分别为 Very Low、Low、Normal、High 及 Very High。每个等级对应一个队列，按照队列的优先级从高到低选取队列，在同级队列中，按照提交作业的时间先后顺序提取并执行。

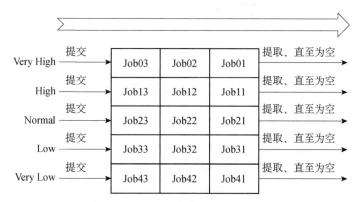

图 7.6　FIFO 调度策略示意图

FIFO 调度算法的设计思想简单、易于实现，整个系统无须额外配置且调度开销较小。与此同时，FIFO 调度算法的缺点也显而易见：第一，其未考虑不同作业的需求差异，对所有作业都一视同仁，这对小作业的执行非常不利；第二，算法的优先级不支持抢占式，造成一些优先级较低的作业处于被阻塞的状态；第三，由于 FIFO 调度算法采取先到先服务的方法，在大作业后面提交的小作业的响应时间被大大地延长，甚至造成作业长期处于饥饿状态，作业间不能平等地共享集群资源，降低了系统的资源利用率。FIFO 的调度策略适用于大规模批处理作业，在执行交互式作业场景下的实用性不强。

2. 容量调度（Capacity Scheduler）策略

容量调度策略最初是由 Yahoo 开发的多用户调度策略，它以队列为单位划分资源，每个队列可设定一定比例的资源最低保证和使用上限，同时每个用户也可设定一定的资源使用上限以防止资源滥用。而当一个队列的资源有剩余时，可暂时将剩余资源共享给其他队列。

容量调度支持多个队列，每个队列可分配一定的资源量，队列中资源的调度策略可以为 FIFO 或 DRF（Dominant Resource Fairness），多用户下，为防止同一个用户提交的作业独占队列的所有资源，Capacity Scheduler 对每个用户可提交的作业可分配的资源量进行了限制。为提高资源的利用率，对于某个已经获得分配资源的队列 Queue，如果队列 Queue 中尚有空闲资源，则 Capacity Scheduler 会将这些空闲资源公平地分配给其他队列。当后续被提交的应用程序需要占用该队列中的资源而导致队列的作业压力增加时，之前那些原属于该队列又被借给其他队列的资源会在当前任务完成后返还给当前队列。如果该队列在等待一段时间后仍没有获取其他队列归还的资源，则 Capacity Scheduler 会强制停止占用资源的任务并将资源归还给队列。

Capacity Scheduler 采用三级资源分配策略，如图 7.7 所示，当一个节点上有空闲资源时，会依次选择队列、应用程序（如作业）和 Container（请求）使用该资源。

下面介绍三级资源分配策略。

（1）选择队列

YARN 采用了层次结构组织队列，这将队列结构转换成了树形结构，这种资源分配方式实际上就是基于优先级的多叉树遍历过程。选择队列时，YARN采用了基于优先级的深度优先遍历方法，具体如下：从根队列开始，按照子队列资源使用率由小到大依次遍历各个子队列。如果子队列为叶子队列，则依次按照步骤2和步骤3中的方法在队列中选择一个Container（请求），否则以该子队列为根队列，重复上述过程，直到找到一个合适的Container（请求）并退出。

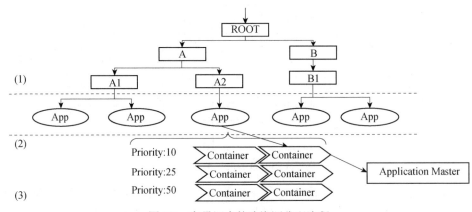

图 7.7　容量调度策略资源分配流程

（2）选择应用程序

在步骤1中选中一个叶子队列后，Capacity Scheduler将按照提交时间对叶子队列中的应用程序进行排序，其中时间排序序号用 Application ID，提交时间越早的应用程序 Application ID越小，然后依次遍历排序后的应用程序。

（3）选择Container（请求）

对于同一个应用程序，它请求的Container可能是多样化的，涉及不同的优先级、节点、资源量和数量。当选中一个应用程序后，Capacity Scheduler将尝试优先满足优先级高的Container。

在 YARN 中 Capacity Scheduler 的配置文件通常存放在 conf 目录下的 capacity-scheduler.xml中。在Capacity Scheduler的配置文件中，队列queueX的参数Y的配置名称为YARN.scheduler.capacity.queueX.Y，为了便于下面配置文件的介绍，配置名称简记为Y。每个队列中可配置的参数有三种：资源分配相关参数、限制应用程序数目相关参数、队列访问和权限控制参数。

（1）资源分配相关参数

1）capacity：队列的资源容量百分比。当系统非常繁忙时，应保证每个队列的容量得到满足，而如果每个队列应用程序较少，可将剩余资源共享给其他队列。

2）maximum-capacity：队列的资源使用上限百分比。由于存在资源共享功能，所以一个队列使用的资源量可能超过其容量，而最多可用资源量可通过该参数设置。

3）minimum-user-limit-percent：每个用户最低资源保障百分比。

4）user-limit-factor：每个用户最多可用的资源量百分比。

（2）限制应用程序数目相关参数

1）maximum-application：集群或队列中同时处于等待和运行状态的应用程序数目上限，一旦集群中应用程序数目超过该上限，后续提交的应用程序将被拒绝。

2）maximum-am-resource-percent：集群中用于运行应用程序Application Master的资源

比例上限，该参数通常就用于限制处于活动状态的应用程序数目。

（3）队列访问和权限控制参数

1）state：队列状态，包括 STOPPED 和 RUNNING 状态。如果一个队列处于 STOPPED 状态，用户就不可以将应用程序提交到该队列或它的子队列中。

2）acl-submit-applications：限制哪些用户或用户组可以向给定队列提交应用程序。

3）acl-administer-queue：为队列指定一个管理员，该管理员可控制该队列的所有应用程序，比如杀死任意一个应用程序等。

从上述这些参数可以看出，Capacity 调度器将整个系统资源分成若干个队列，且每个队列有较为严格的资源使用限制，包括每个队列的资源容量限制、每个用户的资源量限制等。通过这些限制，Capacity 调度器将整个 Hadoop 集群资源逻辑上划分为若干个拥有相对独立资源的子集群，降低了运维成本且提高了资源利用率。

Capacity Scheduler 是面对多用户的调度算法，它设计了多层级别的资源限制条件以便更好地让多用户共享一个 Hadoop 集群，比如队列资源限制、用户资源限制、用户应用程序数目限制等。Capacity Scheduler 算法的设计思路为系统所有队列中的各个作业提供了所需计算能力的独立集群资源，从而保证了作业的顺利完成。

3. 公平调度（Fair Scheduler）策略

Fair Scheduler 是 Facebook 开发的多用户调度器，同 Capacity Scheduler 相似，都以队列为单位划分资源，且每个队列可设定一定比例的资源最低保证和使用上限。Facebook 设计 Fair Scheduler 策略的初衷是让 Hadoop 平台可以更高效地处理不同类型的作业，最大化地保证了系统中各作业能够分配到的系统资源。如果当前集群中只有一个作业，则该作业会独占整个集群中全部系统资源。当有新的作业被提交至系统时，一些任务会在完成后将资源分配给新提交的作业，Fair Scheduler 会尽量保证各作业间可以获得基本相同的系统资源，从而保证短作业具有较短的响应时间。

公平调度策略将每个用户提交的作业组织到一个共享资源的池中，然后由调度器来选择。默认情况下，各用户之间的资源池可以按照相等的概率共享集群资源，但也可以有用户进行自定义配置，按照作业类型的不同为其提供更多或更少的资源。同时，当集群中已提交作业量过多时，用户可以通过设置来限制同时执行的作业量，从而降低作业拥堵概率使得工作能够及时完成。

公平调度策略将作业组织到相应的资源池（Pool）后，把资源池中的资源公平地分配给作业。默认配置中，每个用户都拥有一个单独的资源池，因此每个用户能够公平地获取得到相等的资源而无须考虑其他用户提交的作业情况。除此之外，Fair Scheduler 算法为每个资源池设置了最小资源量参数，以保证用户的最小共享资源。当某个资源池中的作业运行时，能够满足资源的最小共享量，然而当资源池中作业量较少，使得池中存在空闲状态资源时，这些额外的空闲资源会被 Fair Scheduler 分配给其他资源池使用。

配置选项包括两部分，其中一部分在 YARN-site.xml 中，主要用于配置调度器级别的参数，另外一部分在一个自定义配置文件（默认是 fair-scheduler.xml）中，主要用于配置各个队列的资源量、权重等信息。

（1）配置文件 YARN-site.xml 中的相关参数

1）YARN.scheduler.fair.allocation.file：自定义 XML 配置文件所在位置，该文件主要用于描述各个队列的属性，比如资源量、权重等。

2）YARN.scheduler.fair.user-as-default-queue：当应用程序未指定队列名时，是否指定用户名作为应用程序所在的队列名。

3）YARN.scheduler.fair.preemption：是否启用抢占机制，默认值是 false。

4）YARN.scheduler.fair.sizebasedweight：提供一种新的队列内部资源分配方式，按照应用程序资源需求数目分配资源，即需求资源数量越多，分配的资源越多。默认情况下，该参数值为 false。

5）YARN.scheduler.assignmultiple：是否启动批量分配功能。默认情况下，该参数值为 false。

6）YARN.scheduler.fair.max.assign：如果开启批量分配功能，可指定一次分配的 Container 数目。默认情况下，该参数值为-1，表示不限制。

7）YARN.scheduler.fair.locality.threshold.node：当应用程序请求某个节点上资源时，它可跳过的最大资源调度机会。

8）YARN.scheduler.fair.locality.threshold.rack：当应用程序请求某个机架上资源时，它可跳过的最大资源调度机会。

9）YARN.scheduler.increment-allocation-mb：内存规整化单位，默认是 1024。

10）YARN.scheduler.increment-allocation-vcores：虚拟 CPU 规整化单位，默认是 1。

（2）自定义配置文件中的相关参数

1）minResources：最少资源保证量，设置格式为"X mb, Y vcores"。

2）maxResources：最多可以使用的资源量，Fair Scheduler 会保证每个队列使用的资源量不会超过该队列的最多可使用资源量。

3）maxRunningApps：最多同时运行的应用程序数目。

4）minSharePreemptionTimeout：最小共享量抢占时间。

5）schedulingMode/schedulingPolicy：队列采用的调度模式。

6）aclSubmitApps：可向队列中提交应用程序的 Linux 用户或用户组列表，默认情况下为"*"，表示任何用户均可以向该队列提交应用程序。

7）aclAdministerApps：该队列的管理员列表。

Fair Scheduler 策略也是一个多用户的调度器，与 Capacity Scheduler 不同，Fair Scheduler 亦具有其独有的特性，主要体现在下列几方面。

（1）资源公平共享：在每个队列中，Fair Scheduler 可选择按照 FIFO、Fair 或 DRF 策略为应用程序分配资源，其中 Fair 策略是一种基于最大最小公平算法实现的资源多路复用方式，默认情况下，每个队列内部采用该方式分配资源。

（2）支持资源抢占：与 Capacity Scheduler 策略相同，Fair Scheduler 策略也支持资源抢占，当某个队列中有剩余资源时，调度器会将这些资源共享给其他队列，而当该队列中有新的应用程序提交时，调度器便为它回收资源。但如果该队列在等待一段时间后尚未有归还的资源，则进行资源抢占。

（3）任务负载均衡：Fair Scheduler 提供了一个基于任务数目的负载均衡机制，该机制尽可能地将系统中的任务均匀地分配到集群的各个节点上，同时也支持用户根据自身需要设计新的负载均衡机制。

7.3　Spark 内存管理模型

7.3.1　Spark 内存管理模型概述

Spark 作为一个基于内存的分布式计算引擎，其内存管理模块在整个系统中扮演着非常重要的角色。在执行 Spark 的应用程序时，Spark 集群会启动 Driver 和 Executor 两种 JVM 进程，前者为主控进程，负责创建 Spark 上下文，提交 Spark 作业（Job），并将作业转化为计算任务（Task），在各个 Executor 进程间协调任务的调度，后者负责在工作节点上执行具体的计算任务，并将结果返回给 Driver，同时为需要持久化的 RDD 提供存储功能。由于 Driver 的内存管理相对来说较为简单，所以我们主要对 Executor 的内存管理进行分析，后续 Spark 内存均特指 Executor 的内存。

作为一个 JVM 进程，Executor 的内存管理建立在 JVM 的内存管理之上，Spark 对 JVM 的堆内（On-heap）空间进行了更为详细的分配，以便更加充分地利用内存。同时，Spark 引入了堆外（Off-heap）内存，使之可以直接在工作节点的系统内存中开辟空间，进一步优化了内存的使用，如图 7.8 所示。

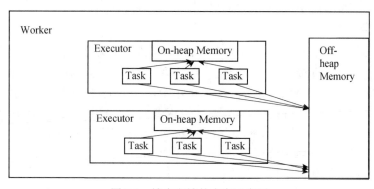

图 7.8　堆内和堆外内存示意图

1. 堆内内存

堆内内存的大小，由 Spark 应用程序启动时的 executor-memory 或 spark.executor.memory 参数配置。Executor 内运行的并发任务共享 JVM 堆内内存，这些任务在缓存 RDD 数据和广播（Broadcast）数据时占用的内存被规划为存储（Storage）内存，而这些任务在执行 Shuffle 时占用的内存被规划为执行（Execution）内存，剩余的部分不做特殊规划，那些 Spark 内部的对象实例，或者用户定义的 Spark 应用程序中的对象实例，均占用剩余的空间。不同的管理模式下，这三部分占用的空间大小各不相同。

Spark 对堆内内存的管理是一种逻辑上的"规划式"的管理，因为对象实例占用内存的申请和释放都由 JVM 完成，Spark 只能在申请后和释放前记录这些内存，其具体流程如下。

（1）申请内存。

（2）Spark 在代码中创建一个对象实例。

（3）JVM 从堆内内存分配空间，创建对象并返回对象引用。

（4）Spark 保存该对象的引用，记录该对象占用的内存。

（5）释放内存。

（6）Spark记录该对象释放的内存，删除该对象的引用。

（7）等待JVM的垃圾回收机制释放该对象占用的堆内内存。

JVM的对象可以以序列化的方式存储，序列化的过程是将对象转换为二进制字节流，本质上可以理解为将非连续空间的链式存储转化为连续空间或块存储，在访问时则需要进行序列化的逆过程——反序列化，将字节流转化为对象，序列化的方式可以节省存储空间，但增加了存储和读取时候的计算开销。

对于Spark中序列化的对象，由于是字节流的形式，其占用的内存大小可直接计算，而对于非序列化的对象，其占用的内存是通过周期性地采样近似估算而得的，即并不是每次新增的数据项都会计算一次占用的内存大小，这种方法降低了时间开销但是有可能误差较大，导致某一时刻的实际内存有可能远远超出预期。此外，在被Spark标记为释放的对象实例时，很有可能在实际上并没有被JVM回收，导致实际可用的内存小于Spark记录的可用内存。所以Spark并不能准确记录实际可用的堆内内存，从而也就无法完全避免内存溢出（OOM，Out of Memory）的异常。

虽然不能精准控制堆内内存的申请和释放，但Spark通过对存储内存和执行内存各自独立的规划管理，可以决定是否要在存储内存里缓存新的RDD，以及是否为新的任务分配执行内存，在一定程度上可以提升内存的利用率，减少异常的出现。

2. 堆外内存

为了进一步优化内存的使用以及提高Shuffle时排序的效率，Spark引入了堆外（Off-heap）内存，使之可以直接在工作节点的系统内存中开辟空间，存储经过序列化的二进制数据。利用JDK Unsafe API（从Spark 2.0开始，在管理堆外的存储内存时不再基于Tachyon，而是与堆外的执行内存一样，基于JDK Unsafe API实现），Spark可以直接操作系统堆外内存，减少了不必要的内存开销，以及频繁的GC扫描和回收，提升了处理性能。堆外内存可以被精确地申请和释放，而且序列化的数据占用的空间可以被精确计算，所以相比堆内内存来说降低了管理的难度，也降低了误差。

在默认情况下堆外内存并不启用，可通过配置spark.memory.offHeap.enabled参数启用，并由spark.memory.offHeap.size参数设定堆外空间的大小。除了没有other空间，堆外内存与堆内内存的划分方式相同，所有运行中的并发任务共享存储内存和执行内存。

7.3.2 静态资源管理模型

在Spark最初采用的静态内存管理机制下，存储内存、执行内存和其他内存的大小在Spark应用程序运行期间均为固定的，但用户可以在应用程序启动前进行配置，堆内内存的分配如图7.9所示。

可用的堆内内存的大小需要按照下面的方式计算：

可用的存储内存=systemMaxMemory * spark.storage.memoryFraction * spark.storage.safetyFraction

可用的执行内存=systemMaxMemory * spark.shuffle.memoryFraction * spark.shuffle.safetyFraction

其中systemMaxMemory取决于当前JVM堆内内存的大小，最后可用的执行内存或者存储内存要在此基础上与各自的memoryFraction参数和safetyFraction参数相乘得出。上述计算公式中的两个safetyFraction参数，其意义在于在逻辑上预留出1-safetyFraction这么一块保险区域，降低因实际内存超出当前预设范围而导致OOM的风险（上文提到，对于非序列化对象的内存采样估算会产生误差）。值得注意的是，这个预留的保险区域仅仅是一种逻辑上的规划，在具体使用时Spark并没有区别对待，和"其他内存"一样交给了JVM去管理。

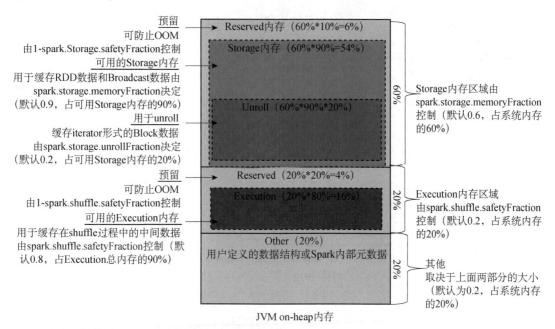

图 7.9　静态内存管理图示——堆内

堆外的空间分配较为简单，只有存储内存和执行内存，如图7.10所示。可用的执行内存和存储内存占用的空间大小直接由参数 spark.memory.storageFraction 决定，由于堆外内存占用的空间可以被精确计算，所以无须再设定保险区域。

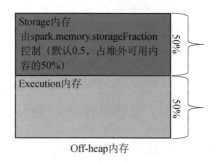

图 7.10　堆外静态内存管理图示

静态内存管理机制实现起来较为简单，但如果用户不熟悉Spark的存储机制，或没有根据具体的数据规模和计算任务或做相应的配置，很容易造成存储内存和执行内存中的一方剩余大量的空间，而另一方却早早被占满，不得不淘汰或移出旧的内容以存储新的内容。由于新的内存管理机制的出现，这种方式目前已经很少有开发者使用，出于兼容旧版本的应用程序的目的，Spark仍然保留了它的实现。

7.3.3 动态资源管理模型

Spark1.6之后引入的统一内存管理机制，与静态内存管理的区别在于存储内存和执行内存共享同一块空间，可以动态占用对方的空闲区域，如图7.11～图7.12所示。

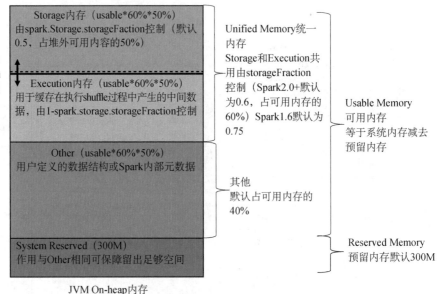

图 7.11 堆内统一内存管理图示

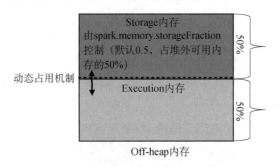

图 7.12 堆外统一内存管理图示

其中最重要的优化在于动态占用机制，如图7.13所示，其规则如下：

（1）设定基本的存储内存和执行内存区域（spark.storage.storageFraction参数），该设定确定了双方各自拥有的空间的范围。

（2）双方的空间都不足时，则存储到硬盘；若己方空间不足而对方空余时，可借用对方的空间（存储空间不足是指不足以放下一个完整的Block）。

（3）执行内存的空间被对方占用后，可让对方将占用的部分转存到硬盘，然后"归还"借用的空间。

（4）存储内存的空间被对方占用后，无法让对方"归还"，因为需要考虑Shuffle过程中的很多因素，实现起来较为复杂。

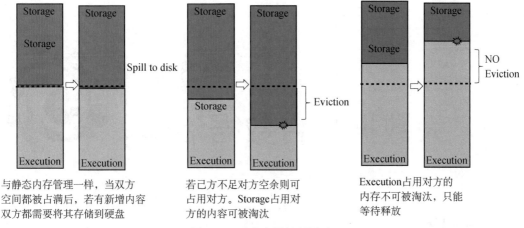

图 7.13　动态占用机制图示

与静态内存管理一样，当双方空间都被占满后，若有新增内容双方都需要将其存储到硬盘

若己方不足对方空余则可占用对方。Storage占用对方的内容可被淘汰

Execution占用对方的内存不可被淘汰，只能等待释放

　　凭借统一内存管理机制，Spark 在一定程度上提高了堆内和堆外内存资源的利用率，降低了开发者维护 Spark 内存的难度，但并不意味着开发者可以高枕无忧。如果存储内存的空间太大或者说缓存的数据过多，反而会导致频繁的全量垃圾回收，降低任务执行时的性能，因为缓存的 RDD 数据通常都是长期驻留内存的。所以要想充分发挥 Spark 的性能，需要开发者进一步了解存储内存和执行内存各自的管理方式和实现原理。

7.4　本章小结

　　本章从企业生产环境中的大数据平台资源管理需求出发，总结了大数据资源统一管理与调度平台功能要点及通用大数据资源管理调度技术框架结构。在此基础上，结合当前在企业生产中广泛应用的 Hadoop 和 Spark 技术栈，对大数据平台资源隔离、动态调度等技术概念进行落地剖析。

第 8 章
大数据平台数据治理

📖 **学习目标**

- 掌握集群网络连接与配置
- 掌握SSH无密钥登录配置
- 掌握Hadoop全分布式结构
- 掌握JDK安装配置

平台基础环境配置直接影响到平台及相关组件的安装是否成功，若基础环境配置错误会导致后期安装失败。本章会介绍基础环境配置涉及的网络连接配置、主机地址映射、无密钥登录、JDK的安装配置等内容。

8.1 数据治理综述

大数据发展至今，已逐步从概念导入期转入深化务实应用的新阶段，各大行业的数据中心、大数据平台的蓬勃落地开展，让数据应用在广度和深度上都得到了大力拓展。在这场以数据为主导的变革中，数据质量是避不开的话题，数据治理需求贯穿其中。可以预见的是，倘若数据质量无法保证，那么通过数据得到的结论也是缺乏说服力的。而数据治理是保证数据质量的必然手段。

由于社会各行业的信息化发展和建设水平并不均衡，导致不同行业的信息化程度差别巨大。通常情况下，企业信息化的发展大致经历了初期的烟囱式系统建设、中期的集成式系统建设和后期的数据管理式系统建设三个大的阶段，各个企业组织的信息化建设过程基本是按照先建设后治理模式进行的。在信息化建设初期，企业和政府部门都围绕着业务需求建设了众多的业务系统，从而导致数据的种类和数量大增，看似积累了众多的数据资产，实则在需要使用时困难重重、无法变现。从当前各个行业信息化发展现状来看，企业在数据资产管理中面临诸多问题，这些问题严重阻碍了已有数据资产的互联互通和高效利用，成为数据价值难以有效释放的瓶颈。其中典型代表性问题如下。

1. 数据管理不集中

部门中缺少专门对数据管理进行监督和控制的组织。企业信息系统的建设和管理职能分散在各部门，致使数据管理的职责分散，权责不明确。由于业务重点和职能权限的差异，组织机构各部门关注数据的角度不一样，缺少一个组织从全局的视角对数据进行管理，导致无法建立统一的数据管理规程、标准等，相应的数据管理监督措施无法得到落实。组织机构的数据考核体系也尚未建立，无法保障数据管理标准和规程的有效执行。

2. 系统建设分散化

信息系统建设过程中没有规范统一的数据标准和数据模型。组织机构为应对迅速变化的市场和社会需求，逐步建立了各自的信息系统，各部门站在各自的立场生产、使用和管理数据，使得数据分散在不同的部门和信息系统中，缺乏统一的数据规划、可信的数据来源和数据标准，导致数据不规范、不一致、冗余、无法共享等问题出现，组织机构各部门对数据的理解难以应用一致的语言来描述，导致理解不一致。

3. 主数据标准统一

组织机构核心系统间的人员等主要信息并不是存储在一个独立的系统中，或者不是通过统一的业务管理流程在系统间维护。缺乏对集团公司或政务单位主数据的管理，就无法保障主数据在整个业务范围内保持一致、完整和可控，导致业务数据的正确性无法得到保障。

4. 数据质量管理流程体系缺乏

当前现状中数据质量管理主要由各组织部门分头进行；跨部门的数据质量沟通机制不完善；缺乏清晰的跨部门的数据质量管控规范与标准，数据分析随机性强，存在业务需求不清的现象，影响数据质量；数据的自动采集尚未全面实现，处理过程存在不同程度的人为干预问题，很多部门存在数据质量管理人员不足、知识与经验不够、监管方式不全面等问题；缺乏完善的数据质量管控流程和系统支撑能力。

5. 数据全生命周期管理不完整

目前，大部分企业数据的产生、使用、维护、备份到过时被销毁的数据生命周期管理规范和流程还不完善，不能确定过期和无效数据的识别条件，且非结构化数据未纳入数据生命周期的管理范畴；无信息化工具支撑数据生命周期状态的查询，未有效利用元数据管理。

企业组织想要彻底解决上述问题，充分挖掘数据潜能，更大程度释放数据价值，通过数据治理来全面提升数据质量和释放数据能效势在必行。

从数据生命周期的角度来讲，数据治理是指将数据作为组织资产而展开的一系列的具体化工作，涉及分散到数据的全生命周期管理过程中。从原来使用零散数据变为使用统一数据、从具有很少或没有组织流程到企业范围内的综合数据管控、从数据混乱状况到数据井井有条的一个过程。所以，数据治理强调的是一个过程，是一个从混乱到有序的过程。从实际数据业务范围来讲，数据治理涵盖了从前端业务系统、后端业务数据库再到业务终端的数据分析，从源头到终端再回到源头，形成了一个闭环负反馈系统。从目的来讲，数据治理就是要对数据的获取、处理和使用进行监督管理。

更加具体一点来讲，数据治理就是以服务组织战略目标为基本原则，通过组织成员的协同努力，流程制度的制定，以及数据资产的梳理、采集清洗、结构化存储、可视化管理和多维度分析，实现数据资产价值获取、业务模式创新和经营风险控制的过程。

8.2　数据治理标准及框架

在数据治理探索和实践中，以科学规范的方式来管理数据资产，这一理念已经被各行各业广泛接受和认可，并且很多组织投身于数据治理的标准和框架工作中，其中部分组织在数据治理领域的理论研究和模型框架上做出了开创性的贡献。这些标准和框架主要工作是从原则、范围、促成因素等方面对数据治理过程中涉及的要素进行分析、总结和提炼，并在此基础上建立起自成体系的数据治理框架和标准。由于各自的切入视角和侧重点不同，当前业界给出的数据治理标准和框架多达几十种，迄今为止尚未形成和存在一个统一标准。

本章节内容对当前业界的几种主流数据治理标准和框架做一个集中简要介绍。

8.2.1　数据管理能力成熟度评估模型（DCMM）

如图8.1所示的DCMM（Data management Capability Maturity Model，数据管理能力成熟度评估模型）是在工信部、国家标准化管理委员会的指导下，由全国信息技术标准化技术委员会大数据标准工作组组织编写的国家标准，也是我国首个数据管理领域国家标准。DCMM借鉴了国内外数据管理的相关理论思想，并充分结合了我国大数据行业的发展趋势，创造性地提出了符合我国企业的数据管理框架。如图8.1所示，该框架将组织数据管理能力划分为八个能力域，这八个领域分别是数据战略、数据治理、数据架构、数据标准、数据质量、数据安全、数据应用和数据生存周期。

图 8.1　数据能力成熟度评价模型框架图

相对于早期其他数据治理模型，DCMM模型的创新之处在于新增了数据生存周期管理功能域，它考虑到了原始数据转化为可用于行动的知识的整个过程，包括数据需求、数据设计与开发、数据运维直至数据退役所有环节。只有让数据治理工作贯穿数据的整个生存周期，才能彻底将数据治理到位。

DCMM的优点在于它不只是理论和知识体系，而是可以直接应用的，并且DCMM已经在工业企业中有过很多应用案例。为了推进 DCMM 国家标准的落地实施，指导相关组织提升数据管理能力，全国信息技术标准化技术委员会大数据标准工作组在全国范围内组织开展了数据管理能力成熟度评估试点示范工作，涵盖金融、能源、互联网和工业等多个领域的 30 余家企事业单位，其中就包括 7 家工业企业。值得注意的是，DCMM 的缺点也相对明显和突出，那就是通过数据管理能力成熟度评估只能了解组织数据管理现状，包括已取得的成果和不足，但是并不能提供能力提升的方法，还需要数据管理专家给出提升建议、方法论和实施路线图。

8.2.2　GB/T 34960 数据治理规范

GB/T 34960《信息技术服务治理第 5 部分：数据治理规范》（以下简称《数据治理规范》）是我国信息技术服务标准（ITSS）体系中的服务管控领域标准，该标准根据 GB/T 34960.1—2017《信息技术服务治理第 1 部分：通用要求》中的治理理念，在数据治理领域进行了细化，提出了数据治理的总则、框架，明确了数据治理的顶层设计、数据治理环境、数据治理域及数据治理的过程，可对组织数据治理现状进行评估，指导组织建立数据治理体系，并监督其运行和完善，如图 8.2 所示。

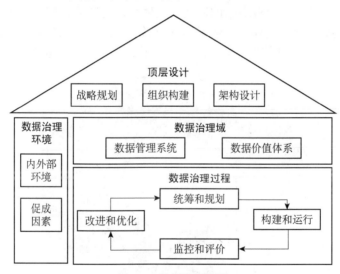

图 8.2　数据治理框架

《数据治理规范》将数据治理划分为顶层设计、数据治理环境、数据治理域和数据治理过程四大部分：

（1）顶层设计包括制定数据战略规划、建立组织机构和机制、建立数据架构等，是数据治理实施的基础。

（2）数据治理环境包括分析业务、市场和利益相关方需求，适应内外部环境变化，营造企业内部数据治理文化，评估自身数据治理能力及驱动因素等，是数据治理实施的保障。

（3）数据治理域包括数据管理体系和数据价值体系，是数据治理实施的对象。

（4）数据治理过程包括统筹和规划、构建和运行、监控和评价、改进和优化，是数据治理实施的方法。

《数据治理规范》开创性地把数据价值实现作为数据治理的核心目标，并通过数据价值体系明确了数据价值实现的方式，帮助企业实现数据驱动业务的战略转型。

在《数据治理规范》附录中对数据治理涉及的核心治理域提出了明确的管理要求，为数据治理实施提供参考，为评估数据治理成效提供评价依据，通过正文和附录的结合，有利于数据治理的落地实施。

8.2.3　DAMA数据管理理论框架

成立于1988年的国际数据管理协会（Data Management Association International，DAMA）是一个非营利组织，致力于推广信息和数据管理的概念和实践。DAMA在全球设立了40多个分会，拥有7500余名会员，在数据管理领域中累积了丰富的知识和经验，是全球公认的数据管理权威组织之一。其先后出版了《DAMA数据管理字典》和《DAMA数据管理知识体系指南》（DAMA-DMBOK）的第1版和第2版，该指南集业界数百位专家的经验于一体，是数据管理业界最佳实践的结晶，已被公认为从事数据管理工作的经典参考和指南，在全球范围内广受好评。

DAMA的数据管理理论框架的核心是数据治理，如图8.3所示，通过10个数据治理的职能领域建立一个能够满足企业需求的数据决策体系，为数据管理提供指导和监督。其优点在于充分考虑了功能与环境要素对数据本身的影响，但考虑到数据资产化成为企业的核心竞争力，这10个职能域目前尚不能全面覆盖数据资产管理的业务职能。

图 8.3　DAMA数据管理理论框架

8.2.4　数据资产管理体系架构

为了落实国家大数据战略，中国信息通信研究院联合相关知名企业共同编写了如图8.4所示的《数据资产管理实践白皮书（4.0版）》。

《数据资产管理实践白皮书（4.0版）》基于DAMA-DBMOK中定义的数据管理理论框架，弥补了数据资产管理特有功能的缺失，并结合数据资产管理在各行业中的实践经验，形成了如图8.4所示的8个管理职能和5个保障措施。其中管理职能是指落实数据资产管理的一系列具体行为，保障措施是为了支持管理职能实现的一些辅助的组织架构和制度体系

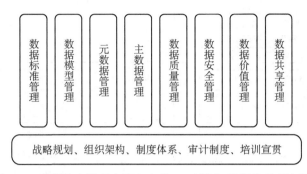

图 8.4　《数据资产管理实践白皮书（4.0 版）》数据管理理论框架

在 DAMA 的数据管理理论框架中并没有把数据标准单独作为一项重要的数据管理功能，而《数据资产管理实践白皮书（4.0 版）》将数据标准管理放在第一位，体现了"标准先行"的管理思想。另外，其中还增加了数据价值管理和数据共享管理两项内容。数据价值管理是对数据内在价值的度量，包括数据成本和数据应用价值。

数据共享管理主要是指通过数据共享和交换方式，实现数据内外部价值的一系列活动。数据共享管理包括数据内部共享（企业内部跨组织、部门的数据交换）、外部流通（企业之间的数据交换）和对外开放。

8.3　数据治理核心工具

企业在进行数据治理工作过程中，对数据资产管理实施需要依托具体的软件工具来执行。而且随着技术的发展，软件工具的自动化、智能化程度不断地提高，在数据资产管理中的作用越来越大。目前针对上述管理职能，业界很多厂商都开发了相关软件工具，其中，相对比较成熟的工具有数据模型管理工具、元数据管理工具、数据质量管理工具、数据标准管理工具、主数据管理工具、数据安全管理工具和数据服务管理工具七类工具，这七类工具有的是单独呈现的，有的是相互组合在一起形成包括多种功能的软件平台，其具体意义和主要功能将在后续展开具体阐述。实际企业数据治理过程中，除数据资产管理相关的工具之外，在大数据能力构建中，一般还要利用数据集成工具、数据共享交换平台等，通过传统数据仓库或大数据平台等媒介将数据集成交换到一起，从而为应用分析或开放做准备，经常涉及的工具有商务智能（BI）分析工具、报表工具、数据挖掘平台、用户行为分析平台、数据开放平台等。

8.3.1　数据模型管理工具

针对企业在不同业务发展阶段建设的一个个竖井式系统，最大的挑战莫过于系统集成过程中数据模型的不一致，解决这个问题的唯一方法就是从全局入手，设计标准化数据模型，构建统一的数据模型管控体系，数据模型管理工具负责对企业数据模型的管理、比对、分析、展示提供技术支撑，需要提供统一、多系统、基于多团队并行协作的数据模型管理。解决企业数据模型管理分散，无统一的企业数据模型视图、数据模型无有效的管控过程，数据模型标准设计无法有效落地、数据模型设计与系统实现出现偏差等多种问题。该工具针对数据模型管理职能而开发，如图 8.5 所示，需具备以下基础功能。

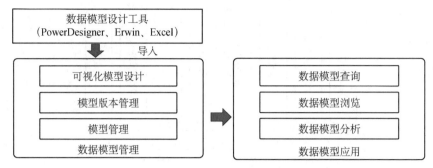

图 8.5　数据模型管理

1. 可视化建模

提供的可视化的前台建模能力，支持企业级数据模型的构建，数据可视化建模一般支持 Oracle、MySQL、SQL Server、HIVE、HBase 等数据库类型，优秀的模型管理平台支持数据仓库或业务系统的正向建模，同时支持将企业现有系统数据模型反向采集。

2. 模型版本管理

支持模型变更和版本的管理，支持版本的回溯、版本明细信息查询。

3. 数据模型管理

支持模型导入功能，对于采用 PowerDesigner、Erwin、Excle 等工具设计的模型能够导入到模型管理平台中来，并提供模型的可视化修改、模型导出、模型删除等功能。

4. 数据模型查询

支持数据模型查询，通过输入关键字可以查询到指定的数据模型。

5. 数据模型浏览

支持数据模型全景视图，能够直观看到企业数据的分布地图，并支持通过模型下钻功能进行模型的逐级查询，直到查询到模型的最深层级的元数据。

6. 数据模型分析

主要提供模型的对比分析功能，这种对比分析可以是两个不同模型之间也可以是统一模型的不同版本之间的对比分析。通过模型的对比分析，能够轻松找到模型之间的差异，支持由模型驱动的影响分析。

8.3.2　元数据管理工具

元数据管理统一管控分布在企业各个角落的数据资源，企业涉及的业务元数据、技术元数据、管理元数据都是其管理的范畴，按照科学、有效的机制对元数据进行管理，并面向开发人员、最终用户提供元数据服务，以满足用户的业务需求，对企业业务系统和数据分析平台的开发、维护过程提供支持。

元数据管理工具可以了解数据资产分布及产生过程，该工具针对元数据管理职能而开发，是企业数据治理的基础，元数据管理平台从功能上需具备如图 8.6 所示的基础功能。

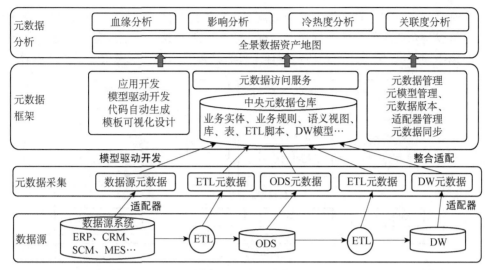

图 8.6　元数据管理

1. 元数据采集服务

能够适应异构环境，支持从传统关系型数据库和大数据平台中采集，从数据产生系统到数据加工处理系统到数据应用报表系统的全量元数据，包括过程中的数据实体（系统、库、表、字段的描述）以及数据实体加工处理过程中的逻辑，也可通过自动化的方式完成元数据采集，并将元数据整合处理后统一存储于中央元数据仓库，实现元数据的统一管理。这个过程中，数据采集适配器十分重要，元数据采集要能够适配各种数据库、各类数据集成、各类数据仓库和报表产品，同时还需要适配各类结构化或半结构化数据源。

2. 元数据管理服务

主要包括元数据查询、元模型管理、元数据维护、元数据版本管理、元数据对比分析、元数据适配器、元数据同步管理、元数据生命周期管理等功能。

3. 元数据访问服务

元数据访问服务是元数据管理软件提供的元数据访问的接口服务，一般支持 REST 或 Webservice 等接口协议。通过元数据访问服务支持企业元数据的共享，是企业数据治理的基础。

4. 元数据分析服务

血缘分析能够描述出数据来自哪里，都经过了哪些加工这一系列过程。影响分析则说明了数据都去了哪里，经过了哪些加工这一问题。冷热度分析主要说明哪些数据是企业常用数据，哪些数据属于僵死数据。关联度分析主要包含数据和其他数据的关系以及它们的关系是怎样建立的。数据资产地图告诉最终用户有哪些数据，在哪里可以找到这些数据，能用这些数据干什么。

8.3.3　数据质量管理工具

数据质量管理工具从数据使用角度监控管理数据资产的质量，针对数据质量管理职能而开发。数据质量管理工具在不同的数据治理项目中有时会被单独使用，有时配合元数据使用，有时又与主数据工具搭档。在管理范围上，往往会根据项目的需求、客户的目标进行控制，可以是企业级的全域数据质量管理，也可以针对某一特定业务领域进行数据质量管理的实施，如图8.7所示，数据质量管理工具所具备的基础功能主要包括以下内容。

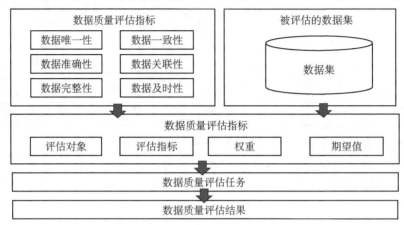

图 8.7　数据质量管理

1. 数据质量指标管理

通过对不同业务规则的收集、分类、抽象和概括，定义数据质量维度，常用的维度有六种，分别是数据唯一性、数据一致性、数据准确性、数据关联性、数据完整性、数据及时性。质量指标反映了数据质量不同的规格标准，也体现了高层次的指标度量的特点。

2. 数据治理规则管理

一个数据质量规则包含了数据的评估对象，评估指标、权重和期望值等。质量规则是由业务人员根据各检核类别对不同的业务实体提出的数据质量的衡量标准。它是各检核类别在不同业务实体上的具体体现。

3. 数据质量检核任务

检核任务调度模块是数据质量平台的核心，通过执行检核方法而生成相应的检核结果问题数据文件，检核结果问题数据能够反映出用户所关心的数据质量问题。

4. 数据质量分析报告

数据质量分析报告提供了一个集中展示数据质量状况的窗口，相关人员可以对数据质量问题进行查询、统计、分析，找到引起数据质量问题的根因，并付诸行动，从源头上解决数据质量的根本问题，实现数据质量的闭环。

8.3.4　数据标准管理工具

数据标准从字面上理解就是数据既定的"规则"，这个规则一旦定义，就需要必须执行。数据标准化就是研究、制定和推广应用统一的数据分类分级、记录格式及转换、编码等技术标准的过程。从管理的对象上来看，数据标准主要包含三个方面的标准：数据模型标准、即元数据的标准化；主数据和参照数据标准；指标数据标准，如指标的统计维度、计算方式、分析规则等，如图8.8所示，数据标准管理工具，从功能层面数据标准工具主要包括以下内容。

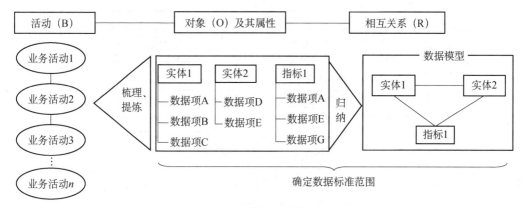

图 8.8　数据标准管理

1. 数据标准编制

根据企业业务进行管控数据项的划分，确定数据项的名称、编码、类型、长度、业务含义、数据来源、质量规则、安全级别、域值范围等。数据标准可以参考国际、国家或行业标准的现行标准进行制定，也可以根据企业业务制定特定的企业级数据标准。

2. 数据标准审查

对数据标准初稿进行审查，判断数据标准是否符合企业的应用和管理需求，是否符合企业数据战略要求。

3. 数据标准发布

数据标准一经发布，各部门、各业务系统都需要按相应的标准执行，对于遗留系统会存在一定的风险。标准发布的过程需要对现有应用系统、数据模型的影响进行评估，并做好相应的应对策略。

4. 数据标准贯彻

把已定义的数据标准与业务系统、应用和服务进行映射，标明标准和现状的关系以及可能影响到的应用。该过程中，对于企业新建的系统应当直接应用定义好的数据标准，对于旧系统应对一般建议建立相应的数据映射关系，进行数据转换，逐步进行数据标准的落地。

8.3.5　主数据管理工具

主数据是企业所有数据中最基础、最核心的数据，企业的一切业务基本都是基于主数据来开展的，是企业最重要的数据资产。如果大数据是一座矿山，主数据就是那矿山中的金子，通过主数据的解决各异构系统的数据不标准、不一致问题，保障业务连贯性和数据的一致性、完整性和准确性，提升业务线条之间的协同能力，同时，高质量的主数据也为领导的管理决策提供了支撑。所以，主数据管理也是企业数据治理中最核心部分。

如图 8.9 所示，主数据管理平台从功能上主要包括以下内容。

1. 主数据模型

提供主数据的建模功能，管理主数据的逻辑模型和物理模型以及各类主数据模板。

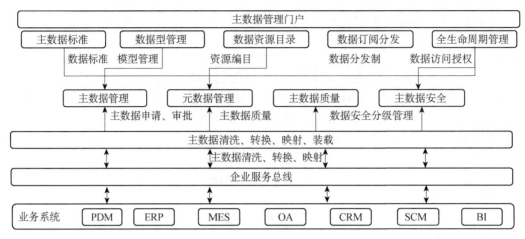

图 8.9 主数据管理

2. 主数据编码

编码功能是主数据产品的初级形态，也是主数据产品的核心能力，支持各种形式主数据的编码，提供数据编码申请、审批、集成等服务。

3. 主数据管理

主要提供主数据的增删改查功能。

4. 主数据清洗

主要包括主数据的采集、转换、清理、装载等功能。

5. 主数据质量

主要提供主数据质量从问题发现到问题处理的闭环管理功能。

6. 主数据集成

主要提供主数据采集和分发服务，完成与企业其他异构系统的对接。

谈到集成就不得不说的一个重要工具，企业服务总线 ESB，这个工具也经常会与主数据产品进行配合，在实现企业主数据治理的同时，解决企业异构系统的集成问题。

8.3.6 数据安全管理工具

数据安全管理工具结合信息安全的技术手段以保证数据资产使用和交换共享过程中的安全。数据管理人员开展数据安全管理工作，执行数据安全政策和措施，为数据和信息提供适当的认证、授权、访问和审计，以防范可能的数据安全隐患。

数据安全规则在不同行业、不同企业各不相同，数据安全大多是企业数据战略的重要组成部分。在企业数据治理中，数据安全一般作为企业数据治理的一道"红线"，任何人、任何数据不可逾越。但是数据安全也不能随意、轻易地使用，否则就会影响业务效率，安全和效率之间需要找到一个平衡点。数据安全涵盖了操作系统安全、网络安全、数据库安全、软件应用安全等。对于数据的安全治理，侧重点是对于数据使用过程的控制，使得数据能安全合法地进行使用，所以管控的重点是在应用上。

如图 8.10 所示，从应用层出发，数据安全管理工具需要具备以下功能。

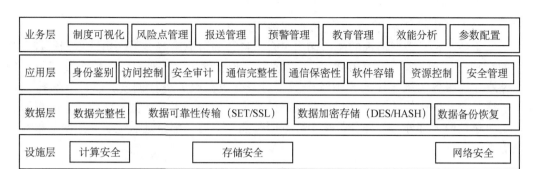

图 8.10 数据安全管理

1. 身份认证与访问控制

身份认证是为访问控制提供支撑，访问控制提供不同身份用户访问不同信息资源需要的相应的安全策略。身份认证是在计算机及计算机网络系统中确认操作者身份的过程，确定用户是否具有对某种资源的访问和使用权限，防止攻击者假冒合法用户获得资源的访问权限，保证系统和数据的安全。常用身份认证的技术包括电子签名（CA）、USB-key（智能卡）、静态口令，动态口令、短信密码、人脸识别、指纹识别、虹膜识别、声音识别等。

2. 数据合规性申请

对于企业关键信息的创建和变更需要符合企业相关的数据管理流程，建立数据申请、审批制度，对新增的数据或变更的数据进行合法性审批。

3. 数据的分级与授权

根据数据的来源、内容和用途对数据资产进行分类，根据数据的价值、敏感程度、影响范围进行敏感分级，建立敏感分级数据与用户角色的访问控制矩阵，对不同等级的数据分配给相应的用户角色实现分级授权。

4. 数据脱敏

简单的数据脱敏技术就是给数据打个"马赛克"，脱敏的过程中数据的含义保持不变、数据的类型不变、数据的关系不变。

5. 数据加密

数据加密技术是数据防窃取的一种安全防治技术，指将一个信息经过加密钥匙及加密函数转换，变成无意义的密文，而接收方则将此密文经过解密函数、解密钥匙还原成明文。

6. 安全审计

数据安全审计是通过记录用户对数据的所有访问和操作记录日志，并通过日志的分类统计和分析，提供数据访问报表，支持对数据的检索和分析，支持对用户的违规访问和危险操作进行告警。

8.3.7 数据服务平台工具

数据服务管理是指在数据管理平台上提供数据或数据分析结果的服务，包括企业内部数据共享和外部数据流通，通过构建服务目录、授权数据服务等有效完整的记录数据服务信息，最终生成数据服务报告，展示数据服务的价值。

数据服务平台是数据治理的能力输出平台，持续的数据服务能力输出，披荆斩棘，为前端的数据分析和数据应用提供支撑。数据服务平台在互联网架构下一般会基于统一的API网关进行服务的统一接入，由统一网关对所有数据服务进行调度、管理、编排、适配，应适应企业内部的数据共享和企业外部的数据开放等需求。如图8.11所示，数据服务平台主要包括两大部分：一部分是输出数据服务能力；另一部分是通过统一的网关来管理这些能力。

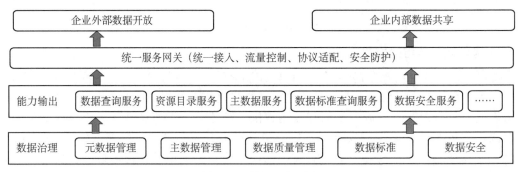

图 8.11　数据服务平台

1. 能力输出

数据治理平台的主要输出的数据服务能力包括数据查询服务、资源目录服务、主数据服务、数据标准查询服务、数据安全服务等，每一类数据服务都是由一组服务接口组成的。数据服务能力也可以根据业务主题进行组织，形成主题服务。数据服务的数量和质量也是考验一个数据治理项目实施的重要指标。

2. 服务网关

严格意义上来说，服务网关也是一套独立的工具，核心功能包括服务的编排、注册接入、流程控制、协议适配、安全防护等。传统架构中一般会以ESB——企业服务总线，作为服务网关来使用。在互联网架构下，ESB这种中心化的架构对应高并发的前台应用无法支撑，所以目前一般采用API网关，即API Gateway技术来替代传统的ESB。API网关提供日志、安全、流量控制、熔断、负载均衡、鉴权等功能插件。这些插件会随着企业业务应用规模等的变化进行不断的强化与调整，而不用频繁对网关层进行改动，确保网关层的稳定性。

实际工作中，对于企业而言，数据治理这项工作不是一项技术或工具就能搞定的，需要根据企业的实际需求采用不同产品和工具的组合。一个完整的大数据解决方案重点提供了数据的"采、管、存、用"四种能力，而数据治理工具就是提供了最核心的"管"数据的能力和一部分"采、存、用"数据的能力。

8.4　高校数据治理实践

8.4.1　背景介绍

"科教兴国"是保证我国能够长期、稳定、高速发展的战略国策，教育信息化是达成该战略国策的重要手段之一，因此教育信息化工作受到了国家各级教育主管部门的高度重视。当前经过信息化建设快速发展期，学校已经建成了各类基于公共数据库的信息化系统，教师、学生、科研工作者都在这些平台上生成、获取、储存各类个人数据，这些数据也为个人的教学、科研、学习、生活提供了丰富的信息支撑。

但是长期以来，校园的各类教学、管理、服务数据都处于分而治之的局面状态，各个独立建设的业务系统，分属不同的业务部门，建设之初就形成了数据孤岛，数据之间存在壁垒，影响了数据的流动和整合，同一份数据在多个业务系统之间重复存在，产生数据不一致的现象，导致数据只能在较低级的层面发挥价值，很难加以凝聚并在更高层面完成建模，无法深入挖掘和分析，发现校园数据背后所蕴藏的价值。

为解决上述高校信息化建设过程困境，提高学校数据的使用能力，发挥数据的价值。建立一个统一的数据分析平台来对高校的科研、教学、后勤等各个领域进行治理管控，是促进高校信息化进程，实现智慧校园落地的有效途径。

8.4.2 数据治理解决方案

从校园运营的属性来看，当前校园所能采集存储和需要治理分析的主要数据如图 8.12 所示。其中招生、人事等属于人员原始数据，消费、门禁、用水用电等数据属于学校人员日常生活过程产生的数据。这些数据都被按特定的格式属性存储在各个部门机构的 IT 系统中。想要实现对这些数据进行综合治理，首先要建立一个如图 8.12 所示的统一的公共数据平台实现校园共享数据的集中管理，然后在此平台上解决各类数据的产生、加工、归集、存储、利用、留档乃至销毁问题。

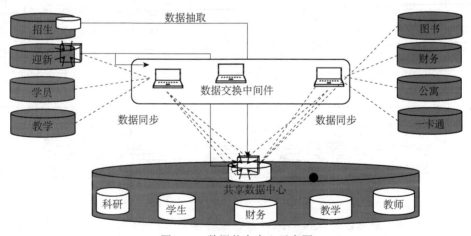

图 8.12 数据共享中心示意图

结合 Hadoop 开源技术架构，统一大数据平台整体架构如图 8.13 所示。整个大数据平台架构自底向上依次是基础数据层、数据采集层、数据存储层、数据计算层、数据缓冲层。其中数据采集层整合高校各类基础数据（包含 Hadoop、Spark、Cloudera、Sqoop、Flume、ETL 等），数据存储层利用关系数据库、非关系型数据库 MongoDB、数据仓库 Hive、列存储数据库 HBase、分布式文件系统 HDFS 等将各类数据归档、分类、过滤、存储，计算层采用 Spark、Storm 等计算框架实现大数据的分布式计算，将可用数据推送至数据缓冲层，依赖封装的数据接口实现大数据应用交互服务。

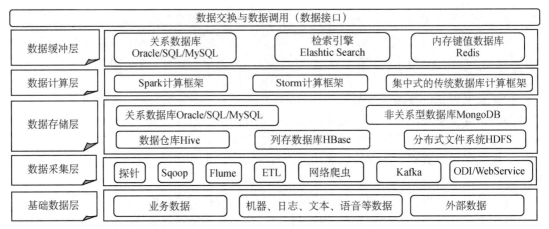

图 8.13   统一大数据平台

完成上述大数据统一平台规划建设后，就需要按照前述数据治理理论指导经验进行具体数据治理实践工作。依据数据治理中的数据模型、数据标准、数据质量要求，校园数据治理工作最终落地体现在如图 8.14 所示的数据仓库上。整个数据仓库在维度模型和行业标准的指导约束下，按照业务数据层、数据缓冲层、基础数据层、通用数据层、聚合数据层、分析应用层依次建设，且每一个上层建设均依赖底层建设内容。

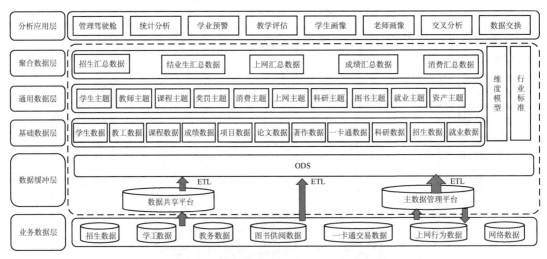

图 8.14   高校数治理数仓库架构图

如图 8.14 所示，业务数据层又叫源数据层或外围系统数据层，一般分布在各个部门的管理系统中，数据缓冲层是源业务系统的快照，保存细节数据，对按照所用增量方式提取的数据清洗转换后存入基础数据层。基础数据层和源数据层比较近似，只不过进行了清洗和标准化。细节数据是必需的，数据仓库的分析需求会时刻变化，而有了细节数据就可以做到以不变应万变，不然对于频繁变动的需求会手足无措。通用数据层根据业务主题按星型模型或雪花模型设计方式建设的最细业务粒度汇总，在本层需要进行指标与维度的标准化，生成宽表。聚合数据层根据业务需求的某种维度的指标数据，给展示层进行显示报表或维度分析。分析应用层则是数据经过加工后在用户侧的业务呈现的。维度模型是数据校园数据仓库整体模型选型，通常是以事实表为中心，围绕着多个维度表进行。行业标准主要参考国家标准，教育部标准，并加入本校标准，形成本校的独有的数据标准。值得注意的是，数据标准化不是一蹴而就的，而是经过长期的建设不断更新完善和迭代演进的过程。

实际项目中，数据治理流程是一个贯穿数据中心建设的全过程，是一个不断循环的过程。在将原始业务系统数据抽取到数据仓库中的数据缓冲层后，需要进行数据清洗、代码映射，将标准化后的数据存入基础数据层，然后使用数据集成工具进行元数据配置，对需要治理的数据进行数据治理检核配置，生成数据质量报告，依据数据质量报告，原始业务系统修改原始数据，不断完善整体数据质量，最终提高分析应用层的业务可用性和价值。

8.5　本章小结

本章从企业数据治理工作中的痛点出发，对国内外主流数据治理标准和框架做了整体概述。同时对数据治理领域中七类工具的各自应用场景、主要功能、基本框架进行了介绍，最后以高校数据治理为背景，结合业界数据治理框架和工具，展示了高校数据治理的实践成果。

第四部分　大数据平台优化

第9章
Linux 系统优化

📖 **学习目标**

- 掌握swap分区优化
- 掌握内存分配策略调整
- 掌握socket监听参数修改
- 掌握打开文件描述符上限优化
- 掌握Transparent Huge Pages优化

在Linux系统上搭建、使用Hadoop平台前，我们可以对部分系统功能进行优化配置，让系统能够最有效地执行大数据任务。本章将介绍减少swap分区优化、内存分配策略调整、socket监听参数修改、打开文件描述符上限优化、Transparent Huge Pages优化等内容。

9.1　swap分区优化

9.1.1　swap分区简介

swap分区，即交换分区，是虚拟的内存空间。如图9.1所示，swap空间的作用可简单描述为：当系统的物理内存不够用的时候，要将物理内存中的一部分空间释放出来，以供当前运行的程序使用。例如运行某个大程序，需要的内存超过空闲内存但小于物理内存总量时，会暂时把内存里的数据放到磁盘上的虚拟内存里，空出物理内存运行程序。等退出程序后，又会重新读取swap分区里的数据，放回物理内存。所以，swap分区并不是用来虚拟物理内存，而是暂存数据的。

分配太多的swap分区空间会浪费磁盘空间，而swap分区空间太少，则系统会发生错误。系统的物理内存耗尽，系统可能会运行缓慢；swap分区空间耗尽，那么系统就会发生错误。例如，Web服务器能根据不同的请求数量创建服务进程（或线程），如果swap分区空间耗尽，则服务进程无法启动，通常会出现"application is out of memory"的错误，严重时会造成服务进程的死锁。因此swap分区空间的分配是很重要的。

swap 分区的数量对性能也有很大的影响。因为 swap 交换是磁盘 I/O 的操作,如果有多个 swap 交换区,swap 空间的分配轮换可以极大地均衡 I/O 负载,加快 swap 交换的速度。如果只有一个交换区,所有的交换操作会使交换区变得繁忙,使系统大多数时间处于等待状态,效率很低。用性能监视工具可以发现,此时的 CPU 并不繁忙,系统却运行缓慢。说明,瓶颈在 I/O 上,依靠提高 CPU 的速度是解决不了系统运行缓慢的问题的。

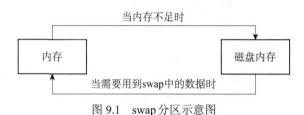

图 9.1 swap 分区示意图

9.1.2 swap 分区的优化

swap 分区优化有两种方式:完全禁用 swap 分区或者使用 swap 分区但优化 swappiness 参数,具体选择哪种优化方式需要根据系统及任务的实际情况做判断。比如,当系统内存资源充足,完全能够保证任务运行时,我们可以禁用 swap 分区;但如系统内存资源紧张,不能够保证任务对内存的需求时,则需要考虑使用 swap 分区并优化其配置。

1. 禁用 swap 分区

早期由于工业原因内存相对较贵,因此很多软件在设计之初都考虑尽可能地使用磁盘来代替内存,但是磁盘的 I/O 性能和内存的 I/O 性能相差巨大。比如在大数据领域 Hadoop 平台的 MapReduce 组件,该计算框架就尽可能使用磁盘,这是导致它计算速度较慢的一个原因,这也为后来 Spark 和 Flink 崛起埋下了伏笔。

Linux 系统中当内存使用一定程度后会使用 swap 分区,这是由 /proc/sys/vm/swappiness 文件中的 vm.swappine 参数进行控制的,Linux 默认 vm.swappiness=60,但是对于 Hadoop 集群来说,如果使用系统默认设置,会导致 swap 分区被频繁使用,集群会不断发出警告,所以并不推荐使用 swap 分区,因为它会降低服务器性能,在生产环境中我们应该尽量禁用 swap 分区,比如阿里云的服务器默认就是禁用 swap 分区的。

管理员可以使用以下命令禁用 swap 分区操作:

```
swapoff -a                    /禁用 swap 分区
```

禁用后,使用以下命令查看分区状态:

```
free -m                    /查看分区情况
          total      used      free    shared   buff/cache   available
Mem:       972        97       742         7        132         723
Swap:        0         0         0
```

以上结果显示系统目前没有使用 swap 分区。

2. 使用 swap 分区,优化 swappiness 参数

swappiness 值的设置直接关系到 swap 分区的使用方式。先前,建议把 vm.swappiness 设置为 0,这意味着"除非发生内存溢出,否则不要进行内存交换"。直到 Linux 内核 3.5-

rcl 版本发布，这个值的意义才发生了变化。这个变化被移植到其他的发行版本上，包括 Red Hat 企业版内核 2.6.32-303。在发生变化之后，0 意味着"在任何情况下都不要发生交换"。现在建议把这个值设置为 1，它能最大限度地降低使用 swap 分区的可能性。swappiness＝100 的时候表示积极地使用 swap 分区，并且把内存上的数据及时地搬运到 swap 分区空间里面。

（1）查看 swappiness 参数的默认值。

```
cat /proc/sys/vm/swappiness
```

Linux 的 swappiness 参数的默认值为 30，也就是说系统内存在使用到 70%的时候，就开始使用 swap 分区。内存的速度会比磁盘快很多，使用 swap 分区将会加大系统 I/O，同时造成大量的换进换出，严重影响系统的性能，所以我们在操作系统层面，要尽可能使用内存，对该参数进行调整。

（2）临时调整 swappiness 的方法，系统重启还原默认值。

管理员可以使用以下命令进行临时更改 swappiness 的值：

```
sysctl vm.swappiness=1
```

（3）永久调整 swappiness 的方法，系统重启不还原默认值。

管理员可以使用以下命令永久更改 swappiness 的值：

```
sysctl vm.swappiness=1
echo "vm.swappiness=1" >> /etc/sysctl.conf
sysctl -p
cat /proc/sys/vm/swappiness
```

修改 swappiness 内核参数，降低系统对 swap 分区的使用，从而提高系统的性能。简单地说这个参数定义了系统对 swap 分区的使用倾向，默认值为 30，值越大表示越倾向于使用 swap 分区。不推荐设为 0，因为这样做会对 3.5 以上的 kernel 禁止对 swap 分区的使用，推荐大家设置一个较小的值。

9.2　内存分配策略调整

9.2.1　内存分页

物理内存是指计算机内存的大小，从物理内存中读写数据比从硬盘中读写数据要快很多，而内存是有限的，所以就有了物理内存和虚拟内存的概念。物理内存就是硬件的内存，是真正的内存；虚拟内存是为了满足物理内存不足采用的策略，利用磁盘空间虚拟出一块逻辑内存，用作虚拟内存的空间即交换分区。作为物理内存的扩展，Linux 会在物理内存不足时，使用交换分区的逻辑内存，内核会把暂时不用的内存块信息写到交换空间，这样物理内存就得到了释放，这块内存就可以用于其他目的，而需要用到这些内容的时候，数据就会被重新从交换分区读入物理内存。

虚拟内存地址和物理内存地址的分离，给进程带来便利性和安全性，但虚拟内存地址和物理内存地址的翻译，又会额外耗费计算机资源。在多任务的计算机中，虚拟内存地址已经成为必备的设计，操作系统必须要考虑如何能高效地翻译虚拟内存地址。记录对应关系最简单的办法，就是把对应关系记录在一张表中。为了让翻译速度足够地快，这个表必须加载在内存中。不过，这种记录方式非常耗费内存资源。如果1GB物理内存的每个字节都有一个对应记录的话，那么光是存储对应关系就需要远远超过内存的空间。由于对应关系的条目众多，搜索到一个对应关系所需的时间也很长。因此，Linux采用了分页（paging）的方式来记录对应关系。所谓的分页，就是以更大尺寸的单位页（page）来管理内存。

在Linux中，通常每页大小为4KB。查看当前内存分页的信息可以使用以下命令：

```
getconf PAGE_SIZE
```

得到结果，即内存分页的字节数：

```
4096
```

返回的4096代表每个内存页可以存放4096字节，即4KB。Linux把物理内存和进程空间都分割成页。内存分页，可以极大地减少所要记录的内存对应关系。

9.2.2 脏页

脏页是Linux内核中的概念，因为硬盘的读写速度远赶不上内存的速度，系统就把读写比较频繁的数据事先放到内存中，以提高读写速度，称为高速缓存。Linux是以页作为高速缓存的单位的，当进程修改高速缓存里的数据时，该页就被内核标记为脏页，内核将会在合适的时间把脏页的数据写到磁盘中去，以保持高速缓存中的数据和磁盘中的数据是一致的，具体流程如图9.2所示。

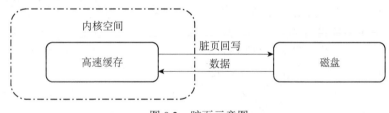

图 9.2　脏页示意图

我们可以通过sysctl -a | grep dirty命令来查看脏页相关配置，具体步骤如下：

```
sysctl -a | grep dirty
vm.dirty_background_bytes = 0
vm.dirty_background_ratio = 10          #内存可以填充"脏数据"的百分比
vm.dirty_bytes = 0
vm.dirty_expire_centisecs = 3000        #指定脏数据能存活的时间
vm.dirty_ratio = 30                     #脏数据百分比的绝对限制值
vm.dirty_writeback_centisecs = 500      #指定pdflush/flush/kdmflush进程执行间隔
```

以下是对返回参数含义的简单说明：

（1）vm.dirty_background_ratio参数说明。

内存可以填充"脏数据"的百分比。例如，操作系统的内存大小为10G，vm.dirty_background_ratio的参数为10，因此有1G的"脏数据"可以被写入内存中，超过1G的部分就会交由pdflush/flush/kdmflush等后台系统来清理。

（2）vm.dirty_ratio参数说明。

内存中脏数据的绝对限制，即系统内存中脏数据的百分比不能超过该值。如果脏数据的百分比超过该参数的限制，那么新的I/O请求将会被阻挡，直到脏数据被写进磁盘。这是造成I/O卡顿的重要原因，但这也是保证内存中不会存在过量脏数据的保护机制。

（3）vm.dirty_background_bytes和vm.dirty_bytes参数说明。

指定vm.dirty_background_ratio和vm.dirty_ratio的另一种方法。如果设置_bytes版本，则_ratio版本将变为0，反之亦然。

（4）vm.dirty_expire_centisecs参数说明。

指定内存中脏数据能存活的时间（以秒为单位）。当pdflush/flush/kdmflush等进程执行时，会检查是否有脏数据超过vm.dirty_expire_centisecs参数指定的时限，如果有，则会把这些数据异步地写入磁盘中。毕竟数据在内存里存放太久也会有丢失的风险。

（5）vm.dirty_writeback_centisecs参数说明。

指定pdflush/flush/kdmflush等进程的执行周期（以秒为单位）。

9.2.3　脏页参数优化

脏页会被冲刷到磁盘上，调整内核对脏页的处理方式可以让我们从中获益。日志片段一般应保存在快速磁盘上，不管是单个快速磁盘（如SSD）还是具有NVRAM缓存的磁盘子系统（如RAID）。因为通过这种方式，在后台刷新进程将脏页写入磁盘之前，可以减少脏页的数量。要实现这种效果可以通过设置vm.dirty_background_ratio的参数值小于10来实现。在通常情况下设置为5即可。但是vm.dirty_background_ratio的参数值不应该被设置为0，因为那样会促使内核频繁地刷新页面，从而降低内核为底层设备的磁盘写入提供缓冲的能力。通过设置vm.dirty_ratio参数可以增加被内核进程刷新到磁盘之前的脏页数量。我们可以将该参数设置为大于20的值，该值可设置的范围很广，60～80是比较合理的区间。不过调整该参数会带来一些风险，包括增加未刷新磁盘操作的数量和同步刷新引起的长时间I/O等待。有时系统需要应对突如其来的高峰数据，脏页可能会拖慢磁盘。因此在这种情况下需要容许更多的脏数据写入内存中，让后台进程慢慢地通过异步方式将数据写回磁盘。具体步骤如下：

首先使用vi命令打开/etc/sysctl.conf，在文件的末尾添加两个参数：

```
vm.dirty_background_ratio = 5
vm.dirty_ratio = 80
```

保存退出后使用sysctl-p命令使参数生效，如果返回值为我们添加的两个参数，说明修改成功。

完成相关修改后，后台进程在脏数据达到内存占比的5%时就开始异步清理，但在脏数据未达到内存占比的80%之前系统不会强制同步回写磁盘，可以使I/O变得更加平滑。

9.3　Socket监听参数修改

9.3.1　什么是Socket

Socket的原意是"插座"，我们把插头插到插座上就能从电网获得电力供应，同样，为了与远程计算机进行数据传输，需要连接到互联网，而 Socket 就是用来连接到互联网的连接组件。

而在计算机通信领域，Socket 被翻译为"套接字"，套接字是通信的基石，是支持 TCP/IP 协议的双向通信的基本操作单元。如图 9.3 所示，我们可以将套接字看作不同主机间的进程进行双向通信的端点，它构成了单个主机内及整个网络间的编程界面。套接字存在于通信域中，通信域是为了通过套接字通信处理一般的线程而引进的一种抽象概念，套接字通常和同一个通信域中的套接字交换数据。

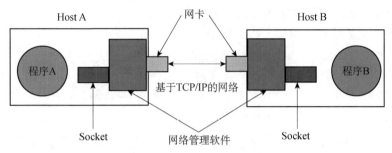

图 9.3　使用 Socket 进行网络双向通信示意图

Socket（套接字）可以看成两个网络应用程序进行通信时，各自通信连接中的端点，这是一个逻辑上的概念。它是网络环境中进程间通信的 API（应用程序编程接口），也是可以被命名和寻址的通信端点，使用中的每一个套接字都有其类型和一个与之相连进程。通信时其中一个网络应用程序将要传输的一段信息写入它所在主机的 Socket 中，该 Socket 通过与网络接口卡（NIC）相连的传输介质将这段信息送到另外一台主机的 Socket 中，使对方能够接收到这段信息。Socket 是由 IP 地址和端口结合的，提供向应用层进程传送数据包的机制。

Socket 的典型应用就是 Web 服务器和浏览器双向通信：浏览器获取用户输入的 URL，向服务器发起请求，服务器分析接收到的 URL，将对应的网页内容返回给浏览器，浏览器再经过解析和渲染，就将文字、图片、视频等元素呈现给用户。

9.3.2　Socket 读写缓冲区调优

如图 9.4 所示，每个 Socket 被创建后，都会分配两个缓冲区，输入缓冲区和输出缓冲区。write()/send() 函数并不会立即向网络中传输数据，而是先将数据写入缓冲区中，再由 TCP 协议将数据从缓冲区发送到目标机器。一旦将数据写入缓冲区，函数就可以返回成功，不管数据是否到达目标机器，也不管数据何时被发送到网络，这些都是 TCP 协议负责的事情。TCP 协议独立于 write()/send() 函数，因此数据有可能刚被写入缓冲区就发送到网络，也有可能在缓冲区中不断积压，从而造成多次写入的数据被一次性发送到网络，这将取决于设备当前的网络情况、当前线程是否空闲等诸多因素，不由程序员所控制。read()/recv() 函数也是如此，从输入缓冲区中读取数据，而不是直接从网络中读取。因此修改 socket 读写缓冲区的大小可以显著提升网络的传输性能。

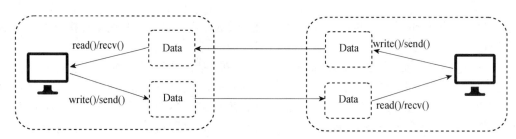

图 9.4　TCP 套接字的 I/O 缓冲区示意图

具体修改 Socket 读写缓冲区内存大小的步骤如下：

（1）设置 TCP 数据发送窗口大小为 256KB。

```
sudo sysctl -q net.core.wmem_default
echo "net.core.wmem_default =256960" >> /etc/sysctl.conf
sudo sysctl -p                                                  #使配置生效
```

如果返回值如下所示，则表明配置生效：

```
net.core.wmem_default =256960
```

（2）设置 TCP 数据接收窗口大小为 256KB。

```
sudo sysctl -q net.core.rmem_default
echo "net.core.rmem_ default =256960" >> /etc/sysctl.conf
sudo sysctl -p                                                  #使配置生效
```

如果返回值如下所示，则表明配置生效：

```
net.core.rmem_default =256960
```

（3）设置最大 TCP 数据发送缓冲区大小为 2M。

```
sysctl -q net.core.wmem_max
echo "net.core.wmem_max=2097152" >> /etc/sysctl.conf
sudo sysctl -p                                                  #使配置生效
```

如果返回值如下所示，则表明配置生效：

```
net.core.wmem_max =2097152
```

（4）设置最大 TCP 数据接收缓冲区大小为 2M。

```
sysctl -q net.core.rmem_max
echo "net.core.rmem_max=2097152" >> /etc/sysctl.conf
sudo sysctl -p                                                  #使配置生效
```

如果返回值如下所示，则表明配置生效：

```
net.core.rmem_max =2097152
```

最大值并不意味着每个 Socket 一定要有这么大的缓冲空间，只是表示在必要的情况下才会达到这个值。

9.4　打开文件描述符的上限优化

9.4.1　什么是文件描述符

在 Linux 系统中一切皆可以看成文件，文件又可分为普通文件、目录文件、链接文件和设备文件。文件描述符（file descriptor）是内核为了高效管理已被打开的文件所创建的索引，它是一个非负整数（通常是小整数）。程序刚刚启动的时候，0 是标准输入，1 是标准输出，2 是标准错误。如果此时去打开一个新的文件，它的文件描述符会是 3。标准文件描述符如表 9.1 所示。

表 9.1　标准文件描述符

文件描述	用　　途	POSIX	stdio 流
0	标准输入	STDIN_FILENO	stdin
1	标准输出	STDOUT_FILENO	stdout
2	标准错误	STDERR_FILENO	stderr

文件描述与打开的文件对应模型如图 9.5 所示。

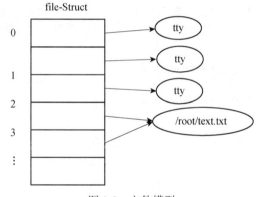

图 9.5　文件模型

9.4.2　可打开文件描述符的数目优化

在 Hadoop 集群中，由于涉及的作业和任务数非常多，对于某个节点，由于操作系统内核在文件描述符和网络连接数目等方面的限制，大量的文件读写操作可能导致作业运行失败，因此，管理员在启动 Hadoop 集群时，应使用 ulimit 命令将允许同时打开的文件描述符数目上限增大至一个合适的值。此外，Hadoop RPC 采用 epoll 作为高并发库，如果当前使用的 Linux 内核版本在 2.6.28 以上，需要适当调整 epoll 的文件描述符上限。具体修改步骤如下。

1. 通过管理员身份，在终端中输入。

```
vi /etc/security/limits.conf
```

2. 在文件中的#@hadoop 和#End of file 中间添加以下内容。

```
#@hadoop        -       maxlogins       4
```

```
* hard nofile 1048576
* soft nproc 1048576
* hard nproc 1048576
* soft memlock unlimited
* hard memlock unlimited
#End of file
```

第一列表示用户和组。如果是"*"，则表示所有用户或组进行限制。

第二列表示软限制还是硬限制。当进程使用的资源超过软限制时系统日志会有警告产生，当进程使用的资源达到硬限制时，则无法继续使用更多的限制，甚至有的程序会直接抛出异常，比如MySQL程序。

第三列表示限制的资源类型。如nofile表示打开文件描述符的最大数目，memlock表示最大锁定内存地址空间（KB），nporc表示最大数量的进程，这些在"/etc/security/limits.conf"配置文件中有相应的说明。

第四列表示限制的最大值。也就是我们针对某个参数配置的具体数值。比如"*soft nofile 1048576"，表示任何用户对于文件句柄数的软限制，最大打开文件描述符是1048576。

3. 保存并退出。

实现可打开文件描述符的优化操作。

9.5 Transparent Huge Pages优化

9.5.1 Transparent Huge Pages简介

Linux下的大页分为两种类型：标准大页（Huge Pages，HP）和透明大页（Transparent Huge Pages，THP）。标准大页是从Linux Kernel 2.6之后被引入的。目的是使用更大的内存页面（memory page size）以适应越来越大的系统内存，让操作系统可以支持现代硬件架构的大页面容量功能。透明大页缩写为THP，是Red Hat Linux 6开始引入的一个功能。标准大页和透明大页的区别在于大页的分配机制，标准大页管理的是预分配的方式，而透明大页管理的则是动态分配的方式。目前透明大页与传统大页混合使用可能会导致性能问题和系统重启。THP是一个使用标准大页自动化的抽象层。它会引起CPU占用率增大，需要将其关闭。Linux默认情况下，默认开启透明大页面功能，状态为"always"，因此需要调整为"never"。

在Linux操作系统上运行内存需求量较大的应用程序时，如果采用默认的页面大小设置，系统将会产生较多转译后备缓冲器（Translation Lookaside Buffer，TLB）未命中（Miss）和缺页中断，从而大大影响应用程序的性能。当操作系统以2MB甚至更大作为分页的单位时，则可以大大减少TLB Miss和缺页中断的数量，显著提高应用程序的性能。这也正是Linux内核引入大页面支持的直接原因。

为了能以最小的代价实现大页面支持，Linux操作系统采用了基于hugetlbfs特殊文件系统2M字节大页面支持。这种采用特殊文件系统形式支持大页面的方式，使得应用程序可以根据需要灵活地选择虚存页面大小，而不会被强制使用2MB大页面。

9.5.2 Transparent Huge Pages 对系统的影响

默认情况下，Red Hat Linux 6 中为所有应用程序启用了透明大页面。内核会尽可能地分配巨大的页面，从而减少了 kernel 代码带来的负载压力。

内核将始终尝试使用大页面来满足内存分配。例如，如果由于物理连续内存的不可用而没有可用的大页面，则内核将退回到要求的 4KB 内存。透明大页也可以交换（与 hugetlbfs 不同），这是通过将巨大的页面拆分为较小的 4KB 页面实现的，然后正常交换。

但是要有效地使用大页面，内核必须找到足够大的物理上的连续内存区域来满足请求，并正确对齐。为此，添加了一个 khugepaged 内核线程。该线程偶尔会尝试用巨大的页面分配替换当前正在使用的较小页面，从而最大限度地利用透明大页。

在 khugepaged 线程进行扫描进程占用内存，并将 4KB 页面交换为大页的这个过程中，对于操作的内存的分配活动都需要内存锁，这会直接影响程序的内存访问性能。并且，这个过程对于应用是透明的，在应用层面不可控制，对于专门为 4KB 页面优化的程序来说，可能会造成随机的性能下降现象。建议禁用 Transparent Huge Pages。

9.5.3 禁用 Transparent Huge Pages

1. 查看系统是否开启透明大页

（1）方法一

在命令行输入以下命令：

```
grep -i HugePages_Total /proc/meminfo
```

得到以下结果：

```
HugePages_Total:       0
```

输出结果"HugePages_Total：0"说明禁用了透明大页。

（2）方法二

在命令行输入以下命令：

```
cat /proc/sys/vm/nr_hugepages
```

得到以下结果：

```
0
```

输出结果"0"说明已经禁用了透明大页。

2. 禁用透明大页

```
echo 'never' | sudo tee /sys/kernel/mm/transparent_hugepage/defrag
echo 'never' | sudo tee /sys/kernel/mm/transparent_hugepage/enabled
```

此操作配置后立即生效，但是重启计算机将失效，需要重新键入命令。

为了防止系统重启，初始化更新上述值，管理员可以使用以下操作进行禁用透明大页在/etc/rc.local 文件中写入配置：

```
vi /etc/rc.local
```

```
if test -f /sys/kernel/mm/redhat_transparent_hugepage/enabled; then
  echo never > /sys/kernel/mm/redhat_transparent_hugepage/enabled
fi
```

此操作需要重启系统生效。

3. 用 Red Hat Enterprise Linux 系统命令查看透明大页状态

```
$ cat /sys/kernel/mm/redhat_transparent_hugepage/enabled
```

输出以下结果：

```
always madvise [never]
```

"[never]"说明已禁用。

9.6　本章小结

本章主要介绍Linux系统优化的相关内容，包括 swap 分区优化、内存分配策略调整、socket 监听参数修改、打开文件描述符上限优化、Transparent Huge Pages 优化以及相关的实操实验详细配置内容。

第 10 章
Hadoop 应用程序优化

📖 学习目标

- 掌握减少大量小文件输入的方法
- 掌握分布式缓存合理分配
- 掌握写数据类型合理重用
- 掌握 JVM 缓存调优

Hadoop 平台基础环境搭建配置完成后，经常会需要对平台部分应用程序进行精细化管理，以求面对特定数据处理需求时，平台能够得到最优化性能。本章将介绍减少大量小文件输入、分布式缓存合理分配、写数据类型合理重用、JVM 缓存调优等内容。

10.1 减少大量小文件输入

10.1.1 HDFS 上的小文件问题

大数据 Hadoop 平台的设计初衷是存储和分析大数据。但是在实际应用中，却存在着大量的小文件。小文件指的是那些文件大小比 HDFS 默认的块大小（block size，Hadoop 2.x 默认为128MB）小得多的文件。如果在应用中，Hadoop 需要处理大量小文件，那么平台性能会受到比较大的影响，具体原因如下。

（1）在 HDFS 中，任何块（block）、文件或者目录在内存中均以对象（objective）的形式将其元数据存储在 NameNode 中，每个对象约占150Byte。如果有1千万个小文件，每个文件占用一个 block，则 NameNode 大约需要 2GB 空间。如果存储 1 亿个文件，则 NameNode 需要20GB 空间，NameNode 的内存容量严重制约了集群的扩增。对于数据量的爆发式增长，显然这样的内存限制是不可接受的。另外，每当 NameNode 重启时，它都需要从本地磁盘读取每个文件的元数据，如果小文件过多，则不可避免导致 NameNode 启动时间较长。

（2）访问大量小文件速度远远大于访问几个大文件。HDFS 最初是为流式访问大文件开发的，如果访问大量小文件，极有可能需要不断地从一个 DataNode 跳到另一个

DataNode 以读取数量众多的、分散在各节点的小文件，最终严重影响性能。同时，NameNode 会不断跟踪并检查每个数据块的存储状态，这是通过 DataNode 定时心跳上报其数据块状态实现的。当存储文件的 DataNode 数量过多时，数据节点需要上报的 block 越多，也会消耗越多的网络带宽/时延。即使节点之间是高速网络（万兆/光纤），也不可避免地会带来影响。

（3）使用 MapReduce 处理大量小文件的速度远远大于处理同等大小的大文件的速度。每一个小文件要占用一个 slot，而 map 任务启动将耗费大量时间在启动 task 和释放 task 上。

当 HDFS 小文件众多时，我们必须进行相应优化。如果可以减少集群上的小文件数，则可以减少 NameNode 的内存占用、启动时间以及网络影响，同时有效提升 MapReduce 任务运行速度。

10.1.2　小文件问题解决方案

针对 HDFS 上的小文件问题，Hadoop 本身提供了三种解决方案（以工具的形式提供）：Hadoop Archive、Sequence File 和 CombineFileInputFormat。

1. Hadoop Archive 参数优化

Hadoop Archive（HAR），是一个高效地将小文件放入 HDFS 块中的文件存档工具，它能够将多个小文件打包成一个 HAR 文件，这样在减少 NameNode 内存使用的同时，仍然允许对文件进行透明的访问。

一个归档后的文件，存储结构如图 10.1 所示。

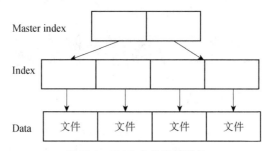

图 10.1　HAR 文件存储结构

使用 HAR 时需要注意：对小文件进行存档后，原文件并不会自动被删除，需要用户自己删除；创建 HAR 文件的过程实际上是在运行一个 MapReduce 作业，因而需要有一个 Hadoop 集群运行此命令。

此外，HAR 还有一些缺陷：一旦创建，Archives 便不可改变。要增加或移除里面的文件，必须重新创建归档文件；要归档的文件名中不能有空格，否则会抛出异常，可以将空格用其他符号替换（使用 -Dhar.space.replacement.enable-true 和 -Dhar.space.replacement 参数）；存档文件不支持压缩。

2. Sequence File 参数优化

Sequence File 是 Hadoop API 提供的一种二进制文件支持。这种二进制文件直接将 <key, value> 对序列化到文件中。一般对小文件可以使用这种文件合并，即将文件名作为

key，文件内容作为 value 序列化到大文件中，这种文件格式有以下好处。

（1）支持压缩：且可定制为基于 Record 或 Block 压缩（Block 级压缩性能较优）；

（2）本地化任务支持：因为文件可以被切分，因此 MapReduce 任务时数据的本地化情况应该是非常好的；

（3）难度低：因为是 Hadoop 框架提供的 API，业务逻辑侧的修改比较简单。

使用 Sequence File 的坏处是需要一个合并文件的过程，且合并后的文件将不方便查看，其文件存储结构如图 10.2 所示。

数据	Key	Value	Key	Value	Key	Value	Key	Value

图 10.2　Sequence File 文件存储结构

Hadoop 提供了 Sequence File 接口，其中包括 Writer、Reader、SequenceFileSorter 类进行写、读、排序操作，用于 MapReduce 任务中进行小文件合并。

3. CombineFileInputFormat 参数优化

CombineFileInputFormat 是一种新的输入格式（Input Format），用于将一个目录（可能包括多个小文件，但不包括子目录）整合为一个 map 输入，而不是使用一个文件作为输入。

MapReduce 程序会将输入的文件进行分片（Split），每个分片对应一个 map 任务，而默认一个文件至少有一个分片，一个分片也只属于一个文件。根据这样的处理逻辑，大量的小文件会生成大量的 map 任务，导致资源过度消耗，且效率低下。而 CombineFileInputFormat 可以将多个小文件合并成一个分片，由一个 map 任务处理，这样就减少了不必要的 map 数量。

CombineFileInputFormat 处理少量、较大的文件没有优势，相反，如果没有合理地设置 maxSplitSize，minSizeNode，minSizeRack，则可能会导致一个 map 任务需要大量访问非本地的数据块造成大量网络开销，反而比正常的非合并方式更慢，而针对大量远小于默认块大小的小文件处理，CombineFileInputFormat 的使用还是很有优势的。

我们可以使用 Hadoop 自带的示例程序 WordCount 和 MulitFileWordCount 来处理 1000 个小文件对 CombineFileInputFormat 处理小文件的效率进行测试。测试的结果可以大致看出，针对大量小文件，使用 CombineInputFormat 具有较大优势。

因为 Sequence File 和 CombineFileInputFormat 都涉及 MapReduce 程序具体实现代码，和大数据运维任务有一定偏差，这里对其实现方式不做具体说明。

10.2　合理分配分布式缓存

10.2.1　分布式缓存简介

分布式缓存（Distributed Cache）是 Hadoop 提供的文件缓存工具，它是 MapReduce 框架提供的功能，能够缓存应用程序所需的文件（包括文本、档案文件、jar 文件等），并且能够自动将指定的文件分发到各个节点上，各节点再按需缓存到本地，供用户程序读取使用，应用程序可以通过在 JobConf 中设置 url（"hdfs://" 格式）指定需要被缓存的文件。分布式缓存具有以下几个特点。

（1）缓存的文件是只读的，修改这些文件内容没有意义；

（2）用户可以调整文件可见范围（比如只能用户自己使用，所有用户都可以使用等），进而防止重复复制现象；

（3）缓存的文件是通过HDFS作为共享数据中心分发到各节点的，且只发给任务被调度到的节点。

10.2.2　分布式缓存应用场景

Hadoop中分布式缓存有以下几种典型的应用场景。

（1）分发字典文件：某些情况下mapper或者reducer需要用到外部字典，比如黑白名单、词表等，而且这些外部字典是所有任务共用且无须修改的；

（2）map-side join：当多表连接时，若出现一些表很大，但某些表很小，小到足以加载到内存中的时候，我们就可以使用分布式缓存将小表分发到各个节点上，方便mapper任务加载使用；

（3）自动化软件部署：有些情况下，MapReduce需依赖特定版本的库，比如依赖某个版本的PHP解释器。一种做法是让集群管理员把这个版本的PHP预先安装到各个机器上，这通常比较麻烦；另一种方法是使用分布式缓存直接分发到各个节点上，程序运行完后，Hadoop自动将其删除。

10.2.3　分布式缓存的工作机制

Hadoop 会把-files、-archives、-libjars 等参数设置的文件复制到分布式文件系统HDFS。在任务运行之前，TaskTracker将缓存文件从HDFS恢复到本地磁盘使任务能够访问文件。

TaskTracker为缓存中的文件各维护一个计数器来统计这些文件被使用情况。任务即将运行时，该任务所使用的所有文件的对应计数器加1，执行完成后减1，当任务结束缓存文件计数器为0时，从本地移除缓存文件。

10.2.4　分布式缓存实现

Hadoop 提供了两种分布式缓存的使用方式：一种是通过 API，在程序中设置文件路径；另一种是通过命令行（-files、-archives或-libjars）参数在任务运行时进行设置，该方式可使用以下三个参数设置文件：

（1）-files：将指定的本地/hdfs 文件分发到各个 Task 的工作目录下，不对文件进行任何处理。例如，我们可以在提交MapReduce作业时通过以下命令指定：

```
-files hdfs:///dict/public/blacklist.txt,
      hdfs:///dict/public/whilelist.txt
```

如果有多个HDFS集群，可以指定NameNode的对外远程过程调用（Remote Procedure Call，RPC）地址：

```
-files hdfs://host: port/dict/public/blacklist.txt,      #需要指定host: port
hdfs://host:port/dict/public/whilelist.txt
```

分布式缓存会将 blacklist.txt 和 whilelist.txt 两个文件缓存到各个节点的一个公共目录

下，并在需要时，在任务的工作目录下建立一个指向这两个文件的软连接。

（2）-archives：将指定文件分发到各个 Task 的工作目录下，并对名称后缀为".jar"".zip"".tar.gz"".tgz"的文件自动解压。默认情况下，解压后的内容存放到工作目录下，名称为解压前文件名的目录中，比如压缩包为 dict.zip，则解压后内容存放到目录/dict.zip 中。如果需要更改目录名，我们可以给文件起别名/软链接，比如 dict.zip#dict，这样，压缩包会被解压到目录 dict 中。

（3）-libjars：指定待分发的 jar 包，Hadoop 将指定的 jar 包分发到各个节点上后，会将其自动添加到任务的 CLASSPATH 环境变量中。

下面介绍 Hadoop 2.x 版本中，分布式缓存通过命令行分发文件的基本使用方式。

运行 Hadoop 自带的 WordCount 程序，并指定分布式缓存文件，命令如下：

```
hadoop jar /usr/local/src/hadoop/share/hadoop/mapreduce/
hadoop-mapreduce-examples-2.7.7.jar
wordcount
-files hdfs:///dict/public/dict.txt    #指定分布式缓存文件
/data/input /output/result
```

通过-files 指定，dict.txt 文件会被缓存到各个 Task 的工作目录下，随后，像读取本地文件一样，我们可以在 mapper 和 reducer 中直接读取 dict.txt 文件。

10.3 写数据类型合理使用

10.3.1 Hadoop 中的写数据类型介绍

Hadoop 使用派生于 Writable 接口的类作为 MapReduce 计算的数据类型，这些数据类型用于整个 MapReduce 计算流的数据吞吐过程，这个过程从读取输入数据开始，到传输 Map 和 Reduce 任务之间的中间数据，一直到最后写入输出数据为止。在设计、实现大数据任务时，为输入数据、中间数据和输出数据选择合适的 Writable 数据类型对 MapReduce 程序的可编程性和性能有很大的提升。

Writable 接口位于 Hadoop 的"org.apache.hadoop.io"包下。相比 Java 提供的序列化格式 Serializable（java.io.Serializable），格式更加紧凑（序列化后的附加信息大大减少）、性能更好，但是很难用 Java 以外的语言进行扩展。Writable 包含两个需要实现的方法：write（DataOutput out），该方法是将对象序列化写入 DataOutput 二进制流；readFields（DataInput in），该方法是从 DataInput 二进制流中反序列化。

10.3.2 Java 基本数据类型的 Writable 封装

为了方便 MapReduce 程序编写，针对 Java 基本数据类型（short int 和 char 类型除外），Hadoop 提供了对应的 Writable 封装类。这些 Java 基本数据类型的 Writable 实现类都继承自 WritableComparable 接口。也就是说，它们具备可比较性。同时，它们都有 get()和 set()方法，用于获得和设置封装的值。Java 基本数据类型对应的 Writable 封装类如表 10.1 所示。

表 10.1　Java基本数据类型对应的Writable封装

Java基本类型	Writable	序列化后长度
布尔型（boolean）	BooleanWritable	1
字节型（byte）	ByteWritable	1
整型（int）	IntWritable	4
	VIntWritable	1～5
浮点型（float）	FloatWritable	4
长整型（long）	LongWritable	8
	VLongWritable	1～9
双精度浮点型（double）	DoubleWritable	8

在表中，对整型（int 和 long）进行编码的时候，有固定长度格式（IntWritable 和 LongWritable）和可变长度格式（VIntWritable 和 VLongWritable）两种选择。固定长度格式的整型，序列化后的数据是定长的，而可变长度格式则使用一种比较灵活的编码方式，对于数值比较小的整型，它们往往比原有数据类型更节省空间。

10.3.3　自定义 Writable 数据类型

Hadoop 自带一系列非常实用的 Writable 实现类，可以满足绝大多数用途。但有时，根据业务需求，我们需要编写 Writable 接口的自定义实现。通过自定义 Writable，我们能够完全控制二进制表示和排序顺序。Writable 是 MapReduce 数据路径的核心，所以调整二进制表示对其性能有显著影响。现有的 Hadoop 自带 Writable 实现类已经经过很好的优化，但有时为了应对更复杂的数据结构，最好创建一个新的 Writable 类型，而不是使用已有的类型。

当需要重写 Writable 数据类型时，我们一般继承 WritableComparable 接口，实现其中 write()、readFields() 以及 compareTo() 方法。

10.4　JVM 缓存调优

10.4.1　为什么需要 JVM 缓存调优

我们知道，JVM 在启动的时候会按照默认参数运行，在一般情况下，这些设置的默认参数足够应对一些平常的项目。但是针对大数据项目，JVM 可能会出现完整垃圾回收（Full GC）次数频繁、GC 停顿时间过长（超过 1 秒）、应用出现"Out Of Memery"等内存异常、应用中有使用本地缓存且占用大量内存空间、系统吞吐量与相应性能不高或下降等情况，那我们就需要考虑进行 JVM 调优了。但是，在进行 JVM 调优前，我们一定要注意：吞吐量、延迟和内存占用这三者，任何一个属性性能的提高，几乎都是以另外一个或者两个属性性能的损失作为代价的，不可兼得。具体哪个或者哪些属性的性能对应用来说比较重要，需要基于应用的业务需求来确定。

10.4.2 JVM缓存参数

我们可以通过修改/etc/profile文件，添加JAVA_OPTIONS变量来配置JVM，例如：

```
export JAVA_OPTIONS= "-Xms2048M -Xmx2048M -Xmn682M -XX: MaxPermSize=96M"
```

其中，-XX参数被称为不稳定参数，之所以这么称呼是因为此类参数的设置很容易引起JVM性能上的差异，使JVM存在极大的不稳定性。如果此类参数设置合理将大大提高JVM的性能及稳定性。

不稳定参数语法规则如下：

（1）布尔类型参数值

```
-XX:+<option>     # '+'表示启用该选项
-XX:-<option>     # '-'表示关闭该选项
```

（2）数字类型参数值

```
-XX:<option>=<number>
```

给选项设置一个数字类型值，可跟随单位，例如：m 或 M 表示兆字节；k 或 K 表示千字节；g 或 G 表示千兆字节。32K 与 32768 是大小相同的。

（3）字符串类型参数值

```
-XX:<option>=<string>
```

给选项设置一个字符串类型值，通常用于指定一个文件、路径或一系列命令列表。例如：

```
-XX:HeapDumpPath=./dump.core
```

通过以上对JVM缓存参数的介绍，我们给出一个完整的JVM参数配置示例：

```
export JAVA_OPTIONS= "-Xmx4g -Xms4g -Xmn1200m -Xss512k -XX: NewRatio=4
-XX: SurvivorRatio=8 -XX: PermSize=100m
-XX: MaxPermSize=256m -XX: MaxTenuringThreshold=15"
```

在上述配置中，各参数解析如下：

-Xmx4g：堆内存最大值为4GB。

-Xms4g：初始化堆内存大小为4GB。

-Xmn1200m：设置年轻代大小为1200MB。增大年轻代后，会减小年老代大小。此值对系统性能影响较大，官方推荐配置为整个堆大小的3/8。

-Xss512k：设置每个线程的堆栈大小。JDK 5.0 以后每个线程堆栈大小为 1MB，以前每个线程堆栈大小为 256K。应根据应用线程所需内存大小进行调整。在相同物理内存下，减小这个值能生成更多的线程。但是操作系统对一个进程内的线程数是有限制的，不能无限生成，经验值在3000～5000。

-XX：NewRatio=4：设置年轻代（包括Eden和两个Survivor区）与年老代的比值（除去持久代）。设置为4，则年轻代与年老代所占比值为1：4，年轻代占整个堆栈的1/5。

-XX：SurvivorRatio=8：设置年轻代中 Eden 区与 Survivor 区的大小比值。设置为8，则两个 Survivor 区与一个 Eden 区的比值为2：8，一个 Survivor 区占整个年轻代的2/10。

-XX：PermSize=100m：初始化永久代大小为100MB。

-XX：MaxPermSize=256m：设置持久代大小为256MB。

-XX：MaxTenuringThreshold=15：设置垃圾最大年龄。如果设置为0，则年轻代对象不经过Survivor区，直接进入年老代。对于年老代比较多的应用，可以提高效率。如果将此值设置为一个较大值，则年轻代对象会在Survivor区进行多次复制，这样可以增加对象在年轻代的存活时间，增加在年轻代即被回收的概率。

10.4.3　JVM调优的原则和步骤

我们知道，JVM在启动的时候会按照默认参数运行，新生代、老生代、永久代的参数，如果不进行指定，虚拟机会自动选择合适的值，同时也会基于系统的开销自动调整。在一般情况下，这些设置的默认参数足够应对业务需求。但如果遇到本节开头所述的情况，我们就需要进行JVM缓存调优。

1. JVM调优的基本原则

JVM调优是一个手段，但并不一定所有问题都可以通过JVM进行调优解决，因此，在进行JVM调优时，我们要遵循一些原则。

（1）大多数的Java应用不需要进行JVM优化。

（2）大多数导致GC问题的原因是代码层面的问题导致的（代码层面）。

（3）应用上线之前，应先考虑将机器的JVM参数设置到最优。

（4）减少创建对象的数量（代码层面）。

（5）减少使用全局变量和大对象（代码层面）。

（6）优先架构调优和代码调优，JVM优化是不得已的手段（代码、架构层面）。

（7）分析GC情况优化代码比优化JVM参数更好（代码层面）。

通过以上原则，我们发现，其实最有效的优化手段是架构和代码层面的优化，而JVM优化则是最后不得已的手段，也可以说是对服务器配置的最后一次"压榨"。另外，我们需要指出，针对不同的大数据应用，JVM最佳稳定参数的配置是不一样的。

2. JVM调优的步骤

一般情况下，JVM调优可通过以下步骤进行。

（1）分析GC日志及dump文件，判断是否需要优化，确定瓶颈问题点。

（2）确定JVM调优量化目标。

（3）确定JVM调优参数（根据历史JVM参数来调整）。

（4）进行内存参数调优。

（5）对比观察调优前后的差异。

（6）不断分析和调整，直到找到合适的JVM参数配置，并进行后续跟踪。

以上操作步骤中，某些步骤是需要多次不断迭代完成的。此外，除了满足程序的内存使用需求外，在JVM调优的时候还需要注意延迟和吞吐量的要求。

10.5　本章小结

本章主要介绍Hadoop应用程序优化，包括减少大量小文件输入、分布式缓存合理分配、写数据类型合理重用和JVM缓存调优以及相关的动手实操实验详细配置内容。

第 11 章
Hadoop 组件性能优化

📖 学习目标

- 掌握 HDFS 集中缓存管理
- 掌握 MapReduce 调度配置优化
- 掌握 YARN 内存配置优化
- 掌握 Spark 配置优化

针对特定任务需求，在 Hadoop 应用程序优化的基础上，我们还可以对平台组件性能进行优化，让平台性能最大化。本章将介绍 HDFS 集中缓存管理、MapReduce 调度配置优化、YARN 内存配置优化、Spark 配置优化等内容。

11.1 HDFS 集中缓存管理

11.1.1 HDFS 集中缓存简介

HDFS 中的集中式缓存管理是一个显式的缓存管理机制，它允许用户指定被 HDFS 缓存的路径。NameNode 将与磁盘上有所需 block 的 DataNode 通信，命令其在堆外缓存中缓存所需的 block。

HDFS 集中缓存管理有许多重要的优势。

（1）可以明确地防止需频繁使用的数据被清出内存。当工作集大小超过主内存大小时，这点尤其重要，因为这种情况对 HDFS 负载是很常见。

（2）因为 DataNode 缓存由 NameNode 管理，应用程序在做任务位置决策时可以查询被缓存的 block 数据集位置。将一个任务与一个缓存块副本一起放置能够提升数据读取性能。

（3）集中缓存可以全面提高集群的内存利用率。当依赖每个 DataNode 上的 OS 缓冲区缓存时，对每一个 Block 的重复读取将导致该块的 n 个副本全部被送入缓冲区缓存。使用集中缓存管理，用户可以明确地锁定其中 m 个副本，节省 $n-m$ 个副本的内存空间。

（4）HDFS 集中缓存管理对于需要重复访问的文件十分有效。例如，Hive 中的一个较小的 fact 表（常用于 joins 操作）就是一个有效的缓存对象。集中缓存管理对于带有性能

SLA的混合负载也十分有效。缓存正在使用的高优先级负载可以保证它不会和低优先级负载竞争磁盘I/O。

11.1.2　HDFS集中缓存架构及概念定义

如图11.1所示，DataNode周期性向NameNode发送包含缓存报告（记录DataNode所有缓存块的信息）的心跳。NameNode通过借助DataNode心跳上的缓存和非缓存命令来管理DataNode缓存。当User请求缓存某个path时，NameNode查询自身的缓存指令集来确定应该缓存的路径，并且通过心跳回应将缓存指令传送到DataNode。

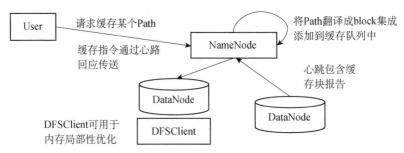

图 11.1　HDFS集中缓存架构

缓存指令永久存储在fsimage和edit日志中，而且可以通过Java和命令行API被添加、移除或修改。NameNode还存储了一组缓存池，它们是用于把资源管理类和强制权限类的缓存指令进行分组的管理实体。NameNode周期性地重复扫描命名空间和活跃的缓存指定以确定需要缓存或不缓存哪些block，并向DataNode分配缓存任务。重复扫描也可以由用户动作来触发，比如，添加或删除一条缓存指令，或者删除一个缓存池。另外，系统不会缓存组建中的、污染的、不完整的块数据，如果缓存指令包含符号链接，那么符号链接目标也不会被缓存。

在说明HDFS集中缓存管理操作前，有两个概念需要了解。

1. 缓存指令

缓存指令定义了需要被缓存的路径（path），路径（path）可以是文件夹或文件，文件夹是以非迭代方式被缓存的，因此只有在文件夹中第一层列表的文件才会被缓存。

指令也可以携带额外的参数，比如缓存复制因子和有效期等。复制因子指定了要缓存的块副本数量。如果多个缓存指令指向同一个文件，则执行缓存复制因子最大的指令。

有效期是在命令行指定的，就如存活时间（time-to-live，TTL）一样，指的是相对未来的一个有效时间。NameNode不会参考过期的缓存指令做缓存决策。

（1）addDirective

添加一条新的缓存指令，具体用法如下：

```
hdfs cacheadmin -addDirective -path <path> -pool <pool-name> [-force]
[-replication <replication>] [-ttl <time-to-live>]
```

参数用法如表 11.1 所示。

表 11.1　addDirective 命令参数用法表

参　数	说　明
\<path\>	需要缓存的路径，该路径可以是文件夹或文件
\<pool-name\>	缓存指令加入的缓存池名称，用户必须拥有该缓存池的写权限
-force	跳过缓存池资源限制检查
\<replication\>	缓存复制因子，默认为 1
\<time-to-live\>	缓存指令有效期，可以分、时、天形式指定，如 30m、4h、2d，有效单位为[mhd]。"never"表示永不过期，默认为永不过期

（2）removeDirective

删除一条缓存指令，具体用法如下：

```
hdfs cacheadmin -removeDirective <id>
```

\<id\>为要删除的缓存指令的 ID，用户必须拥有存储该指令的缓存池的写权限。我们可以使用-listDirectives 命令查看详细的缓存指令列表。

（3）removeDirectives 和 listDirectives

removeDirectives 指令用于删除所有与指定路径相关的缓存指令；listDirectives 指令用于查看缓存指令列表。

2．缓存池

缓存池是一个用于管理缓存指令组的管理实体。缓存池拥有类 UNIX 权限，可以限制哪些用户和组可以访问该缓存池。写权限允许用户向缓存池添加或删除缓存指令。读权限允许用户查看缓存池内的指令列表以及其他的元数据。执行权限在这里无意义。

缓存池也用于资源管理，它可以强加一个最大限制值，用来限制通过指令存入缓存池中的总字节数。通常，缓存池可缓存总量约等于集群为 HDFS 缓存预留的总内存量。缓存池也会追踪许多统计信息以便于集群用户决定应该缓存什么。

另外，缓存池可以施加 TTL 最大值，该值限制了指令添加到缓存池中的最长有效期。

（1）addPool

添加一个新的缓存池，指令用法如下：

```
hdfs cacheadmin -addPool <name> [-owner <owner>] [-group <group>]
[-mode <mode>] [-limit <limit>] [-maxTtl <maxTtl>
```

参数用法如表 11.2 所示。

表 11.2　addPool 命令参数用法表

参　数	说　明
\<name\>	新缓存池的名称
\<owner\>	缓存池所有者的名称，默认为当前用户
\<group\>	缓存池所属组的名称，默认为当前用户的主组名
\<mode\>	类 UNIX 表示的缓存池的权限，权限以八进制数表示，如 0755，默认值为 0755
\<limit\>	缓存池可供缓存的总计最大字节数，默认不设限制
\<maxTtl\>	添加到该缓存池的指令的最大有效期，可以秒、分、时、天形式指定，如 120s、30m、4h、2d，有效单位为[smhd]。默认不设最大值，"never"表示没有限制

（2）modifyPool

修改已有缓存池的配置，指令用法如下：

```
hdfs cacheadmin -modifyPool <name> [-owner <owner>] [-group <group>]
[-mode <mode>] [-limit <limit>] [-maxTtl <maxTtl>]
```

参数用法如表 11.3 所示。

表 11.3　modifyPool 命令参数用法表

参　　数	说　　明
<name>	缓存池的新名称
<owner>	缓存池所有者的新名称
<group>	缓存池所属组的新名称
<mode>	类 UNIX 表示的缓存池的新权限
<limit>	缓存池可供缓存的新总计最大字节数
<maxTtl>	添加到该缓存池的指令的新最大有效期

（3）removePool、listPools 和 help

removePool 指令用于删除缓存池；listPools 指令用于查看缓存池列表；help 指令用于查看指定指令的详细信息。

11.1.3　集中缓存配置

除了使用命令行指令操作 HDFS 集中缓存外，我们还可以通过配置 hdfs-site.xml 文件对 HDFS 集中缓存进行细化管理，具体配置项如表 11.4 所示。

表 11.4　HDFS 集中缓存配置表

配置项	默认值	描　　述
dfs.datanode.max.locked.memory	0	必配项。该值决定 DataNode 内存中缓存的可用容量（以字节表示），DataNode 的最大锁定内存限制 ulimit 必须匹配该值。当设定该值时，需要为 DataNode 本身、应用程序 JVM 堆等预留内存空间
dfs.namenode.path.based.cache.refresh.interval.ms	30000	可选项。路径缓存重复扫描的间隔时间，单位为毫秒
dfs.datanode.fsdatasetcache.max.threads.per.volume	4	可选项。DataNode 缓存新数据时每个卷使用的最大线程数
dfs.cachereport.intervalMsec	10000	可选项。决定 DataNode 上报缓存状态的间隔时间，单位为毫秒
dfs.namenode.path.based.cache.block.map.allocation.percent	0.25	可选项。该值为分配给缓存块 map 的 Java 堆占比

除了上表列举的内容外，HDFS 集中缓存还有其他可选配置项，请读者具体参考 Hadoop 2.x 官方文档。

11.2　MapReduce 调度配置优化

11.2.1　MapReduce on YARN 调度机制

在大数据平台理想情况下，MapReduce 任务对资源的请求应该立刻得到满足，但现实中资源往往是有限的，特别是在很繁忙的集群，一个应用资源的请求经常需要等待一段时间才能得到相应的资源。在 YARN 中，负责给 MapReduce 任务分配资源的是调度器（Scheduler）。调度器根据容量、队列等限制条件（如每个队列分配一定的资源，最多执行一定数量的作业等），将集群中的资源分配给各个正在运行的应用程序。调度器仅根据各个应用程序的资源需求进行资源分配，而资源分配单位是容器（Container），从而限定每个任务使用的资源量。

资源调度本身是一个难题，很难找到一个完美的策略可以解决所有的应用场景需求。为此，YARN 提供了多种调度器和可配置的策略供我们选择，例如公平调度器（Fair Scheduler）、容量调度器（Capacity Scheduler）和先进先出调度器（FIFO Scheduler）。需要注意的是，Hadoop 2.x 的默认调度器是容量调度器，而 CDH 的默认调度器是公平调度器，YARN 资源调度器在 yarn-site.xml 文件中进行配置。

下面我们具体介绍三种调度器的配置优化。

11.2.2　公平调度器（Fair Scheduler）

公平调度是一种为所有应用程序公平分配的资源的方法，对公平的定义可以通过参数进行设置。在公平调度器情况下，我们不需要预先占用一定的系统资源，公平调度器会为所有运行的 Job 动态地调整系统资源，如图 11.2 所示。

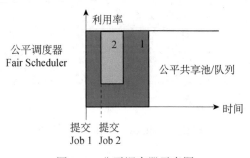

图 11.2　公平调度器示意图

当第一个大型任务（Job 1）提交时，只有这一个 Job 在运行，此时它会获得所有集群资源；当第二个小型任务（Job 2）提交后，公平调度器会分配一半资源给这个小任务，让这两个任务公平的共享集群资源。需要注意的是，在上图公平调度器示意图中，从第二个任务（Job 2）提交到获得资源会有一定的延迟，因为它需要等待第一个任务（Job 1）释放其部分占用的 Container 资源。小型任务（Job 2）执行完成之后也会释放其占用的资源，大型任务（Job 1）又获得了全部集群资源。最终的效果就是集群在公平调度器管理下，既得到了高的资源利用率，又能保证小任务及时完成。在目前各大数据平台中，公平调度器是用的最多的。

公平调度器的配置包括两部分。

1. yarn-site.xml 配置公平调度器

首先需要在yarn-site.xml中设定公平调度器类，并配置调度器级别的参数，具体如下：

```xml
<!- scheduler start ->
    <property>
        <name>yarn.resourcemanager.scheduler.class</name>
<value>org.apache.hadoop.yarn.server.resourcemanager.scheduler.fair.FairScheduler</value>
        <description>配置Yarn使用的调度器类名</description>
    </property>
    <property>
        <name>yarn.scheduler.fair.allocation.file</name>
        <value>/usr/local/src/hadoop/etc/hadoop/fair-scheduler.xml</value>
        <description>配置资源池以及其属性配额的XML文件路径（本地路径）</description>
    </property>
    <property>
        <name>yarn.scheduler.fair.preemption</name>
        <value>true</value>
        <description>开启资源抢占，默认为True</description>
    </property>
    <property>
        <name>yarn.scheduler.fair.user-as-default-queue</name>
        <value>true</value>
        <description>设置成true，当任务中未指定资源池的时候，将以用户名作为资源池名。这个配置就实现
了根据用户名自动分配资源池。默认为True</description>
    </property>
    <property>
        <name>yarn.scheduler.fair.allow-undeclared-pools</name>
        <value>false</value>
        <description>是否允许创建未定义的资源池。如果设置成true，yarn将会自动创建任务中指定的未定
义过的资源池。设置成false之后，任务中指定的未定义的资源池将无效，该任务会被分配到default资源池中。
默认为True</description>
    </property>
<!- scheduler end ->
```

2. 创建 fair-scheduler.xml 配置

在 Linux 的${HADOOP_HOME}/etc/hadoop/下创建名为 fair-scheduler.xml 的文件，并
写入如下配置：

```xml
<?xml version="1.0"?>
<allocations>
<!- users max running apps  ->
<userMaxAppsDefault>30</userMaxAppsDefault>
<!-定义队列 ->
<queue name="root">
<!-最小使用资源：512Mb 内存，4个处理器核心->
    <minResources>512mb, 4vcores</minResources>
    <!-最大使用资源：10G 内存，100个处理器核心->
    <maxResources>102400mb, 100vcores</maxResources>
    <!-最大可同时运行的app数量：100->
    <maxRunningApps>100</maxRunningApps>
```

```
        <!- weight: 资源池权重->
        <weight>1.0</weight>

        <!-调度模式: fair-scheduler ->
        <schedulingMode>fair</schedulingMode>

        <!-允许提交任务的用户名和组, 格式为: 用户名用户组->
        <!-当有多个用户时候, 格式为: 用户名1, 用户名2      用户名1所属组, 用户名2所属组->
        <aclSubmitApps> </aclSubmitApps>

<!-允许管理任务的用户名和组, 格式同上->
        <aclAdministerApps> </aclAdministerApps>

        <queue name="default">
            <minResources>512mb, 4vcores</minResources>
            <maxResources>30720mb, 30vcores</maxResources>
            <maxRunningApps>100</maxRunningApps>
            <schedulingMode>fair</schedulingMode>
            <weight>1.0</weight>
            <!- 所有的任务如果不指定任务队列, 都提交到default队列里面来->
            <aclSubmitApps>*</aclSubmitApps>
        </queue>

<queue name="hadoop">
            <minResources>512mb, 4vcores</minResources>
            <maxResources>20480mb, 20vcores</maxResources>
            <maxRunningApps>100</maxRunningApps>
            <schedulingMode>fair</schedulingMode>
            <weight>2.0</weight>
            <aclSubmitApps>hadoop hadoop</aclSubmitApps>
            <aclAdministerApps>hadoop hadoop</aclAdministerApps>
        </queue>

        <queue name="develop">
            <minResources>512mb, 4vcores</minResources>
            <maxResources>20480mb, 20vcores</maxResources>
            <maxRunningApps>100</maxRunningApps>
            <schedulingMode>fair</schedulingMode>
            <weight>1</weight>
            <aclSubmitApps>develop develop</aclSubmitApps>
            <aclAdministerApps>develop develop</aclAdministerApps>
        </queue>

<queue name="test1">
            <minResources>512mb, 4vcores</minResources>
            <maxResources>20480mb, 20vcores</maxResources>
            <maxRunningApps>100</maxRunningApps>
            <schedulingMode>fair</schedulingMode>
            <weight>1.5</weight>
            <aclSubmitApps>test1, hadoop, develop test1</aclSubmitApps>
```

```
            <aclAdministerApps>test1 group_businessC</aclAdministerApps>
        </queue>
</queue>
</allocations>
```

通过上述配置，每个用户组下的用户提交任务时候，会到相应的资源池中，而不影响其他业务，配置完成后，重启 ResourceManager。

3. 通过 Web 界面监控

服务启动后，我们可以通过 ResourceManager 的 Web 界面（网址：http://Resource ManagerHost：8088/cluster/scheduler，ResourceManagerHost 为节点 IP）查看公平调度器各资源池配置及使用情况，如图 11.3 所示。

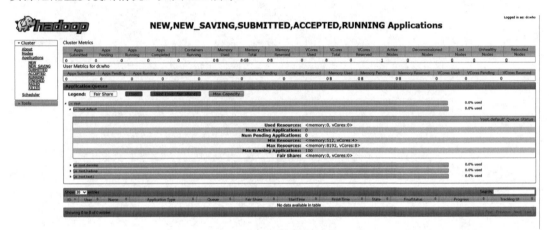

图 11.3　Web 界面监控调度器

11.2.3　容量调度器（Capacity Scheduler）

容量调度器允许多个组织共享整个集群，每个组织可以获得集群的一部分计算能力。通过为每个组织分配专门的队列，然后再为每个队列分配一定的集群资源，这样整个集群就可以通过设置多个队列的方式为多个组织提供服务。除此之外，队列内部还可以垂直划分，这样一个组织内部的多个成员就可以共享该队列资源，在一个队列内部，资源的调度采用先进先出（FIFO）策略，如图 11.4 所示。

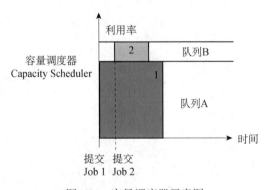

图 11.4　容量调度器示意图

在容量调度器中，有一个专门的队列用来运行小型任务，但是专门为小型任务设置一个队列会预先占用一定的集群资源，这就导致大型任务的执行时间会落后于使用先进先出调度器时的时间。

容量调度器的配置包括两部分。

1. yarn-site.xml 配置容量调度器

首先需要在 yarn-site.xml 中设定容量调度器类，具体如下：

```
<property>
    <name>yarn.resourcemanager.scheduler.class</name>
<value>org.apache.hadoop.yarn.server.resourcemanager.scheduler.capacity.CapacityScheduler</value>
    <description>配置Yarn使用的调度器类名</description>
</property>
```

2. 创建 fair-scheduler.xml 配置

在 Linux 的 ${HADOOP_HOME}/etc/hadoop/下创建名为 capacity-scheduler.xml 的文件，并写入如下配置：

```
<?xml version="1.0"?>
<configuration>
    <property>
        <name>yarn.scheduler.capacity.root.queues</name>
        <value>prod, dev</value>
    </property>
    <property>
        <name>yarn.scheduler.capacity.root.dev.queues</name>
        <value>eng, science</value>
    </property>
    <property>
        <name>yarn.scheduler.capacity.root.prod.capacity</name>
        <value>40</value>
    </property>
    <property>
        <name>yarn.scheduler.capacity.root.dev.capacity</name>
        <value>60</value>
    </property>
    <property>
        <name>yarn.scheduler.capacity.root.dev.maximum-capacity</name>
        <value>75</value>
    </property>
        <property>
        <name>yarn.scheduler.capacity.root.dev.eng.capacity</name>
        <value>50</value>
    </property>
    <property>
        <name>yarn.scheduler.capacity.root.dev.science.capacity</name>
        <value>50</value>
    </property>
</configuration>
```

通过如上配置，我们定义了两个队列：一个生产队列prod、一个开发队列dev，分别占用40%和60%的容量。同时，开发队列又被分成了eng工程师和science科学家两个相同容量的子队列。另外，dev队列的最大容量属性（maximum-capacity）被设置成了75%，所以即使prod队列完全空闲dev也不会占用全部集群资源，也就是说，prod队列仍有25%的可用资源用来应急。我们注意到，eng和science两个队列没有设置最大容量属性，也就是说eng或science队列中的任务可能会用到整个dev队列的所有资源（最多为整个集群的75%）。而类似的，prod由于没有设置maximum-capacity属性，它有可能会占用集群全部资源。在容量调度器中，除了可以配置队列及其容量外，我们还可以配置一个用户或应用可以分配的最大资源数量、可以同时运行多少应用、队列的ACL认证等。

配置完成后，重启ResourceManager。

3. 通过Web界面监控

服务启动后，我们同样可以通过ResourceManager的Web界面（网址：http://ResourceManagerHost：8088/cluster/scheduler，ResourceManagerHost为节点IP）查看容量调度器各资源池配置及使用情况，如图11.5所示。

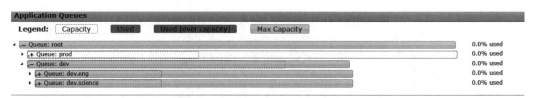

图11.5　Web界面监控调度器

11.2.4　先进先出调度器（FIFO Scheduler）

先进先出调度器是简单容易理解的调度器，它是一个先进先出的队列，也就是说应用会按照提交顺序来排队，在进行资源分配的时候，先给队列中最前面的应用分配资源，待最前面的应用需求满足后再给下一个分配，以此类推，如图11.6所示。

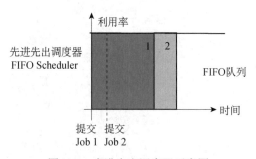

图11.6　先进先出调度器示意图

大型任务（Job 1）比小型任务（Job 2）先提交，调度器先把全部资源分配给大型任务（Job 1），并且只有当Job 1执行完后资源才会分配给Job 2。这种调度方式不需要配置，但是并不适用于共享集群，生产上不使用这种调度方式，因为一旦某个应用需要全部资源，那么在此之后的所有应用必须在前者运行完之后才能得到资源，这对共享集群不合适。

先进先出调度器的配置只涉及yarn-site.xml，配置比较简单，具体如下：

```
<property>
    <name>yarn.resourcemanager.scheduler.class</name>
<value>org.apache.hadoop.yarn.server.resourcemanager.fifo.FifoScheduler</value>
    <description>配置Yarn使用的调度器类名</description>
</property>
```

配置完成后，重启ResourceManager即可。

11.3　YARN内存配置优化

11.3.1　MapReduce on YARN

在Hadoop 2.x中，YARN负责管理集群中所有机器的可用计算资源（内存，CPU等）并且将其打包成容器（Container），基于这些资源 YARN 会调度应用（比如 MapReduce）发来的资源请求，然后YARN会通过分配Container来给每个应用提供处理能力，Container是 YARN 中处理能力的基本单元，是对内存、CPU 等的封装。MapReduce on YARN的工作机制如图11.7所示。

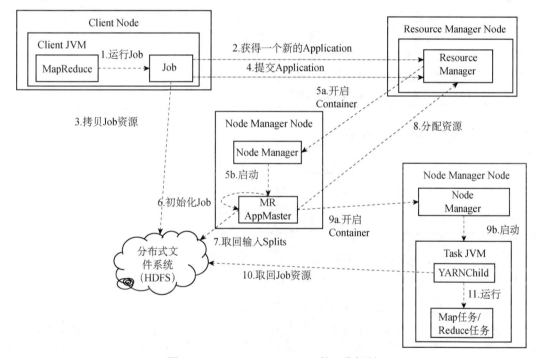

图11.7　MapReduce on YARN的工作机制

（1）用户编写的 MapReduce 程序启动一个 Client 的实例，用以运行 MapReduce 作业（Job）。

（2）此时 Client 会向 Resource Manager（RM）发出请求，获得一个新的 Application 及其 ID，用于标识本次Job。

（3）如果检查无误，Client 将运行作业需要的资源并存放到HDFS中。

（4）完成上述准备工作后，Client 通过调用 RM 的 submitApplication()方法，发出作业提交的请求。

（5）RM收到调用消息后，将请求传递给调度器（Scheduler）。调度器分配一个容器（Container），在NM中的ContainerManager组件触发启动事件，并被主控节点RM捕获，穿件新的AMLauncher实例，通过该实例调用AMLauncher.launch()方法，在其内部调用ContainerManager.startContainer()方法启动该Container，进而在Container中启动应用程序的master进程。

（6）MRAppMaster是MapReduce作业中AM的主类，由它对作业进行初始化。

（7）接收来自HDFS在Client计算的输入分片（Splits）的信息。

（8）如果作业不是Uber任务运行模式，那么AM会为该作业中所有的Map和Reduce任务向RM请求Container。

（9）RM的调度器为任务分配Container后，AM通过与NM定时通信来启动Container。

（10）Container启动后，首先进行资源的本地化，然后由主类的YARNChild的Java应用程序执行任务。

（11）运行Map任务和Reduce任务。

综上，YARN在执行Job过程中，将一个业务计算任务分解为若干个Task来执行，执行的载体在YARN内部被称为容器（Container），Container本质上就是一个动态运行的JVM进程。在Task完成后，YARN会杀死Container，并重新分配容器，进行初始化，运行新的任务。当集群数据量达到一定规模后，YARN集群的内存分配默认配置将无法满足集群的业务需求，轻则集群变慢，重则集群服务不可用，所以需要根据实际的业务情况进行配置优化，提升Hadoop YARN集群计算性能。

下面我们具体介绍如何优化YARN内存配置。

11.3.2　优化内存配置方法

我们需要通过在YARN和MapReduce中联合进行内存的优化配置。

YARN集群的内存分配配置在yarn-site.xml文件中配置，具体如下：

```
<property>
    <name>yarn.nodemanager.resource.memory-mb</name>
    <value>22528</value>
    <discription>每个节点可用内存，单位MB</discription>
</property>
<property>
    <name>yarn.scheduler.minimum-allocation-mb</name>
    <value>1500</value>
    <discription>单个任务可申请最少内存，默认1024MB</discription>
</property>
<property>
    <name>yarn.scheduler.maximum-allocation-mb</name>
    <value>16384</value>
    <discription>单个任务可申请最大内存，默认8192MB</discription>
</property>
```

除了MapReduce任务，YARN集群还需要运行Spark等任务（Spark任务占用内存较大），因此我们在配置YARN集群内存配置时需要调大单个任务的最大内存（默认为8G）。

同时，我们需要配置 MapReduce 任务的内存限制，具体如下：

```
<property>
    <name>mapreduce.map.memory.mb</name>
    <value>1500</value>
    <description>每个Map任务的物理内存限制</description>
</property>
<property>
    <name>mapreduce.reduce.memory.mb</name>
    <value>3000</value>
    <description>每个Reduce任务的物理内存限制</description>
</property>
<property>
    <name>mapreduce.map.java.opts</name>
    <value>-Xmx1125m</value>
</property>
<property>
    <name>mapreduce.reduce.java.opts</name>
    <value>-Xmx2250m</value>
</property>
```

其中，每个 Map 任务的物理内存（mapreduce.map.memory.mb），应该大于或者等于 Container 的最小内存。

按照上面的配置，每个 NodeManager 可以运行 Map 任务的数量小于等于 15（计算 22528/1500 得出），可以运行 Reduce 任务的数量小于等于 7（计算 22528/3000 得出）。

同时，上面 YARN 和 MapReduce 的内存配置需要满足下列要求。

（1）mapreduce.map.memory.mb 大于 mapreduce.map.java.opts。

（2）mapreduce.reduce.memory.mb 大于 mapreduce.reduce.java.opts。

（3）mapreduce.map.java.opts 除以 mapreduce.map.memory.mb 的值范围为 0.70～0.80。

（4）mapreduce.reduce.java.opts 除以 mapreduce.reduce.memory.mb 的值范围为 0.70～0.80。

综上，在 YARN container 的模式下，每个 Container 运行 JVM 以执行 Map 和 Reduce 任务，mapreduce.{map|reduce}.java.opts 能够通过 Xmx 设置 JVM 最大的 heap 使用。对 JVM 缓存配置时，我们应将 JVM 堆大小（java.opts 中的-Xmx）设置为低于容器（memory.mb）的值，以使其位于 YARN 分配的 Container 内存的边界内，java.opts 一般设置为 memory.mb 的 75% 左右，预留部分内存空间用于存储 Java、Scala 代码等。

11.4　Spark 程序优化

11.4.1　Spark 程序优化必要性

掌握使用 Spark 程序进行海量数据处理和建模对大数据工程师是非常重要的，但对于接触 Spark 程序不久的技术人员，可能经常遇见 Spark 程序容易陷入 OOM 甚至卡死的情况，因此除了具备 Spark 编程能力，掌握基本的 Spark 程序优化方法也是非常重要的。下面我们从 Spark 参数调优，环境变量配置以及常用的可调优参数设置三方面进行具体介绍。

11.4.2 Spark 参数调优

Spark 应用程序的运行是通过外部参数来控制的，参数的设置正确与否，好与坏会直接影响应用程序的性能，也就影响我们整个集群的性能。参数控制有以下方式：

（1）定义 SparkConf 配置类，并以参数的形式将配置类传递给 SparkContext，达到控制目的。其中，键值对通过 set100% 方法进行设置，例如：

```
val conf = new SparkConf()
.setMaster("local[2]")                       #开启2个线程
.setAppName("test")
.set("spark.cores.max", "10")                # set()方法传入参数
val sc = new SparkContext(conf)
```

其中，我们需要注意本地工作模式中，除了集合生成 RDD、读取本地文件和 HDFS 文件等任务能通过单线程工作，其他任务都至少需要两条线程才能正常执行。这是由于除上述任务，Spark 需要开启一个接收器（reciver）来接受数据，若只有一个线程，接收器就占用唯一的线程资源，而数据处理等操作将没有线程资源可供使用。

（2）动态加载 Spark 属性。为了不硬编码应用程序名称和集群方式等属性，增加 Spark 灵活性，可通过"spark-submit"命令添加配置参数，方法是通过"--conf"标识，以键值对形式传入属性参数，例如：

```
$ {SPARK_HOME}/bin/spark-submit
--name "My app"
--master local[4]
--conf spark.eventLog.enabled=false
    --conf "spark.executor.extraJavaOptions=-XX:+PrintGCDetails
-XX:+PrintGCTimeStamps"
myApp.jar
```

（3）在 ${SPARK_HOME}conf/spark-defaults.conf 配置文件中定义必要的属性参数。Spark 在启动时，SparkContext 会自动加载该配置文件。配置文件定义方式如下：

```
spark.master             spark://192.168.1.6: 8080
spark.executor.memory    4g
spark.eventLog.enabled   true
spark.serializer         org.apache.spark.serializer.KryoSerializer
```

最后一行"spark.serializer"属性表示选用序列化方法，Java 自带序列方法性能一般，在此进行配置优化。

一切外部传给 Spark 应用程序的属性参数，最终都会和 SparkConf 里定义的属性值结合，Spark 加载属性参数的优先顺序。

（1）直接在 SparkConf 设置的属性参数。

（2）通过 spark-submit 或 spark-shell 方式传递的属性参数。

（3）spark-defaults.conf 配置文件的属性参数。

既然有优先顺序之分，也就是说优先级高的会覆盖优先级低的参数。

绝大多数属性都有默认值，如表 11.5 所示是部分常用的属性。

表 11.5　Spark 常用属性和作用

属性名	属性作用
spark.driver.cores	在 cluster 模式下，用几个 core 运行驱动器（driver）进程
spark.driver.cores	驱动器进程可以用的内存总量
spark.executor.memory	单个执行器（executor）使用的内存总量
spark.local.dir	Spark 的本地临时目录，包括 map 输出的临时文件，或者 RDD 存在磁盘上的数据。这个目录最好在本地文件系统中，这样读写速度快

11.4.3　环境变量配置

部分 Spark 配置需要通过环境变量来设定，这些环境变量可以在 ${SPARK_HOME}/conf/spark-env.sh 脚本中进行设置。运行本地 Spark 应用时，该脚本文件会被引用，如表 11.6 中的 Spark 环境变量可以在 spark-env.sh 中设置。

表 11.6　Spark 常用环境变量设置

环境变量名称	变量内容
JAVA_HOME	Java 安装目录
SCALA_HOME	Scala 安装目录
HADOOP_HOME	Hadoop 安装目录
HADOOP_CONF_DIR	Hadoop 集群的配置文件的目录
SPARK_LOCAL_IP	本地绑定的 IP 地址
PYSPARK_PYTHON	驱动器和 worker 上使用的 Python 二进制可执行文件（默认是 Python）
PYSPARK_DRIVER_PYTHON	仅在驱动上使用的 Python 二进制可执行文件（默认同 PYSPARK_PYTHON）
SPARKR_DRIVER_R	Spark R shell 使用的 R 二进制可执行文件（默认是 R）

11.4.4　常用的可调优参数

Spark 配置优化，主要是对 Spark 运行过程中使用资源的各处，通过调节其参数配置，来优化资源使用效率，从而提升 Spark 作业的执行性能。以下参数就是 Spark 中主要的可调优参数，每个参数都对应着作业运行中的某个部分，我们同时给出了一个调优的参考值。

1. num-executors

参数说明：该参数用于设置 Spark 作业使用 Executor 进程的个数。驱动器在向 YARN 集群管理器申请资源时，YARN 集群管理器会尽可能按照该设置在集群的各个工作节点上启动相应数量的 Executor 进程。这个参数非常重要，如果不设置的话，默认只会启动少量的 Executor 进程，此时 Spark 作业的运行速度是非常慢的。

参数调优建议：每个 Spark 作业的运行一般设置 50～100 个 Executor 进程比较合适，设置太少或太多的 Executor 进程都不合理。设置的数量太少，无法充分利用集群资源；设置的数量太多，大部分队列可能无法得到足够的资源。

2. executor-memory

参数说明：该参数用于设置每个 Executor 进程的内存大小。Executor 内存的大小很多时候直接决定了 Spark 作业的性能，而且跟常见的 JVM OOM 异常，也有直接的关联。

参数调优建议：每个 Executor 进程的内存设置 4～8G 较为合适。但这只是一个参考值，具体的数值需要根据具体情况设置。配置该参数时需要注意资源队列的最大内存限制，num-executors 乘 executor-memory 的结果不能超过最大内存量。此外，如果需要和其他人共享资源队列，那么申请的内存量最好不要超过资源队列最大总内存的 1/3～1/2，避免 Spark 作业占用了队列的所有资源，导致别人的作业无法运行。

3. executor-cores

参数说明：该参数用于设置每个 Executor 进程的 CPU 核心数量。这个参数决定了每个 Executor 进程并行执行任务线程的能力。因为每个 CPU 核心同一时间只能执行一个线程，因此每个 Executor 进程的 CPU 核心数量越多，能够越快速地执行完分配给该进程的线程任务。

参数调优建议：Executor 的 CPU 核心数量设置为 2～4 较为合适。该数值同样需要根据不同用户的资源队列来设定，可以根据资源队列的最大 CPU 核心数限制和设置的 Executor 数量，来决定每个 Executor 进程可以分配到的 CPU 核心数。另外，如果需要跟他人共享队列，那么 num-executors 乘 executor-cores 的结果在队列总 CPU 核心数的 1/3～1/2 之间比较合适，以避免影响他人任务的执行。

4. driver-memory

参数说明：该参数用于设置 Driver 进程的内存大小。

参数调优建议：Driver 的内存通常不设置，或者设置 1G 左右。唯一需要注意的是，如果需要使用集合算子将 RDD 的数据全部拉取到 Driver 上进行处理，那么必须确保 Driver 的内存足够大，否则会出现 OOM 内存溢出的问题。

5. spark.default.parallelism

参数说明：该参数用于设置每个阶段（stage）的默认任务（task）数量。该参数极为重要，如果不设置可能会直接影响 Spark 作业性能。

参数调优建议：Spark 官方建议的设置原则是设置该参数为 num-executors 乘 executor-cores 的结果的 2～3 倍较为合适，比如 Executor 的总 CPU 核心数量为 300，那么可以设置 1000 个 task，这样可以充分地利用 Spark 集群资源。

6. spark.storage.memoryFraction

参数说明：该参数用于设置 RDD 持久化数据在 Executor 内存中可以占据的比例，默认是 0.6。根据不同的持久化策略，选择不同的占比数值，当内存不够时，数据就不会持久化，可能会被写入磁盘。

参数调优建议：如果 Spark 作业中，有较多的 RDD 持久化操作，该参数的值可以适当提高，以保证持久化的数据能够容纳在内存中，我们需要避免内存不够缓存所有数据，导致数据只能写入磁盘中，因而降低性能的情况，但是如果 Spark 作业中的 shuffle 类操作较多，而持久化操作较少，那么该参数的值可以适当降低。

7. spark.shuffle.memoryFraction

参数说明：该参数用于设置 shuffle 过程中 task 拉取到上个阶段的 task 输出后，进行聚合操作时能够使用的 Executor 内存的比例，默认是 0.2。也就是说，Executor 默认只有 20% 的内存可用来进行聚合操作。shuffle 操作在进行聚合时，如果发现使用的内存超出了这个

20%的限制，那么多余的数据就会溢写到磁盘文件中，此时就会极大地降低性能。

参数调优建议：如果Spark作业中的RDD持久化操作较少，shuffle操作较多时，可以降低持久化操作的内存占比，提高shuffle操作的内存占比，避免shuffle过程中数据过多而内存不够，溢写到磁盘，最终降低性能的情况。

以下是spark-submit命令的示例，仅供参考，参数具体数值需要根据实际情况进行调整：

```
${SPARK_HOME}/bin/spark-submit
 --master yarn-cluster \
 --num-executors 100 \
 --executor-memory 6G \
 --executor-cores 4 \
 --driver-memory 1G \
 --conf spark.default.parallelism=1000 \
 --conf spark.storage.memoryFraction=0.5 \
 --conf spark.shuffle.memoryFraction=0.3 \
```

11.5　本章小结

本章主要介绍Hadoop平台组件性能优化的内容，包括 HDFS集中缓存管理、MapReduce调度配置优化、YARN内存配置优化、Spark配置优化等。

第五部分　大数据平台升级

第 12 章
大数据备份和恢复

📖 **学习目标**

- 掌握大数据备份恢复
- 掌握 HDFS 快照和常用 HDFS 命令
- 掌握 Hive 元数据备份
- 掌握两种 HBase 备份恢复方法

本章内容为使用大数据备份恢复在 Hadoop 平台上实现数据保护，通过备份手段复制数据以完成灾难恢复。备份恢复的数据可以包括：HDFS 元数据和 HDFS 中存储的数据；Hive 表中存储的数据；Hive 元数据，以及与在 Hive Metastore 中注册的 Impala 表关联的 Impala 元数据（目录服务器元数据）；HBase 表中存储的数据。

12.1　备份恢复概述

在 Hadoop 集群中，数据文件是以块的方式存储在 HDFS 上的。这里值得一提的是，Hive 的数据库和表的数据也保存在 HDFS 中，所以在对 Hive 表数据做备份恢复时也可以看作一个 HDFS 数据备份恢复的过程。而 Hive 的元数据 MetaStore 保存在关系型数据库中，这些文件和数据如果丢失或损坏，都会导致相应的服务不可用。Hadoop 集群可以启用某些组件和服务的高可用或备份来应对可能出现的数据损坏问题。但是在集群需要迁移，扩容、缩容等集群可能会面对数据安全风险的时候，可以通过主动备份这些数据来保证数据安全。本章将详细讲述如何备份 NameNode 元数据、如何备份 HDFS 中的数据，以及如何从这些备份中恢复。

12.2　HDFS 备份恢复

12.2.1　HDFS 元数据备份恢复

从形式上讲，元数据可分为内存元数据和元数据文件两种。其中 NameNode 在内存中维护整个文件系统的元数据镜像，用于 HDFS 的管理；元数据文件则用于持久化存储。从类型上讲，元数据有三类重要信息。

（1）文件和目录自身的属性信息，如文件名、目录名、父目录信息、文件大小、创建时间、修改时间等；

（2）文件内容存储相关信息，如文件块情况、副本个数、每个副本所在的 DataNode 信息等；

（3）HDFS 中所有 DataNode 信息，用于 DataNode 管理。

1. 更新并备份 NameNode 元数据

备份元数据之前，首先要确保元数据同步到集群最新的状态。首先，使集群进入安全模式，在安全模式下会禁止 HDFS 写操作。这样，当保存元数据时，在 HDFS 上进行数据的写操作，可以避免出现数据不一致的情况。

（1）进入安全模式：

```
[hadoop@master lib]$ sudo -u hdfs hdfs dfsadmin -safemode enter
[sudo] password for hadoop:
Safe mode is ON
[hadoop@master lib]$ sudo -u hdfs hdfs dfsadmin -saveNamespace
Save namespace successful
```

（2）备份元数据信息到一个 nnbak 的目录：

```
[hadoop@master ~]$ sudo -u hdfs mkdir /data/dfs/nnbak/
[hadoop@master ~]$ sudo -u hdfs cp -r /data/dfs/nn/* /data/dfs/nnbak/
[hadoop@master ~]$ ll /data/dfs/nnbak/          #显示已经备份成功
total 16
drwxr-xr-x 2 hdfs hdfs 8192 Nov 27 15: 59 current
-rw-r--r-- 1 hdfs hdfs  11 Nov 27 15: 59 in_use.lock
```

2. NameNode 元数据删除

为更好地体现 HDFS 备份恢复效果，需在实验环境下手动删除 NameNode 元数据，可以后期验证备份恢复操作。

（1）退出安全模式：

```
[hadoop@master ~]$ sudo -u hdfs hdfs dfsadmin -safemode leave
Safe mode is OFF drwxr-xr-x 2 hdfs hdfs 8192 N
```

（2）删除 NameNode 元数据信息：

```
[hadoop@master ~]$ sudo -u hdfs mkdir /data/dfs/bak
[hadoop@master ~]$ sudo -u hdfs mv /data/dfs/nn/* /data/dfs/bak
[hadoop@master bak] ll
total 16
drwxr-xr-x 2 hdfs hdfs 8192 Nov 27 16: 03 current
-rw-r--r-- 1 hdfs hdfs  11 Nov 26 17: 58 in_use.lock
[hadoop@master bak] pwd
/data/dfs/bak
[hadoop@master bak] ll /data/dfs/nn
total 0
```

（3）停止集群服务：因为 HDFS 是其他组件的底层，所以为了避免其他组件报错，得先停掉其他组件，如 Hive、YARN、HBase 等。（这里测试环境以 root 来部署，需要在 root 用户下停止和启动服务）。

```
#停 hive
[root@master ~]# service hive-server2 stop
Stopped Hive Server2:                                    [ OK ]
[root@master ~]# service hive-metastore stop
Stopping Hive Metastore (hive-metastore):                [ OK ]
#停 yarn
[root@master ~]# service hadoop-yarn-nodemanager stop    #需在 master、slave01 和 slave02
上操作
stopping nodemanager
Stopped Hadoop nodemanager:                              [ OK ]
[root@master ~]# service hadoop-mapreduce-historyserver stop
stopping historyserver
Stopped Hadoop historyserver:                            [ OK ]
[root@master ~]# service hadoop-yarn-resourcemanager stop
stopping resourcemanager
Stopped Hadoop resourcemanager:                          [ OK ]
[root@master ~]# service hadoop-hdfs-datanode stop
#停 HBase
[root@master ~]# service hbase-regionserver stop         #需在 master、slave01 和 slave02
上操作
Stopping Hadoop HBase regionserver daemon: stopping regionserver..
hbase-regionserver.
[root@master ~]# service hbase-master stop
no master to stop because no pid file /var/run/hbase/hbase-hbase-master.pid
Stopped HBase master daemon:                             [ OK ]
#停 hdfs
[root@master ~]# service hadoop-hdfs-datanode stop   #需在 master、slave01 和 slave02 上操作
stopping datanode
Stopped Hadoop datanode:                                 [ OK ]
95390 Jps
[root@master ~]# service hadoop-hdfs-secondarynamenode stop
stopping secondarynamenode
Stopped Hadoop secondarynamenode:                        [ OK ]
[root@master ~]# service hadoop-hdfs-namenode stop
stopping namenode
Stopped Hadoop namenode:                                 [ OK ]
```

（4）尝试启动 NameNode：

```
[root@master ~]# service hadoop-hdfs-namenode start
starting namenode, logging to /var/log/hadoop-hdfs/hadoop-hdfs-namenode-master.out
Failed to start Hadoop namenode. Return value:1           [FAILED]
#这里看 NameNode 日志会有如下报错:NameNode 启动失败,加载 fsimage 失败;
2020-11-27  09:07:38,728  WARN  org.apache.hadoop.hdfs.server.namenode.FSNamesystem:
Encountered exception loading fsimage
java.io.IOException:NameNode is not formatted.
```

3. 基于 NameNode 备份元数据信息来恢复 HDFS

（1）恢复 HDFS 元数据：

```
[hadoop@master ~]$ sudo -u hdfs cp -r /data/dfs/nnbak/* /data/dfs/nn/
[sudo] password for hadoop:
[hadoop@master ~]$ cd /data/dfs/nn/
[hadoop@master nn]$ ll
total 16
drwxr-xr-x 2 hdfs hdfs 8192 Nov 27 17:22 current
-rw-r--r-- 1 hdfs hdfs   11 Nov 27 17:22 in_use.lock
```

（2）再次启动 NameNode：

```
[root@master ~]# service hadoop-hdfs-namenode start
starting namenode, logging to /var/log/hadoop-hdfs/hadoop-hdfs-namenode-master.out
Started Hadoop namenode:                                  [  OK  ]
```

（3）验证结果，HDFS 恢复正常：

```
[hadoop@master ~]$ hdfs dfs -ls /
Found 4 items
drwxr-xr-x  - hbase hbase        0 2020-11-27 09:28 /hbase
drwxrwxrwt  - root  supergroup   0 2020-11-19 11:37 /tmp
drwxrwxrwx  - root  supergroup   0 2020-11-26 16:09 /user
drwxrwxrwx  - root  supergroup   0 2020-11-18 14:13 /yarn
```

12.2.2　HDFS 快照

HDFS 快照是文件系统的只读副本，可以在文件系统或整个文件系统的子树上拍摄快照，快照的一些常见作用是暂存系统状态，防止用户错误和灾难恢复。

1. 快照目录

将目录设置为 Snapshottable 后，可以在任何目录上拍摄快照，快照表目录能够容纳 65 536 个同时快照，快照表目录的数量没有限制，如果快照表目录中有快照，则在删除所有快照之前，不能删除或重命名该目录。

2. 快照路径

对于快照表目录，路径组件 ".snapshot" 用于访问其快照。假设/foo 是一个 Snapshottable 目录，/foo/bar 是一个文件和/foo 目录下有一个名称为 SO 的快照。

这里的路径/foo/.snapshot/s0/bar 是指/foo/bar 的快照副本。在目录/foo/.snapshot 下包括所有快照；快照 s0 中的文件/foo/.snapshot/s0；从快照 s0 复制文件：hdfs dfs -cp -ptopax /foo/.snapshot/s0/bar /tmp。

3. 快照操作

快照操作通常分为管理员快照操作和用户快照操作，其中管理员用户可以设置快照允许和禁止。用户快照操作可以创建、删除、查询等，以下是快照操作示例。

（1）为目标 HDFS 目录启动允许快照功能。

```
[hadoop@master ~]$ sudo -u hdfs hdfs dfsadmin -allowSnapshot /user/hadoop/
[sudo] password for hadoop:
```

```
Allowing snaphot on /user/hadoop/ succeeded
```

（2）基于HDFS快照备份对比试验。

自行在 HDFS 中创建 user2.txt、user3.txt 文件，文件中内容参考示例。检查目录下 HDFS 文件的数据：

```
[hadoop@master ~]$ hdfs dfs -cat /user/hadoop/user2.txt
Alice,NewYork,20,Female
Jim,London,21,Male
HanMeimei,BeiJing,18,Female
Lilei,22,ChangSha,Male
Belly,20,Paris,Female
```

给 user2.txt 文件创建一个快照并命名为shot1：

```
[hadoop@master ~]$ hdfs dfs -createSnapshot /user/hadoop/ shot1
Created snapshot /user/hadoop/.snapshot/shot1
```

给 user2.txt 文件追加部分数据（user3.txt）：

```
[hadoop@master ~]$ cat /home/hadoop/user3.txt
Catherine,Hawaii,17,Female
Jimmy,Sydney,20,Male
XiaoMing,HangZhou,19,Male
[hadoop@master ~]$ hdfs dfs -appendToFile user3.txt /user/hadoop/user2.txt
[hadoop@master ~]$ hdfs dfs -cat /user/hadoop/user2.txt
Alice,NewYork,20,Female
Jim,London,21,Male
HanMeimei,BeiJing,18,Female
Lilei,22,ChangSha,Male
Belly,20,Paris,Female
Catherine,Hawaii,17,Female
Jimmy,Sydney,20,Male
XiaoMing,HangZhou,19,Male
```

给追加了数据的 user2.txt 文件再做一个快照shot2：

```
[hadoop@master ~]$ hdfs dfs -createSnapshot /user/hadoop/ shot2
Created snapshot /user/hadoop/.snapshot/shot2
```

基于快照恢复数据，并对比shot1和shot2恢复后的情况：

```
#先删除目录下的数据
[hadoop@master ~]$ hdfs dfs -rm /user/hadoop/*
#基于shot1恢复数据
[hadoop@master ~]$ hdfs dfs -cp /user/hadoop/.snapshot/shot1/user2.txt /user/hadoop/
[hadoop@master ~]$ hdfs dfs -cat /user/hadoop/user2.txt      #确认shot1快照恢复出的HDFS数据情况
Alice,NewYork,20,Female
Jim,London,21,Male
HanMeimei,BeiJing,18,Female
Lilei,22,ChangSha,Male
Belly,20,Paris,Female
#再次删除hdfs路径/user/hadoop/下的hdfs文件,基于shot2恢复数据,并确认shot2恢复出的HDFS数据情况
```

```
[hadoop@master ~]$ hdfs dfs -rm /user/hadoop/*
[hadoop@master ~]$ hdfs dfs -cp /user/hadoop/.snapshot/shot2/user2.txt /user/hadoop/
[hadoop@master ~]$ hdfs dfs -cat /user/hadoop/user2.txt
Alice,NewYork,20,Female
Jim,London,21,Male
HanMeimei,BeiJing,18,Female
Lilei,22,ChangSha,Male
Belly,20,Paris,Female
Catherine,Hawaii,17,Female
Jimmy,Sydney,20,Male
XiaoMing,HangZhou,19,Male
```

从结果看出恢复情况如预期。

12.2.3　HDFS本地备份与恢复

通过 HDFS 命令将 HDFS 中的数据导出到本地系统，以保存在本地磁盘中来实现备份，这是平常使用最多的方法。

1. 把HDFS上的数据备份到本地

（1）在HDFS中创建一个数据文件（user4.txt）：

```
[hadoop@master ~]$ hdfs dfs -cat /user/hadoop/user4.txt     #确认HDFS数据情况
Alice,NewYork,20,Female
Jim,London,21,Male
HanMeimei,BeiJing,18,Female
Lilei,22,ChangSha,Male
Belly,20,Paris,Female
Catherine,Hawaii,17,Female
Jimmy,Sydney,20,Male
XiaoMing,HangZhou,19,Male
```

（2）使用-get HDFS命令将HDFS数据备份到本地：

```
[hadoop@master ~]$ hdfs dfs -get /user/hadoop/user4.txt /home/hadoop/
[hadoop@master ~]$ ll /home/hadoop/                    #数据已备份至本地成功
total 4
-rw-r--r-- 1 hadoop hadoop 190 Nov 28 17:15 user4.txt
```

2. 基于备份到本地的数据做HDFS数据恢复

（1）先删除HDFS数据：

```
[hadoop@master ~]$ hdfs dfs -ls /user/hadoop/user4.txt
-rw-r--r-- 1 hadoop hadoop 190 Nov 28 17:15 user4.txt
[hadoop@master ~]$ hdfs dfs -rm -r /user/hadoop/user4.txt
Deleted /user/hadoop/user4.txt
```

（2）备份恢复，将数据put到HDFS上：

```
[hadoop@master ~]$ hdfs dfs -put user4.txt /user/hadoop/
[hadoop@master ~]$ hdfs dfs -cat /user/hadoop/user4.txt
Alice,NewYork,20,Female
```

```
Jim,London,21,Male
HanMeimei,BeiJing,18,Female
Lilei,22,ChangSha,Male
Belly,20,Paris,Female
Catherine,Hawaii,17,Female
Jimmy,Sydney,20,Male
XiaoMing,HangZhou,19,Male
```

再次检查恢复后的 HDFS 数据，与备份前一致，备份恢复实验成功。

12.2.4 Sqoop 增量导入

Sqoop 是 SQL+Hadoop 的简写，它是 Apache 旗下一款 Hadoop 和关系数据库服务器之间传送数据的工具，可执行从关系型数据库（如 MySQL、Oracle 等）到 Hadoop 的 HDFS、Hive 和 HBase 的数据导入和导出操作。增量导入指仅导入新添加的表中的行的技术，它支持 append 增量导入。

append 增量导入，通过指定一个递增的列，比如：

```
--incremental append  --check-column num_id --last-value 1000
#增量导入num_id字段大于1000的数据
```

增量导入要添加 incremental、check-column 和 last-value 选项来执行增量导入。下面的语法用于 Sqoop 导入命令增量选项：

```
--incremental <mode>
--check-column <column name>
--last value <last check column value>
```

举例：增量导入 id 字段大于 1208 的数据，不包括 1208。

```
bin/sqoop import \
--connect jdbc: mysql://hdp-01: 3306/userdb \
--target-dir /sqooptest \
--username root \
--password root \
--table emp --m 1 \
--incremental append \
--check-column id \
--last-value 1208
```

12.3 Hive 元数据库备份恢复

在生产环境中，Hive 的元数据一般存储在 MySQL 中，以下是操作实例。

1. 数据表准备

创建一个 Hive（user）表，并导入数据：

```
[hadoop@master ~]$ hive
> create table test.user
```

```
(name string,
 age string,
 city string,
 sex string)
ROW FORMAT DELIMITED FIELDS TERMINATED BY ',';
[hadoop@master ~]$ vi user5.txt
Alice,NewYork,20,Female
Jim,London,21,Male
HanMeimei,BeiJing,18,Female
Lilei,22,ChangSha,Male
Belly,20,Paris,Female
[hadoop@master ~]$ sudu -u hdfs dfs -put /home/hadoop/user5.txt /user/hadoop/
[hadoop@master ~]$ hive
> load data inpath '/user/hadoop/user5.txt' into table test.user;
> select * from test.user;     #验证导入后的结果
OK
Alice   NewYork 20      Female
Jim     London  21      Male
HanMeimei       BeiJing 18      Female
Lilei   22      ChangSha        Male
Belly   20      Paris   Female
Time taken:0.106 seconds, Fetched:5 row(s)
```

2. 备份恢复实验

（1）停止 Hive 服务：

```
[root@master ~]# service hive-server2 stop
[root@master ~]# service hive-metastore stop
```

（2）备份 Hive 元数据库 "Hive"：

```
[hadoop@master ~]$ mysqldump -uroot -pMysql1@# --databases hive > /home/hadoop/
backup.sql
[hadoop@master ~]$ ls
backup.sql user5.txt
```

（3）删除 MySQL 中的 Hive 元数据库 "Hive"：

```
[hadoop@master ~]$ mysql -uroot -p
>show databases;
 show databases;
+--------------------+
| Database           |
+--------------------+
| information_schema |
| hive               |
| hue                |
| mysql              |
| oozie              |
| performance_schema |
| sys                |
+--------------------+
7 rows in set(0.00 sec)
```

```
> drop database hive;
```

（4）将刚导出来的Hive库数据再次导入MySQL：

```
[hadoop@master ~]$ mysql -uroot -pMysql1@# <backup.sql
[hadoop@master ~]$ mysql -uroot -p
> show databases;      #导入成功
+--------------------+
| Database           |
+--------------------+
| information_schema |
| hive               |
| hue                |
| mysql              |
| oozie              |
| performance_schema |
| sys                |
+--------------------+
7 rows in set(0.00 sec)
```

（5）启动Hive服务：

```
[root@master ~]# service hive-metastore start
[root@master ~]# service hive-server2 start
```

（6）验证元数据库恢复情况，显示数据恢复成功，Hive验证成功：

```
[hadoop@master ~]$ hive
hive> use test;
OK
Time taken:5.206 seconds
hive> select * from user;
OK
Alice    NewYork 20      Female
Jim      London  21      Male
HanMeimei        BeiJing 18      Female
Lilei   22       ChangSha        Male
Belly   20       Paris   Female
Time taken:0.863 seconds, Fetched:5 row(s)
```

12.4 HBase备份恢复

12.4.1 HBase表备份恢复

有多种HBase备份数据的方法，特定的备份方法只能保存数据表（表示一个时间点的备份）。

1. HBase备份和快照功能启用

查看配置和日志文件。

默认情况下，HBase没有打开备份和快照功能。更改HBase配置文件以启用这两个功能。

先备份配置文件再对配置文件进行修改：

```
[hadoop@master ~]$ cd $HBASE_HOME/conf/
[hadoop@master ~]$ cp hbase-site.xml hbase-site.xml.bak20201126
```

编辑$HBASE_HOME/conf/hbase-site.xml，添加如下内容：

```
<property>
    <name>hbase.snapshot.enabled</name>
    <value>true</value>
</property>
<property>
    <name>hbase.replication</name>
    <value>true</value>
</property>
```

同步配置文件到slave[01/02]节点：

```
[hadoop@master conf]$ scp hbase-site.xml root@slave01:/usr/lib/hbase/conf
[hadoop@master conf]$ scp hbase-site.xml root@slave02:/usr/lib/hbase/conf
```

重新启动服务，需注意停止的顺序：先停regionserver再停hmaster，启动的顺序相反。

```
#停止:
[root@master ~]# service hbase-regionserver stop  #在master、slave01和slave02上操作
[root@master ~]# service hbase-master stop        #在master上操作
#启动:
[root@master ~]# service hbase-master start       #在master上操作
[root@master ~]# service hbase-regionserver start     #在master、slave01和slave02上操作
```

查看日志：

```
[root@master ~]# tail -100 $HBASE_HOME/logs/hbase-hbase-master-master.log
[root@master ~]# tail -100 $HBASE_HOME/logs/hbase-hbase-regionserver-master.log
```

2. 备份数据准备

（1）创建一个名为user的表并导入数据：

```
[hadoop@master ~]$ hbase shell
> create 'user', 'c1'
```

准备备份数据：

```
[hadoop@master ~]$ vi user.txt
1,Alice,20,Female
2,Jim,21,Male
3,Tina,19,Female
4,HanMeimei,19,Female
5,Lilei,22,Male
```

将备份数据导入HDFS，并加载到user表中：

```
[hadoop@master ~]$ hdfs dfs -put ~/user.txt /user/hadoop/
[hadoop@master ~]$ HADOOP_CLASSPATH=`/usr/lib/hbase/bin/hbase classpath` hadoop jar
/usr/lib/hbase/lib/hbase-server-1.2.0-cdh5.16.2.jar importtsv -Dimporttsv.separator=,
```

```
-Dimporttsv.columns=HBASE_ROW_KEY,c1:name,c1:age,c1:sex user /user/hadoop/user.txt
```

（2）验证创建结果：

```
hbase(main):004:0> scan 'user'
ROW                          COLUMN+CELL
1                            column=c1:age, timestamp=1606445186982, value=20
1                            column=c1:name, timestamp=1606445186982, value=Alice
1                            column=c1:sex, timestamp=1606445186982, value=Female
2                            column=c1:age, timestamp=1606445186982, value=21
2                            column=c1:name, timestamp=1606445186982, value=Jim
2                            column=c1:sex, timestamp=1606445186982, value=Male
3                            column=c1:age, timestamp=1606445186982, value=19
3                            column=c1:name, timestamp=1606445186982, value=Tina
3                            column=c1:sex, timestamp=1606445186982, value=Female
4                            column=c1:age, timestamp=1606445186982, value=19
4                                    column=c1:name, timestamp=1606445186982,
value=HanMeimei
4                            column=c1:sex, timestamp=1606445186982, value=Female
5                            column=c1:age, timestamp=1606445186982, value=22
5                            column=c1:name, timestamp=1606445186982, value=Lilei
5                            column=c1:sex, timestamp=1606445186982, value=Male
```

3. HBase 备份数据恢复

（1）创建用户表的备份：

```
[hadoop@master ~]$ hbase org.apache.hadoop.hbase.mapreduce.Export -Dmapreduce.job.
queuename=root.prod user userbackup
```

（2）验证备份数据：

```
[hadoop@master ~]$ hdfs dfs -ls /user/hadoop
drwxr-xr-x - hadoop supergroup        0 2020-11-27 03: 17 /user/hadoop/userbackup
```

（3）禁用并删除 user 表：

```
[hadoop@master ~]$ hbase shell
> disable 'user'
> drop 'user'
```

（4）恢复用户的备份：

```
[hadoop@master ~]$ hbase org.apache.hadoop.hbase.mapreduce.Import -Dmapreduce.job.
queuename=root.prod user userbackup
```

该命令将失败，因为该表不存在。导入程序不维护有关表的元数据，即需要创建一张空表 user。

（5）用 HBase shell 命令重新创建 user 表：

```
hbase> create 'user','c1'
```

（6）恢复 user 表：

```
[hadoop@master ~]$ hbase org.apache.hadoop.hbase.mapreduce.Import -Dmapreduce.job.
queuename=root.prod user userbackup
```

（7）验证恢复后的user表：

```
> scan 'user'
ROW                          COLUMN+CELL
 1                           column=c1:age, timestamp=1606445186982, value=20
 1                           column=c1:name, timestamp=1606445186982, value=Alice
 1                           column=c1:sex, timestamp=1606445186982, value=Female
 2                           column=c1:age, timestamp=1606445186982, value=21
 2                           column=c1:name, timestamp=1606445186982, value=Jim
 2                           column=c1:sex, timestamp=1606445186982, value=Male
 3                           column=c1:age, timestamp=1606445186982, value=19
 3                           column=c1:name, timestamp=1606445186982, value=Tina
 3                           column=c1:sex, timestamp=1606445186982, value=Female
 4                           column=c1:age, timestamp=1606445186982, value=19
 4                                   column=c1:name, timestamp=1606445186982,
value=HanMeimei
 4                           column=c1:sex, timestamp=1606445186982, value=Female
 5                           column=c1:age, timestamp=1606445186982, value=22
 5                           column=c1:name, timestamp=1606445186982, value=Lilei
 5                           column=c1:sex, timestamp=1606445186982, value=Male
```

12.4.2　HBase快照

1. HBase快照功能概述

HBase快照允许对表进行快照，而对区域服务器没有太大影响。

（1）打开快照支持。

只需将hbase.snapshot.enabled属性设置为true：

```
<property>
   <name>hbase.snapshot.enabled</name>
   <value>true</value>
 </property>
```

（2）拍摄快照。

可以对表进行快照，无论该表是启用还是禁用，快照操作不涉及任何数据复制：

```
./bin/hbase shell
hbase> snapshot 'myTable', 'myTableSnapshot-122112'
```

（3）列出快照。

列出所有拍摄的快照（通过打印名称和相关信息）：

```
./bin/hbase shell
hbase> list_snapshots
```

（4）删除快照。

可以删除快照，并且不再需要保留为该快照保留的文件：

```
./bin/hbase shell
hbase> delete_snapshot 'myTableSnapshot-122112'
```

（5）从快照中克隆表。

可以从快照中创建一个新表（克隆操作），该表具有与拍摄快照时相同的数据。克隆操作不涉及数据副本，并且对克隆表的更改不会影响快照或原始表：

```
./bin/hbase shell
hbase> clone_snapshot 'myTableSnapshot-122112', 'myNewTestTable'
```

（6）恢复快照。

还原操作需要禁用该表，并且该表将还原到拍摄快照时的状态，并根据需要更改数据和架构：

```
./bin/hbase shell
hbase> disable 'myTable'
hbase> restore_snapshot 'myTableSnapshot-122112'
```

2. 使用HBase快照方式备份恢复数据

（1）创建user表的快照：

```
hbase> snapshot 'user', 'user_Snapshot'
hbase> list_snapshots
SNAPSHOT                          TABLE + CREATION TIME
user_Snapshot                     user(Fri Nov 27 06:57:18 UTC 2020)
```

（2）从user表中删除行键值为4的整个行：

```
hbase> deleteall 'user','4'
```

（3）更新具有以下特征的行：

```
hbase> put 'user','10','c1:name','Belly'
```

（4）查看更改的数据：

```
hbase> get 'user','10','c1:name'
hbase(main):012:0> get 'user','10','c1:name'
COLUMN                            CELL
c1:name                           timestamp=1606459804825, value=Belly
```

（5）还原user表的快照：

```
hbase> disable 'user'
hbase> restore_snapshot 'user_Snapshot'
hbase> enable 'user'
```

（6）验证user表第4行数据不再被删除：

```
hbase(main):026:0> get 'user','4'
hbase(main):021:0> get 'user','4'
COLUMN                            CELL
 c1:age                           timestamp=1606460145962, value=19
 c1:name                          timestamp=1606460138814, value=HanMeimei
 c1:sex                           timestamp=1606460645160, value=Female
```

（7）验证第10行数据的name字段值不再是"Belly"：

```
hbase(main):027:0> get 'user','10','c1:name'
```

```
COLUMN                              CELL
0 row(s)in 0.0180 seconds
```

（8）删除 HDFS 的 userbackup：

```
[hadoop@master ~]$ hdfs dfs -rmr /user/hadoop/userbackup
```

12.5 本章小结

　　本章主要介绍了大数据备份恢复用于在 Hadoop 平台上实现数据保护，通过备份手段复制数据以完成灾难恢复等相关的知识。备份恢复的数据可以包括：HDFS 元数据和 HDFS 中存储的数据；Hive 表中存储的数据；Hive 元数据以及与在 Hive Metastore 中注册的 Impala 表关联的 Impala 元数据（目录服务器元数据）；HBase 表中存储的数据。

第13章
大数据平台核心升级

- 掌握升级CDH的升级影响评估
- 掌握CDH集群升级的准备工作
- 掌握本地YUM源的制作
- 掌握JDK安装配置

本章主要介绍升级CDH的影响评估、升级操作系统的操作步骤和升级CDH前的准备工作。升级CDH的影响评估包括Major升级、Minor版本升级和Maintenance版本升级。升级CDH前的准备工作。

13.1 大数据平台升级概述

运维人员可以使用Packages或Parcels升级CDH，当旧版本的JDK不支持新版本的CDH时，需要安装一个新版JDK。

1. 使用Parcels升级（同时适用于滚动升级）

建议使用Parcels升级CDH，CM能管理Parcels自动下载、分发和激活。下面介绍两种升级方式。

（1）Parcels：需要重启集群才能完成升级。

（2）滚动升级：如果HDFS启用了高可用HA，可以在不重启集群的情况下进行滚动升级。

为了简化升级步骤，可以考虑将Packages切换到Parcels进行升级。在升级CDH的时候，也可以从Parcels切换到Packages。

2. 使用Packages升级

提前准备升级所需的Packages，然后手动运行Package更新命令进行升级，注意所有主机都需要进行相同的操作。

从CDH5.3开始，CDH提供向导式的升级，包括Major版本升级（CDH5到CDH6），

Minor 版本升级（CDH5.x 到 5.y）和 Maintenance 版本升级（CDHa.b.x 到 CDHa.b.y）。CDH 支持 Packages 和 Parcels 两种升级方式，但是 Packages 需要手动安装和升级，而 Parcels 可以被 CDH 自动安装和升级。如图 13.1 所示为使用 Packages 或 Parcels 进行 CDH 升级。

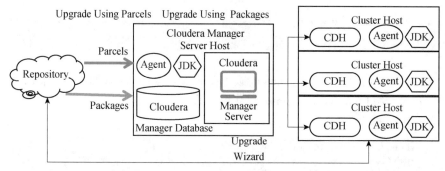

图 13.1　使用 Packages 或 Parcels 进行 CDH 升级

13.2　评估升级的影响

　　企业通常需要规划一个足够长的维护窗口（停机时间）进行升级。根据需要升级的组件，集群的节点数，以及不同的硬件情况，需要规划不同的停机时间来进行升级。在开始升级之前，需要做好一些前置条件准备以及关键数据备份。需要查看了解 API 更改、不推荐使用的功能、新功能以及不兼容的更改。同时需要确认新版本 CDH 所支持的操作系统、JDK、数据库和其他组件。

　　升级分为三种：Major、Minor 和 Maintenance。

1. Major 升级

Major 版本的升级通常有以下特征。

（1）Hadoop 的大版本变化，涉及很多更新内容。

（2）不兼容的数据格式。

（3）CDH 界面的重大变化。

（4）CDH 的数据库 schema 变动，不过可以在升级过程中自动被处理。

（5）需要较长的停机时间。

（6）需要重新部署客户端。

2. Minor 版本升级

Minor 版本升级是指基于同样的 Major 版本将 Major 版本进行升级，比如从 5.4.x 升级到 5.8.x，一般有以下特征。

（1）新的功能。

（2）Bug 修复。

（3）可能存在的数据库 schema 更改会在 CDH 升级时自动被处理。

　　一般来说，Minor 版本的升级不包括不兼容的更改或数据格式的变化。客户端配置会被重置。

3. Maintenance 版本升级

Maintenance版本升级主要是重大bug修复或解决一些安全问题，不会有兼容性修改和新功能。

13.3 升级平台操作系统

在升级CDH之前需要先确认Linux的版本是否支持新版本的CDH。如果Linux系统不支持，则需要先升级Linux系统，Linux的升级步骤如下。

（1）查看操作系统版本：

```
# lsb_release -a        #查看操作系统的版本
LSB Version: :core-4.1-amd64:core-4.1-noarch:cxx-4.1-amd64:cxx-4.1-noarch:desktop-
4.1-amd64:desktop-4.1-noarch:languages-4.1-amd64:languages-4.1-noarch:printing-4.1-
amd64:printing-4.1-noarch
Distributor ID:  CentOS
Description: CentOS Linux release 7.5.1804(Core)
Release: 7.5.1804
Codename:    Core
```

（2）备份重要数据和目录。

（3）清除yum缓存：

```
# yum clean all
Loaded plugins:fastestmirror, ovl
Repodata is over 2 weeks old. Install yum-cron? Or run:yum makecache fast
Cleaning repos:base cloudera-manager cmrepo extras updates
Cleaning up list of fastest mirrors
```

（4）更新yum仓库：

```
# yum update
```

（5）重启服务器：

```
# reboot
```

（6）确认系统已成功升级：

```
# lsb_release -a
LSB Version: :core-4.1-amd64:core-4.1-noarch:cxx-4.1-amd64:cxx-4.1-noarch:desktop-
4.1-amd64:desktop-4.1-noarch:languages-4.1-amd64:languages-4.1-noarch:printing-4.1-
amd64:printing-4.1-noarch
Distributor ID:  CentOS
Description: CentOS Linux release 7.9.2009(Core)
Release: 7.9.2009
Codename:    Core
```

注意：

不要轻易升级操作系统版本及系统内核版本。因为有些服务器硬件在升级内核后，新的内核可能会识别不出某些硬件，需要重新安装驱动。使用yum update命令更新时，默认会升级内核。所以在生产环境中不要轻易升级操作系统以及内核。

如果不想升级内核而只更新其他软件包，有两种方法。

（1）在 yum 的配置文件/etc/yum.conf 的[main]后面添加 exclude=kernel*和 exclude=centos-release*：

```
# vim /etc/yum.conf
[main]
cachedir=/var/cache/yum/$basearch/$releasever
keepcache=0
debuglevel=2
logfile=/var/log/yum.log
exactarch=1
obsoletes=1
gpgcheck=1
plugins=1
installonly_limit=5
bugtracker_url=http://bugs.centos.org/set_project.php?project_id=23&ref=http://bugs.c
entos.org/bug_report_page.php?category=yum
distroverpkg=centos-release
override_install_langs=en_US.utf8
tsflags=nodocs
exclude=kernel*
exclude=centos-release*
```

（2）在 yum 的命令后面添加以下参数：

```
# yum -exclude=kernel* update
```

13.4　升级准备工作

13.4.1　集群检查

（1）检查 HDFS：

```
# sudo -u hdfs hdfs fsck / -includeSnapshots        #检查hdfs的快照信息
..Status:HEALTHY
 Total size: 615650029 B(Total open files size:332 B)
 Total dirs: 88
 Total files: 812
 Total symlinks:        0(Files currently being written:5)
 Total blocks(validated): 808(avg. block size 761943 B)(Total open file blocks(not
validated):4)
 Minimally replicated blocks: 808(100.0 %)
 Over-replicated blocks: 0(0.0 %)
 Under-replicated blocks: 14(1.7326733 %)
 Mis-replicated blocks:        0(0.0 %)
 Default replication factor:   3
 Average block replication:    2.9975247
 Corrupt blocks:        0
```

```
 Missing replicas:              100(3.965107 %)
 Number of data-nodes:       3
 Number of racks:        1
FSCK ended at Mon Dec 07 07:13:39 UTC 2020 in 63 milliseconds
The filesystem under path '/' is HEALTHY
```

通过 hdfs fsck 命令检查 HDFS 上文件和目录的健康状态、获取文件的 block 信息和位置信息：

```
# sudo -u hdfs hdfs dfsadmin -report    #检查hdfs文件和目录的健康状态
Configured Capacity:1262518861824(1.15 TB)
Present Capacity:142749815780(132.95 GB)
DFS Remaining:140875830244(131.20 GB)
DFS Used:1873985536(1.75 GB)
DFS Used%:1.31%
Under replicated blocks:14
Blocks with corrupt replicas:1
Missing blocks:0
Missing blocks(with replication factor 1):0


-------------------------------------------------
Live datanodes(3):

Name:192.168.1.6/24:50010(master)
Hostname:master
Decommission Status:Normal
Configured Capacity:420839620608(391.94 GB)
DFS Used:624582656(595.65 MB)
Non DFS Used:372719521792(347.12 GB)
DFS Remaining:46958645580(43.73 GB)
DFS Used%:0.15%
DFS Remaining%:11.16%
Configured Cache Capacity:0(0 B)
Cache Used:0(0 B)
Cache Remaining:0(0 B)
Cache Used%:100.00%
Cache Remaining%:0.00%
Xceivers:9
Last contact:Mon Dec 07 07:14:27 UTC 2020

Name:192.168.1.7/24:50010(slave1)
Hostname:slave1
Decommission Status:Normal
Configured Capacity:420839620608(391.94 GB)
DFS Used:624701440(595.76 MB)
Non DFS Used:372719456256(347.12 GB)
DFS Remaining:46958592332(43.73 GB)
DFS Used%:0.15%
DFS Remaining%:11.16%
Configured Cache Capacity:0(0 B)
Cache Used:0(0 B)
```

```
Cache Remaining:0(0 B)
Cache Used%:100.00%
Cache Remaining%:0.00%
Xceivers:9
Last contact:Mon Dec 07 07:14:30 UTC 2020

Name:192.168.1.8/24:50010(slave2)
Hostname:slave2
Decommission Status:Normal
Configured Capacity:420839620608(391.94 GB)
DFS Used:624701440(595.76 MB)
Non DFS Used:372719456256(347.12 GB)
DFS Remaining:46958592332(43.73 GB)
DFS Used%:0.15%
DFS Remaining%:11.16%
Configured Cache Capacity:0(0 B)
Cache Used:0(0 B)
Cache Remaining:0(0 B)
Cache Used%:100.00%
Cache Remaining%:0.00%
Xceivers:9
Last contact:Mon Dec 07 07:14:28 UTC 2020
```

（2）检查HBase表中的一致性：

```
# hbase hbck    #hbase进行表的一致性检查
Summary:
Table hbase:meta is okay.
    Number of regions:1
    Deployed on: slave2,60020,1607318303793
Table test is okay.
    Number of regions:1
    Deployed on: slave2,60020,1607318303793
Table hbase:namespace is okay.
    Number of regions:1
    Deployed on: master,60020,1607318300294
0 inconsistencies detected.
Status:OK
```

13.4.2 备份CDH

1. 备份数据库

创建数据库的备份目录：

```
# mkdir /mysql_backup
```

收集以下信息。

（1）数据库类型（PostgreSQL，嵌入式PostgreSQL、MySQL、MariaDB 或 Oracle）。

（2）数据库的主机名。

（3）数据库名称。

（4）数据库使用的端口号。

（5）数据库的凭证。

对备份的每个数据库执行以下步骤。

（1）如果尚未停止，那么请停止该服务，如果指示存在依赖服务，那么也停止依赖服务。

（2）备份各服务（Sqoop、Oozie、Hue、Hive Metastore、Sentry）的数据库。

（3）替换数据库名称、主机名、端口、用户名和备份目录路径，然后运行以下命令：

```
# mysqldump --databases hive --host=master --port=3306 -uroot -ppasswd > /mysql_
backup/hive-backup-`date +%F`-CDH.sql  #备份hive数据库
# mysqldump --databases hue --host=master --port=3306 -uroot -ppasswd > /mysql_
backup/hue-backup-`date +%F`-CDH.sql  #备份hue的数据库
# mysqldump --databases oozie --host=master --port=3306 -uroot -ppasswd > /mysql_
backup/oozie-backup-`date +%F`-CDH.sql   #备份oozie数据库
# cd /mysql_backup && ll
total 0
-rw-r--r-- 1 root root 0 Dec  7 12:46 hive-backup-2020-12-07-CDH.sql
-rw-r--r-- 1 root root 0 Dec  7 13:21 hue-backup-2020-12-07-CDH.sql
-rw-r--r-- 1 root root 0 Dec  7 13:21 oozie-backup-2020-12-07-CDH.sql
```

2. 备份ZooKeeper

在ZooKeeper集群的所有节点，备份ZooKeeper参数dataDir配置的数据存储路径，默认认为/var/lib/zooKeeper：

```
# cp -rp /usr/lib/zookeeper/data /usr/lib/zookeeper-backup-`date +%F`CDH
# ll /usr/lib
drwxrwxrwx  3 root root  63 Dec  7 13:16 zookeeper-backup-2020-12-07CDH
```

在ZooKeeper集群的所有节点上查看备份好的文件。

13.4.3　备份HDFS

（1）让NameNode进入安全模式：

```
# sudo -u hdfs hdfs dfsadmin -safemode enter
Safe mode is ON
```

（2）保存fsimage：

```
# sudo -u hdfs hdfs dfsadmin -saveNamespace
Save namespace successful
```

（3）在NameNode节点，备份NameNode conf目录：

```
# mkdir -p /etc/hadoop/conf_rollback_namenode    #创建namenode conf的备份目录
# ll /etc/hadoop
total 4
lrwxrwxrwx 1 root root  29 Nov 18 20:20 conf -> /etc/alternatives/hadoop-conf
lrwxrwxrwx 1 root root  10 Nov 18 20:20 conf.dist -> conf.empty
drwxr-xr-x 1 root root  90 Nov 20 09:23 conf.empty
drwxr-xr-x 2 root root  48 Nov 18 20:20 conf.impala
drwxr-xr-x 2 root root 4096 Dec  7 13:50 conf_rollback_namenode
# cd /etc/hadoop/conf
```

```
# cp -rp * /etc/hadoop/conf_rollback_namenode/  #备份配置文件
# cd /etc/hadoop/conf_rollback_namenode && ll
total 104
-rw-r--r-- 1 root root  4436 Jun  3  2019 capacity-scheduler.xml
-rw-r--r-- 1 root root  1335 Jun  3  2019 configuration.xsl
-rw-r--r-- 1 root root   318 Jun  3  2019 container-executor.cfg
-rw-r--r-- 1 root root  1345 Nov 20 09:21 core-site.xml
-rw-r--r-- 1 root root  3032 Jun  3  2019 fair-scheduler.xml
-rw-r--r-- 1 root root  2598 Jun  3  2019 hadoop-metrics2.properties
-rw-r--r-- 1 root root  2490 Jun  3  2019 hadoop-metrics.properties
-rw-r--r-- 1 root root  9683 Jun  3  2019 hadoop-policy.xml
-rw-r--r-- 1 root root  1635 Nov 18 21:30 hdfs-site.xml
-rw-r--r-- 1 root root 12601 Jun  3  2019 log4j.properties
-rw-r--r-- 1 root root  4113 Jun  3  2019 mapred-queues.xml.template
-rw-r--r-- 1 root root  1078 Nov 19 09:20 mapred-site.xml
-rw-r--r-- 1 root root   758 Jun  3  2019 mapred-site.xml.template
-rw-r--r-- 1 root root    24 Nov 18 20:31 slaves
-rw-r--r-- 1 root root  2316 Jun  3  2019 ssl-client.xml.example
-rw-r--r-- 1 root root  2697 Jun  3  2019 ssl-server.xml.example
-rw-r--r-- 1 root root  4563 Nov 19 08:53 yarn-env.sh
-rw-r--r-- 1 root root  3682 Nov 19 08:56 yarn-site.xml
```

（4）在 NameNode 节点，备份 HDFS MetaStore：

```
# mkdir -p /data/dfs/nn_backup  #创建hdfs metastore的备份目录
# ll /data/dfs
total 0
drwx------ 1 hdfs hdfs 40 Dec  7 10:57 dn
drwxrwxrwx 1 hdfs hdfs 40 Dec  7 10:57 nn
drwxr-xr-x 3 root root 40 Dec  7 13:44 nn_backup
drwxrwxrwx 1 hdfs hdfs 40 Dec  7 10:57 snn
# cd /data/dfs/nn/
# cp -rp * /data/dfs/nn_backup/  #备份hdfs metastore
# cd /data/dfs/nn_backup && ll
total 4
drwxr-xr-x 3 hdfs hdfs 67 Nov 18 21:55 current
-rw-r--r-- 1 hdfs hdfs 11 Dec  7 13:08 in_use.lock
```

（5）在 SecondaryNameNode 节点，备份 SecondaryNameNode 的数据目录：

```
# mkdir -p /data/dfs/snn_backup   #创建secondarynamenode的备份目录
# ll /data/dfs
total 0
drwx------ 1 hdfs hdfs 40 Dec  7 10:57 dn
drwxr-xr-x 3 root root 40 Dec  7 13:53 dn_backup
drwxrwxrwx 1 hdfs hdfs 40 Dec  7 10:57 nn
drwxr-xr-x 3 root root 40 Dec  7 13:44 nn_backup
drwxrwxrwx 1 hdfs hdfs 40 Dec  7 10:57 snn
drwxr-xr-x 3 root root 40 Dec  7 13:47 snn_backup
# cd /data/dfs/snn/
# cp -rp * /data/dfs/snn_backup/  #备份secondarynamenode的数据
# cd /data/dfs/snn_backup && ll
```

```
total 12
drwxr-xr-x 2 hdfs hdfs 4096 Dec  7 13:10 current
-rw-r--r-- 1 hdfs hdfs   11 Dec  7 13:09 in_use.lock
```

（6）在所有DataNode节点，备份DataNode的数据目录：

```
# mkdir -p /data/dfs/dn_backup  #创建datanode的备份目录
# ll /data/dfs
total 0
drwx------ 1 hdfs hdfs 40 Dec  7 10:57 dn
drwxr-xr-x 3 root root 40 Dec  7 13:53 dn_backup
drwxrwxrwx 1 hdfs hdfs 40 Dec  7 10:57 nn
drwxr-xr-x 3 root root 40 Dec  7 13:44 nn_backup
drwxrwxrwx 1 hdfs hdfs 40 Dec  7 10:57 snn
drwxr-xr-x 3 root root 40 Dec  7 13:47 snn_backup
# cd /data/dfs/dn/
# cp -rp * /data/dfs/dn_backup/  #备份datanode数据
# cd /data/dfs/dn_backup && ll
total 4
drwxr-xr-x 3 hdfs hdfs 67 Nov 18 21:55 current
-rw-r--r-- 1 hdfs hdfs 11 Dec  7 13:08 in_use.lock
```

13.4.4 备份HBase

（1）备份HBase配置文件：

```
# mkdir -p /etc/hbase/conf_rollback_hbase   #创建hbase配置文件的备份目录
# ll /etc/hbase
total 0
lrwxrwxrwx 1 root root  28 Nov 19 11:41 conf -> /etc/alternatives/hbase-conf
drwxr-xr-x 2 root root 220 Nov 19 14:45 conf.dist
drwxr-xr-x 2 root root   6 Dec  9 09:28 conf_rollback_hbase
# cd /etc/hbase/conf
# cp -rp * /etc/hbase/conf_rollback_hbase/   #备份hbase的配置文件
# cd /etc/hbase/conf_rollback_hbase && ll
total 48
-rw-r--r-- 1 root root 1092 Nov 19 14:45 core-site.xml
-rw-r--r-- 1 root root 1811 Jun  3  2019 hadoop-metrics2-hbase.properties
-rw-r--r-- 1 root root 4603 Jun  3  2019 hbase-env.cmd
-rw-r--r-- 1 root root 7559 Nov 19 14:39 hbase-env.sh
-rw-r--r-- 1 root root 2257 Jun  3  2019 hbase-policy.xml
-rw-r--r-- 1 root root 1230 Nov 19 14:41 hbase-site.xml
-rw-r--r-- 1 root root 1635 Nov 19 14:45 hdfs-site.xml
-rw-r--r-- 1 root root 4603 Jun  3  2019 log4j.properties
-rw-r--r-- 1 root root   23 Nov 19 14:42 regionservers
```

（2）备份HBase数据。

在使用Distcp（离线备份）命令复制HDFS文件实现备份时，需要禁用备份表，确保复制时该表没有数据写入。对于正在使用的HBase集群，该方式不可用。将HDFS目录Distcp到其他HDFS文件系统的时候，可以在其他大数据平台直接启动新HBase集群将所有数据恢复。Distcp备份HBase的操作步骤如下。

（3）查看原始数据：

```
# hbase shell
2020-12-09 06:30:30,661 INFO   [main] Configuration.deprecation:hadoop.native.lib is
deprecated. Instead, use io.native.lib.available
HBase Shell; enter 'help<RETURN>' for list of supported commands.
Type "exit<RETURN>" to leave the HBase Shell
Version 1.2.0-cdh5.16.2, rUnknown, Mon Jun 3 03:50:03 PDT 2019

hbase(main):001:0> list
TABLE
test
1 row(s)in 0.2620 seconds

=> ["test"]
hbase(main):002:0> scan 'test'
ROW                      COLUMN+CELL
 10001                   column=name:, timestamp=1607495245824, value=zhangsan
 10002                   column=name:, timestamp=1607495403456, value=lisi
 10003                   column=name:, timestamp=1607495403524, value=wangwu
 10004                   column=name:, timestamp=1607495403564, value=maliu
 10005                   column=name:, timestamp=1607495403601, value=huangqi
 10006                   column=name:, timestamp=1607495403644, value=wujiu
 10007                   column=name:, timestamp=1607495403679, value=zhangsan
 10008                   column=name:, timestamp=1607495405324, value=xiaoluo
8 row(s)in 0.1690 seconds
```

（4）关闭 HBase 集群。

在所有节点关闭 HRegionServer：

```
# cd /etc/init.d
# systemctl stop hbase-regionserver
```

在 master 节点关闭 HMaster：

```
# systemctl stop hbase-master
```

（5）备份 HBase：

```
# hdfs hdfs -ls /
Found 4 items
drwxr-xr-x   - hbase hbase          0 2020-12-07 08:05 /hbase
drwxrwxrwt   - root  supergroup     0 2020-11-19 11:37 /tmp
drwxrwxrwx   - root  supergroup     0 2020-11-19 11:38 /user
drwxrwxrwx   - root  supergroup     0 2020-11-18 14:13 /yarn
# sudo -u hdfs hadoop distcp /hbase /hbasebak   #备份 hbase 数据
20/12/09 06:39:19 INFO mapreduce.Job:Job job_1607318143351_0001 completed successfully
20/12/09 06:39:19 INFO mapreduce.Job:Counters:33
    File System Counters
        FILE:Number of bytes read=0
        FILE:Number of bytes written=2071248
        FILE:Number of read operations=0
        FILE:Number of large read operations=0
```

```
         FILE:Number of write operations=0
         HDFS:Number of bytes read=28371
         HDFS:Number of bytes written=11627
         HDFS:Number of read operations=345
         HDFS:Number of large read operations=0
         HDFS:Number of write operations=102
     Job Counters
         Launched map tasks=14
         Other local map tasks=14
         Total time spent by all maps in occupied slots(ms)=198671
         Total time spent by all reduces in occupied slots(ms)=0
         Total time spent by all map tasks(ms)=198671
         Total vcore-milliseconds taken by all map tasks=198671
         Total megabyte-milliseconds taken by all map tasks=203439104
     Map-Reduce Framework
         Map input records=50
         Map output records=0
         Input split bytes=1876
         Spilled Records=0
         Failed Shuffles=0
         Merged Map outputs=0
         GC time elapsed(ms)=3951
         CPU time spent(ms)=12500
         Physical memory(bytes)snapshot=4179992576
         Virtual memory(bytes)snapshot=36462620672
         Total committed heap usage(bytes)=8765571072
     File Input Format Counters
         Bytes Read=14744
     File Output Format Counters
         Bytes Written=0
     DistCp Counters
         Bytes Copied=11627
         Bytes Expected=11627
         Files Copied=50
# hdfs dfs -ls /
Found 5 items
drwxr-xr-x   - hbase hbase              0 2020-12-07 08:05 /hbase
drwxr-xr-x   - hdfs supergroup          0 2020-12-09 06:39 /hbasebak
drwxrwxrwt   - root  supergroup          0 2020-11-19 11:37 /tmp
drwxrwxrwx   - root  supergroup          0 2020-11-19 11:38 /user
drwxrwxrwx   - root  supergroup          0 2020-11-18 14:13 /yarn
# hdfs dfs -ls /hbasebak
Found 9 items
drwxr-xr-x   - hdfs supergroup          0 2020-12-09 06:39 /hbasebak/.tmp
drwxr-xr-x   - hdfs supergroup          0 2020-12-09 06:39 /hbasebak/MasterProcWALs
drwxr-xr-x   - hdfs supergroup          0 2020-12-09 06:39 /hbasebak/WALs
drwxr-xr-x   - hdfs supergroup          0 2020-12-09 06:39 /hbasebak/archive
drwxr-xr-x   - hdfs supergroup          0 2020-12-09 06:39 /hbasebak/corrupt
drwxr-xr-x   - hdfs supergroup          0 2020-12-09 06:39 /hbasebak/data
-rw-r--r--   3 hdfs supergroup         42 2020-12-09 06:39 /hbasebak/hbase.id
-rw-r--r--   3 hdfs supergroup          7 2020-12-09 06:39 /hbasebak/hbase.version
drwxr-xr-x   - hdfs supergroup          0 2020-12-09 06:39 /hbasebak/oldWALs
```

CopyTable（热备）。

执行命令前，需要先创建表，支持时间区间、row区间，改变表名称，改变列族名称，指定是否copy删除数据等功能，例如：

```
# hbase org.apache.hadoop.hbase.mapreduce.CopyTable -starttime=1265875194289 -endtime
=1265878794289 --peer.adr= dstClusterZK:2181:/hbase  --families=myOldCf:myNewCf,cf2,
cf3 TestTable
```

参数说明。

starttime：起始的时间戳。

endtime：结束的时间戳。

peer.adr：目标集群的地址，格式如下：

```
hbase.zookeeer.quorum:hbase.zookeeper.client.port:zookeeper.znode.parent
```

families：要复制的列族列表，使用逗号分隔。

（1）同一个集群不同表的名称：

```
# hbase org.apache.hadoop.hbase.mapreduce.CopyTable --new.name=tableCopy  srcTable
```

（2）跨集群copy表：

```
# hbase org.apache.hadoop.hbase.mapreduce.CopyTable --peer.adr=dstClusterZK : 2181 :
/hbase srcTable
```

跨集群CopyTable必须使用推的方式，即从源集群运行此命令。

在同一集群使用CopyTable备份HBase的操作步骤如下。

（1）创建新表：

```
# hbase shell
2020-12-09 07:10:16,611 INFO  [main] Configuration.deprecation:hadoop.native.lib is
deprecated. Instead, use io.native.lib.available
HBase Shell; enter 'help<RETURN>' for list of supported commands.
Type "exit<RETURN>" to leave the HBase Shell
Version 1.2.0-cdh5.16.2, rUnknown, Mon Jun 3 03:50:03 PDT 2019

hbase(main):001:0> create 'test1','name'
0 row(s)in 2.5770 seconds

=> Hbase::Table - test1
```

（2）使用CopyTable复制数据到新表：

```
# sudo -u hdfs hbase org.apache.hadoop.hbase.mapreduce.CopyTable --new.name=test1
test    #复制数据到新表
2020-12-09 07:13:42,711 INFO  [main] mapreduce.Job:Job job_1607318143351_0002 completed
successfully
2020-12-09 07:13:42,863 INFO  [main] mapreduce.Job:Counters:30
    File System Counters
        FILE:Number of bytes read=0
        FILE:Number of bytes written=180368
        FILE:Number of read operations=0
        FILE:Number of large read operations=0
```

```
            FILE:Number of write operations=0
            HDFS:Number of bytes read=119
            HDFS:Number of bytes written=0
            HDFS:Number of read operations=1
            HDFS:Number of large read operations=0
            HDFS:Number of write operations=0
        Job Counters
            Launched map tasks=1
            Rack-local map tasks=1
            Total time spent by all maps in occupied slots(ms)=4706
            Total time spent by all reduces in occupied slots(ms)=0
            Total time spent by all map tasks(ms)=4706
            Total vcore-milliseconds taken by all map tasks=4706
            Total megabyte-milliseconds taken by all map tasks=4818944
        Map-Reduce Framework
            Map input records=8
            Map output records=8
            Input split bytes=119
            Spilled Records=0
            Failed Shuffles=0
            Merged Map outputs=0
            GC time elapsed(ms)=98
            CPU time spent(ms)=2460
            Physical memory(bytes)snapshot=404361216
            Virtual memory(bytes)snapshot=2619748352
            Total committed heap usage(bytes)=612892672
        File Input Format Counters
            Bytes Read=0
        File Output Format Counters
            Bytes Written=0
```

（3）查看test1表数据：

```
    # hbase shell
2020-12-09 07:15:16,353 INFO  [main] Configuration.deprecation:hadoop.native.lib is
deprecated. Instead, use io.native.lib.available
HBase Shell; enter 'help<RETURN>' for list of supported commands.
Type "exit<RETURN>" to leave the HBase Shell
Version 1.2.0-cdh5.16.2, rUnknown, Mon Jun  3 03:50:03 PDT 2019

hbase(main):001:0> scan 'test1'
ROW                       COLUMN+CELL
 10001                        column=name:, timestamp=1607495245824, value=zhangsan
 10002                        column=name:, timestamp=1607495403456, value=lisi
 10003                        column=name:, timestamp=1607495403524, value=wangwu
 10004                        column=name:, timestamp=1607495403564, value=maliu
 10005                        column=name:, timestamp=1607495403601, value=huangqi
 10006                        column=name:, timestamp=1607495403644, value=wujiu
 10007                        column=name:, timestamp=1607495403679, value=zhangsan
 10008                        column=name:, timestamp=1607495405324, value=xiaoluo
8 row(s)in 0.3450 seconds
```

13.4.5　升级前相关组件手动操作

1. 迁移 HBase

移除 PREFIX_TREE 数据块编码。在 CDH6 版本中，PREFIX_TREE 的 DataBlock Encode 算法已经被移除，从 CDH6 开始，启用 PREFIX_TREE 的 HBase 集群将失败。因此，在升级到 CDH6 之前，必须确保所有数据都迁移到受支持的编码类型。

如果已经安装了 CDH6，则可以通过运行以下命令来确保没有任何表或快照使用 PREFIX_TREE 数据块编码：

```
# hbase pre-upgrade validate-dbe
# hbase pre-upgrade validate-hfile
```

注意：

这一步操作需要在完成 HBase 升级后进行操作，因为 hbase pre-upgrade 命令只支持在 CDH6 中运行。

2. 升级 Co-Processor Classes

外部 Co-Processor Classes 不会自动升级。处理 Co-Processor Classes 升级有两种方法。

（1）在继续升级之前，手动升级 Co-Process or Jars。

（2）暂时取消 Co-Processor 的设置并继续升级。

只升级 HBase 而不升级 Co-Processor Jars 可能会导致错误，如 HBase 角色启动失败、HBase 角色崩溃，甚至数据损坏。

如果已经安装了 CDH6，则可以通过运行以下命令确保协处理器与升级兼容。

```
# hbase pre-upgrade validate-cp
```

13.4.6　准备 CDH6 的本地 yum 源

（1）创建 /var/www/html/cdh6 目录：

```
# mkdir /var/www/html/cdh6
total 0
drwxr-xr-x 3 root root 226 Dec  7 14:43 cdh6
```

（2）将 CDH6 的安装包上传到 /var/www/html/cdh6 目录：

```
# ll /var/www/html/cdh6
total 506116
-rw-r--r-- 1  root   root   107731496  Nov  30  16:03  hadoop-3.0.0+cdh6.0.0-
537114.el7.x86_64.rpm
-rw-r--r-- 1  root   root   220469904  Nov  30  14:36  hbase-2.0.0+cdh6.0.0-
537114.el7.x86_64.rpm
-rw-r--r-- 1  root   root   185834288  Nov  30  14:26  hive-2.1.1+cdh6.0.0-
537114.el7.noarch.rpm
-rw-r--r-- 1  root   root     4221808  Nov  30  14:10  zookeeper-3.4.5+cdh6.0.0-
537114.el7.x86_64.rpm
```

（3）初始化 repodata：

```
# yum -y install createrepo
```

```
# cd /var/www/html/cdh6
# createrepo
# ll /var/www/html/cdh6
total 506120
-rw-r--r-- 1 root root 107731496 Nov 30 16:03 hadoop-3.0.0+cdh6.0.0-
537114.el7.x86_64.rpm
-rw-r--r-- 1 root root 220469904 Nov 30 14:36 hbase-2.0.0+cdh6.0.0-
537114.el7.x86_64.rpm
-rw-r--r-- 1 root root 185834288 Nov 30 14:26 hive-2.1.1+cdh6.0.0-
537114.el7.noarch.rpm
drwxr-xr-x 2 root root 4096 Dec 7 14:43 repodata
-rw-r--r-- 1 root root 4221808 Nov 30 14:10 zookeeper-3.4.5+cdh6.0.0-
537114.el7.x86_64.rpm
```

（4）创建repo文件：

```
# cd /etc/yum.repos.d
# vim cdh6.repo
[cdh6.0.0]
name=cdh6.0.0
baseurl=http://master/cdh6
gpgcheck=0
```

（5）将旧版本的repo文件备份：

```
# ssh master "mv /etc/yum.repos.d/CDH516.repo /etc/yum.repos.d/CDH516.repo.bak"
# ssh slave1 "mv /etc/yum.repos.d/CDH516.repo /etc/yum.repos.d/CDH516.repo.bak"
# ssh slave2 "mv /etc/yum.repos.d/CDH516.repo /etc/yum.repos.d/CDH516.repo.bak"
```

（6）将repo文件同步到其他节点：

```
# scp /etc/yum.repos.d/cdh6.repo slave1:/etc/yum.repos.d/
# scp /etc/yum.repos.d/cdh6.repo slave2:/etc/yum.repos.d/
```

（7）在所有节点更新yum源。
清除yum缓存：

```
# yum clean all
Loaded plugins:fastestmirror, ovl
Cleaning repos:base cdh6.0.0 extras updates
Cleaning up everything
Maybe you want:rm -rf /var/cache/yum, to also free up space taken by orphaned data
from disabled or removed repos
Cleaning up list of fastest mirrors
```

更新yum：

```
# yum makecache
Loaded plugins:fastestmirror, ovl
Determining fastest mirrors
 * base:mirrors.163.com
 * extras:mirrors.163.com
 * updates:mirrors.163.com
base                                                    | 3.6 kB  00:00:00
```

```
cdh6.0.0                                   | 2.9 kB  00:00:00
extras                                     | 2.9 kB  00:00:00
updates                                    | 2.9 kB  00:00:00
(1/13):cdh6.0.0/filelists_db               |  17 kB  00:00:00
(2/13):cdh6.0.0/primary_db                 | 8.7 kB  00:00:00
(3/13):cdh6.0.0/other_db                   |  877 B  00:00:00
(4/13):base/7/x86_64/other_db              | 2.6 MB  00:00:00
(5/13):extras/7/x86_64/filelists_db        | 224 kB  00:00:00
(6/13):base/7/x86_64/primary_db            | 6.1 MB  00:00:00
(7/13):extras/7/x86_64/other_db            | 134 kB  00:00:00
(8/13):updates/7/x86_64/primary_db         | 3.7 MB  00:00:00
(9/13):extras/7/x86_64/primary_db          | 222 kB  00:00:00
(10/13):updates/7/x86_64/other_db          | 227 kB  00:00:00
(11/13):updates/7/x86_64/filelists_db      | 2.1 MB  00:00:00
(12/13):base/7/x86_64/filelists_db         | 7.2 MB  00:00:03
(13/13):base/7/x86_64/group_gz             | 153 kB  00:00:07
Metadata Cache Created
```

13.5　本章小结

　　通过本章的学习，读者能掌握升级 CDH 的升级影响评估，完成升级 CDH 前的准备工作。作为运维人员，应当能够掌握集群检查、数据库备份、HDFS 备份、HBase 备份和制作本地 yum 源的方法，掌握本章的内容后，可以进一步学习 CDH 升级操作。

第 14 章
大数据平台及组件升级

📖 **学习目标**

- 掌握 HDFS 滚动升级
- 掌握 YARN 升级
- 掌握 ZooKeeper 升级
- 掌握 HBase 升级

通过本章的学习，读者应掌握 HDFS 停机升级和不停机升级的区别，掌握滚动升级中的 DFSAdmin 命令和 NameNode 启动滚动升级的命令。能掌握 HDFS 停机升级、YARN 升级、ZooKeeper 升级和 HBase 升级的操作步骤。

14.1　HDFS升级概述

滚动升级是在集群启用高可用后，轮流对每个节点的服务进行升级，在升级过程中不需要关闭集群，保证整个集群的可用性。

HDFS 滚动升级可以升级单独的 HDFS 守护进程。例如，DataNode 可以独立于 NameNode 来升级。一个 NameNode 也可以独立于其他 NameNode 来升级。NameNode 也可以独立于 DataNode 和 JournalNode 升级。

在 Hadoop2 中，HDFS 支持高可用（HA）的 NameNodes 提供服务和线路的兼容。这两个功能使其可以在不停机的情况下升级 HDFS。为了在不停机的情况下升级 HDFS 集群，集群必须开启高可用。

14.1.1　不停机升级

在 HA 集群中，有两个或多个 NameNodes（NNs）、许多 DataNodes（DNs）、一些 JournalNodes（JNs）和一些 ZooKeepers 节点（ZKNs）。JN 相对稳定，在大多数情况下，升级 HDFS 时不需要升级。

1. 升级非联合集群

假设集群有两个 NameNode：NN1 和 NN2，其中 NN1 和 NN2 分别处于 Active 和 Standby 状态，以下是升级 HA 集群的步骤。

准备滚动升级：

（1）执行 "hdfs dfsadmin -rollingUpgrade prepare" 创建用于回滚的 fsimage。

（2）运行 "hdfs dfsadmin -rollingUpgrade query" 检查 rollback image 的状态。等待或重新运行命令，直到显示 "Proceed with rolling upgrad" 消息。

升级 Active 和 Standby NNs：

（1）关闭并升级 NN2。

（2）使用命令 "hadoop-daemon.sh start namenode -rollingUpgrade started" 启动 NN2 作为 Standby 状态的 NN。

（3）切换 NN 的主从，将 NN1 切换为 Standby 状态，NN2 切换为 Active 状态。

（4）关闭并升级 NN1。

（5）使用命令 "hadoop-daemon.sh start namenode -rollingUpgrade started" 启动 NN1 作为 Standby 状态的 NN。

升级 DN：

（1）选择一小部分 DataNodes（如特定机架下的所有 DataNodes）。

（2）运行 "hdfs dfsadmin-shutdownDatanode<DATANODE_HOST：IPC_PORT>upgrade" 来关闭其中某一个指定的 DataNode。

（3）运行 "hdfs dfsadmin-getDatanodeInfo<DATANODE_HOST：IPC_PORT>" 以检查并等待 DataNode 关闭。

（4）升级并重启 DataNode。

（5）对所有选定的 DataNode 执行以上操作。

（6）重复上述步骤，直到集群中的所有 DataNode 完成升级。

完成滚动升级：

运行 "hdfs dfsadmin -rollingUpgrade finalize" 以完成滚动升级。

2. 升级联合集群

在联合集群中，有多个 NameSpace，每个 NameSpace 都会有一对 Active 和 Standby 的 NameNode。升级联合集群的过程类似于升级非联合集群的过程，不同之处是步骤 1 和步骤 4 需要在每个 NameSpace 上执行，步骤 2 需要在每对 Active 和 Standby 的 NNs 上都执行，即：

（1）为每个 NameSpace 准备滚动升级。

（2）为每个 NameSpace 升级每对 Active 和 Standby 的 NN。

（3）升级 DNs。

（4）完成每个 NameSpace 的滚动升级。

14.1.2　停机升级

对于非高可用集群，无法在不停机的情况下升级 HDFS，因为它需要重启 NameNode。但是，DataNode 还可以使用滚动升级。

在非 HA 集群中，有一个 NameNode（NN）、SecondaryNameNode（SNN）和许多 DataNodes（DNs）。升级非 HA 集群的过程与升级 HA 集群的过程类似，除了步骤 2 "升级 Active 和 Standby NNs"需要改成下面的方式：升级 NN 和 SNN。

（1）关闭 SNN。

（2）关闭并升级 NN。

（3）使用 "-rollingUpgrade start"命令启动 NN。

（4）升级并重启 SNN。

14.1.3　滚动升级的命令和启动选项

1. DFSAdmin 命令

（1）dfsadmin -rollingUpgrad：

```
hdfs dfsadmin -rollingUpgrade <query|prepare|finalize>
```

执行滚动升级操作，各选项的含义如下。

query：查询当前滚动升级状态。

prepare：准备新的滚动升级。

finalize：完成当前的滚动升级。

（2）dfsadmin-getDatanodeInfo：

```
hdfs dfsadmin -getDatanodeInfo <DATANODE_HOST:IPC_PORT>
```

获取指定 DataNode 的信息，这个命令用于检测指定的 DataNode 是否存活，和 Linux 的 ping 命令类似。

（3）dfsadmin-shutdownDatanode：

```
hdfs dfsadmin -shutdownDatanode <DATANODE_HOST:IPC_PORT> [upgrade]
```

提交一个停止 DataNode 的请求，如果指定了可选的升级参数 upgrade，将会建议访问 DataNode 的客户端等待重启，并且启用快速重启模式。当没有及时重启时，客户端将会超时，并且忽略这个 DataNode，在这种情况下，快速重启模式也会被禁用。

注意，该命令不会等待 DataNode 关闭完成。"dfsadmin-getDatanodeInfo"命令可以检查 DataNode 是否完成关闭。

2. NameNode 启动选项

namenode-rollingUpgrade：

```
hdfs namenode -rollingUpgrade <rollback|started>
```

在进行滚动升级时，-rollingUpgrade 是 NameNode 用于指定各种滚动升级的启动选项，各选项的含义如下。

rollback：恢复 NameNode 到升级前的版本，同样也会将用户的数据回滚到升级前的状态。

started：指示滚动升级已经开始，在 NameNode 启动时，允许 image 目录有不同的 layout 版本。

14.2　HDFS升级

（1）查看已经安装的HDFS服务：

```
# rpm -qa|grep hadoop-hdfs    #查看已安装的hdfs的版本
hadoop-hdfs-secondarynamenode-2.6.0+cdh5.16.2+2863-1.cdh5.16.2.p0.26.el7.x86_64
hadoop-hdfs-datanode-2.6.0+cdh5.16.2+2863-1.cdh5.16.2.p0.26.el7.x86_64
hadoop-hdfs-2.6.0+cdh5.16.2+2863-1.cdh5.16.2.p0.26.el7.x86_64
hadoop-hdfs-namenode-2.6.0+cdh5.16.2+2863-1.cdh5.16.2.p0.26.el7.x86_64
```

（2）同步安装包到其他节点：

```
scp -r /var/www/html/cdh6 slave1:/var/www/html/
scp -r /var/www/html/cdh6 slave2:/var/www/html/
```

（3）升级依赖包：

```
yum -y upgrade avro*
yum -y upgrade bigtop*
cd /var/www/html/cdh6
rpm -Uvh parquet* --nodeps --force
```

（4）启动旧版HDFS集群：

```
cd /etc/init.d
systemctl start hadoop-hdfs-namenode
systemctl start hadoop-hdfs-secondarynamenode
systemctl start hadoop-hdfs-datanode
```

（5）进入安全模式：

```
sudo -u hdfs hdfs dfsadmin -safemode enter
Safe mode is ON
```

（6）准备滚动升级：

```
hdfs dfsadmin -rollingUpgrade prepare    #进行滚动升级的准备
PREPARE rolling upgrade ...
Proceed with rolling upgrade:
  Block Pool ID:BP-1098868994-172.18.0.57-1607611717761
    Start Time:Fri Dec 11 01:34:08 UTC 2020(=1607650448004)
  Finalize Time:<NOT FINALIZED>
hdfs dfsadmin -rollingUpgrade query
QUERY rolling upgrade ...
Proceed with rolling upgrade:
  Block Pool ID:BP-1098868994-172.18.0.57-1607611717761
    Start Time:Fri Dec 11 01:34:08 UTC 2020(=1607650448004)
  Finalize Time:<NOT FINALIZED>
```

（7）关闭SNN和NN：

```
cd /etc/init.d
systemctl stop hadoop-hdfs-secondarynamenode
systemctl stop hadoop-hdfs-namenode
```

（8）升级 HDFS：

```
cd /var/www/html/cdh6
rpm  -Uvh  hadoop-3.0.0*  hadoop-hdfs-3.0.0*  hadoop-hdfs-namenode*  hadoop-hdfs-
secondarynamenode* --nodeps --force  #升级 HDFS 服务
rpm -qa|grep hadoop-hdfs  #查看升级后的 HDFS 版本是否为新版本
hadoop-hdfs-namenode-3.0.0+cdh6.0.0-537114.el7.x86_64
hadoop-hdfs-datanode-2.6.0+cdh5.16.2+2863-1.cdh5.16.2.p0.26.el7.x86_64
hadoop-hdfs-secondarynamenode-3.0.0+cdh6.0.0-537114.el7.x86_64
hadoop-hdfs-3.0.0+cdh6.0.0-537114.el7.x86_64
```

（9）启动新版 NameNode：

```
cd /usr/lib/hadoop/sbin
hadoop-daemon.sh start namenode -rollingUpgrade started
WARNING:Use of this script to start HDFS daemons is deprecated.
WARNING:Attempting to execute replacement "hdfs --daemon start" instead.
WARNING:/usr/lib/hadoop/logs does not exist. Creating.
```

（10）重启 SecondaryNameNode：

```
cd /etc/init.d
systemctl restart hadoop-hdfs-secondarynamenode
jps
4376 NameNode
4537 SecondaryNameNode
3516 DataNode
4588 Jps
```

（11）升级 DataNode。

在 master 节点执行：

```
sudo -u hdfs hdfs dfsadmin -shutdownDatanode master:50020 upgrade   #关闭 master 节点的
datanode
sudo -u hdfs hdfs dfsadmin -getDatanodeInfo master:50020 #检查 datanode 是否关闭
cd /var/www/html/cdh6
rpm -Uvh hadoop-3.0.0* hadoop-hdfs-3.0.0* hadoop-hdfs-datanode* --nodeps --force  #升
级 master 节点的 datanode 服务
mv /data/dfs/dn/current/BP-1098868994-172.18.0.57-1607611717761/current /data/dfs/dn/
current/BP-1098868994-172.18.0.57-1607611717761/previous.tmp
cd /etc/init.d
systemctl restart hadoop-hdfs-datanode
```

在 slave1 节点执行：

```
sudo -u hdfs hdfs dfsadmin -shutdownDatanode slave1:50020 upgrade #关闭 slave1 节点的
datanode
sudo -u hdfs hdfs dfsadmin -getDatanodeInfo slave1:50020 #检查 datanode 是否关闭
cd /var/www/html/cdh6
rpm -Uvh hadoop-3.0.0* hadoop-hdfs-3.0.0* hadoop-hdfs-datanode* --nodeps --force #升级
slave1 节点的 datanode 服务
mv /data/dfs/dn/current/BP-1098868994-172.18.0.57-1607611717761/current /data/dfs/dn/
current/BP-1098868994-172.18.0.57-1607611717761/previous.tmp
cd /etc/init.d
```

```
systemctl restart hadoop-hdfs-datanode
```

在 slave2 节点执行：

```
sudo -u hdfs hdfs dfsadmin -shutdownDatanode slave2:50020 upgrade #关闭slave2节点的
datanode
sudo -u hdfs hdfs dfsadmin -getDatanodeInfo slave2:50020 #检查datanode是否关闭

cd /var/www/html/cdh6
rpm -Uvh hadoop-3.0.0* hadoop-hdfs-3.0.0* hadoop-hdfs-datanode* --nodeps --force #升级
slave2节点的datanode
mv /data/dfs/dn/current/BP-1098868994-172.18.0.57-1607611717761/current /data/dfs/dn/
current/BP-1098868994-172.18.0.57-1607611717761/previous.tmp
cd /etc/init.d
systemctl restart hadoop-hdfs-datanode
```

（12）完成滚动升级：

```
hdfs dfsadmin -rollingUpgrade finalize  #完成滚动升级
FINALIZE rolling upgrade ...
Rolling upgrade is finalized
  Block Pool ID:BP-999524178-172.18.0.50-1605706937407
Start Time:Thu Dec 10 10:43:23 UTC 2020(=1607597003943)
  Finalize Time:Thu Dec 10 10:45:55 UTC 2020(=1607600755911)
```

（13）退出安全模式：

```
sudo -u hdfs hdfs dfsadmin -safemode leave
Safe mode is OFF
```

14.3　YARN升级

（1）查看已安装的YARN服务：

```
rpm -qa|grep hadoop-yarn
hadoop-yarn-proxyserver-2.6.0+cdh5.16.2+2863-1.cdh5.16.2.p0.26.el7.x86_64
hadoop-yarn-2.6.0+cdh5.16.2+2863-1.cdh5.16.2.p0.26.el7.x86_64
hadoop-yarn-resourcemanager-2.6.0+cdh5.16.2+2863-1.cdh5.16.2.p0.26.el7.x86_64
hadoop-yarn-nodemanager-2.6.0+cdh5.16.2+2863-1.cdh5.16.2.p0.26.el7.x86_64
```

（2）停止旧版YARN服务：

```
cd /etc/init.d
systemctl stop hadoop-yarn-resourcemanager
systemctl stop hadoop-yarn-nodemanager
systemctl stop hadoop-mapred-historyserver
```

（3）在master节点升级ResourceManager：

```
cd /var/www/html/cdh6
rpm -Uvh hadoop-yarn* hadoop-mapreduce* --nodeps --force
```

（4）在所有节点创建YARN的日志目录：

```
mkdir /usr/lib/hadoop-yarn/logs
chmod -R 777 /usr/lib/hadoop-yarn/logs
```

（5）启动ResourceManager：

```
cd /etc/init.d
systemctl restart hadoop-yarn-resourcemanager
jps
7717 DataNode
4376 NameNode
4537 SecondaryNameNode
9595 Jps
9327 ResourceManager
```

（6）在其他节点升级NodeManager：

```
cd /var/www/html/cdh6
rpm -Uvh hadoop-mapreduce* hadoop-yarn-3.0.0* hadoop-yarn-nodemanager* hadoop-yarn-
proxyserver* --nodeps --force
```

（7）启动NodeManager：

```
cd /etc/init.d
systemctl restart hadoop-yarn-nodemanager
jps
9745 NodeManager
7717 DataNode
4376 NameNode
4537 SecondaryNameNode
9867 Jps
9327 ResourceManager
```

（8）查看新版本的YARN服务：

```
rpm -qa|grep hadoop-yarn
hadoop-yarn-timelinereader-3.0.0+cdh6.0.0-537114.el7.x86_64
hadoop-yarn-nodemanager-3.0.0+cdh6.0.0-537114.el7.x86_64
hadoop-yarn-3.0.0+cdh6.0.0-537114.el7.x86_64
hadoop-yarn-proxyserver-3.0.0+cdh6.0.0-537114.el7.x86_64
hadoop-yarn-resourcemanager-3.0.0+cdh6.0.0-537114.el7.x86_64
```

（9）运行YARN任务测试：

```
sudo -u mapred hadoop jar /usr/lib/hadoop-mapreduce/hadoop-mapreduce-examples-3.0.0-
cdh6.0.0.jar pi 1 1 #计算pi值
2020-12-11  05:37:59,411  INFO  mapreduce.Job:Job  job_1607664672398_0002  completed
successfully
2020-12-11 05:37:59,573 INFO mapreduce.Job:Counters:53
    File System Counters
        FILE:Number of bytes read=28
        FILE:Number of bytes written=418987
        FILE:Number of read operations=0
        FILE:Number of large read operations=0
```

```
        FILE:Number of write operations=0
        HDFS:Number of bytes read=263
        HDFS:Number of bytes written=215
        HDFS:Number of read operations=9
        HDFS:Number of large read operations=0
        HDFS:Number of write operations=3
    Job Counters
        Launched map tasks=1
        Launched reduce tasks=1
        Data-local map tasks=1
        Total time spent by all maps in occupied slots(ms)=2917
        Total time spent by all reduces in occupied slots(ms)=3250
        Total time spent by all map tasks(ms)=2917
        Total time spent by all reduce tasks(ms)=3250
        Total vcore-milliseconds taken by all map tasks=2917
        Total vcore-milliseconds taken by all reduce tasks=3250
        Total megabyte-milliseconds taken by all map tasks=2987008
        Total megabyte-milliseconds taken by all reduce tasks=3328000
    Map-Reduce Framework
        Map input records=1
        Map output records=2
        Map output bytes=18
        Map output materialized bytes=28
        Input split bytes=145
        Combine input records=0
        Combine output records=0
        Reduce input groups=2
        Reduce shuffle bytes=28
        Reduce input records=2
        Reduce output records=0
        Spilled Records=4
        Shuffled Maps =1
        Failed Shuffles=0
        Merged Map outputs=1
        GC time elapsed(ms)=150
        CPU time spent(ms)=1770
        Physical memory(bytes)snapshot=618352640
        Virtual memory(bytes)snapshot=5213835264
        Total committed heap usage(bytes)=1193803776
        Peak Map Physical memory(bytes)=329129984
        Peak Map Virtual memory(bytes)=2601562112
        Peak Reduce Physical memory(bytes)=289222656
        Peak Reduce Virtual memory(bytes)=2612273152
    Shuffle Errors
        BAD_ID=0
        CONNECTION=0
        IO_ERROR=0
        WRONG_LENGTH=0
        WRONG_MAP=0
        WRONG_REDUCE=0
    File Input Format Counters
        Bytes Read=118
```

```
     File Output Format Counters
          Bytes Written=97
Job Finished in 21.2 seconds
Estimated value of Pi is 4.00000000000000000000
```

14.4   ZooKeeper升级

　　HBase 需要用 ZooKeeper 实现 HA 选举与主备集群主节点的切换、系统容错、meta-region 管理、Region 状态管理和分布式 SplitWAL 任务管理等。在升级 HBase 之前需要先升级 ZooKeeper 服务。

　　（1）查看旧版本的 ZooKeeper 服务：

```
rpm -qa|grep zookeeper
zookeeper-server-3.4.5+cdh5.16.2+159-1.cdh5.16.2.p0.23.el7.x86_64
zookeeper-3.4.5+cdh5.16.2+159-1.cdh5.16.2.p0.23.el7.x86_64
zookeeper-debuginfo-3.4.5+cdh5.16.2+159-1.cdh5.16.2.p0.23.el7.x86_64
zookeeper-native-3.4.5+cdh5.16.2+159-1.cdh5.16.2.p0.23.el7.x86_64
```

　　（2）关闭旧版本的 ZooKeeper 服务：

```
zkServer.sh stop
```

　　（3）在所有节点升级 ZooKeeper 服务：

```
cd /var/www/html/cdh6
rpm -Uvh zookeeper-* --nodeps --force
```

　　（4）启动 ZooKeeper 服务：

```
zkServer.sh start
zkServer.sh status
JMX enabled by default
Using config:/usr/lib/zookeeper/bin/../conf/zoo.cfg
Mode:leader
```

　　（5）查看新版本的 ZooKeeper 服务：

```
rpm -qa|grep zookeeper
zookeeper-debuginfo-3.4.5+cdh6.0.0-537114.el7.x86_64
zookeeper-3.4.5+cdh6.0.0-537114.el7.x86_64
zookeeper-native-3.4.5+cdh6.0.0-537114.el7.x86_64
zookeeper-server-3.4.5+cdh6.0.0-537114.el7.x86_64
```

14.5   HBase升级

14.5.1   HBase版本号和兼容性

　　从 1.0.0 版本开始，HBase 使用 Semantic Versioning 进行版本控制。

（1）给定版本号 MAJOR.MINOR.PATCH。

当进行不兼容的 API 更改时的 MAJOR 版本。

当以向后兼容的方式添加功能时的 MINOR 版本。

当进行向后兼容的错误修复时的 PATCH 版本。

预发布和构建元数据的其他标签可作为 MAJOR.MINOR.PATCH 格式的 extensions 使用。

（2）Compatibility Dimensions。

除通常的 API 版本考虑外，HBase 还有其他需要考虑的兼容性维度。

（3）Client-Server 有线协议兼容性。

允许不同步地更新客户端和服务器。

只能允许先升级服务器。也就是说，服务器将向后兼容旧客户端，这样新的 API 就可以使用。

示例：用户能够使用旧客户端连接到升级后的群集。

（4）Server-Server 协议兼容性。

不同版本的服务器可以共存于同一个群集中。

服务器之间的有线协议是兼容的。

分布式任务的工作程序（如复制和日志拆分）可以共存于同一个群集中。

相关协议（如使用 ZK 进行协调）不会改变。

示例：用户可以执行滚动升级。

（5）文件格式兼容性。

支持文件格式向前和向后兼容。

示例：文件、ZK 编码、目录布局自动升级为 HBase 升级的一部分。用户可以降级到旧版本，并且一切都将继续工作。

（6）客户端 API 兼容性。

允许更改或删除现有的客户端 API。

在更改/删除主要版本之前，API 需要被弃用。

补丁程序（patch）版本中提供的 API 将在所有后续补丁程序版本中提供，但是，可能会添加新的 API，这些 API 在以前的补丁程序版本中将不可用。

补丁程序版本中引入的新 API 只能以源代码兼容的方式添加，即实现公共 API 的代码将继续编译。

示例：使用新弃用的 API 的用户不需要使用 HBase API 调用即可修改应用程序代码，直到下一个主要版本。

（7）客户端二进制兼容性。

写入给定补丁程序版本中可用的 API 的客户端代码可以针对更高版本的补丁程序的新 jar 保持不变（不需要重新编译）。

写入给定补丁程序版本中提供的 API 的客户端代码可能无法与早期补丁程序版本中的旧 jar 运行。

示例：旧的已编译客户端代码将与新的 jar 一起使用。

如果客户端实现 HBase 接口，则可能需要重新编译才能升级到较新的次要（minor）版本。

（8）服务器端有限的 API 兼容性（取自 Hadoop）。

内部 API 被标记为"稳定（Stable）""正在发展（Evolving）"或"不稳定（Unstable）"；

这意味着协处理器和插件（可插入类，包括复制）的二进制兼容性，只要它们仅使用标记的接口类即可；

例如：旧的编译的协处理器、过滤器或插件代码将与新的jar一起使用。

（9）Dependency Compatibility。

HBase的升级不需要依赖项目的兼容升级，包括运行Java时。

示例：将HBase升级到支持*Dependency Compatibility*的版本将不需要升级ZooKeeper服务。

示例：如果当前的HBase版本支持在JDK8上运行，则升级到支持*Dependency Compatibility*的版本也将在JDK8上运行。

（10）Operational Compatibility。

Metric changes。

服务的行为变化。

通过/jmx/端点公开的JMX API。

（11）总结。

补丁程序（patch）升级是一种直接替代方案。任何不是Java二进制和源代码兼容的更改都将不被允许。在补丁程序版本中降级版本可能不兼容。

次要（minor）升级不需要修改应用程序/客户端代码。理想情况下，这将是一个直接替换，但如果使用新的jar，则客户端代码、协处理器、过滤器等必须重新编译。

主要（major）升级允许HBase做出重大改变。

（12）HBase版本兼容性，如表14.1所示。

表 14.1　HBase 版本兼容性列表

Mode	Major	Minor	Patch
Client-Server wire Compatibility	N	Y	Y
Server-Server Compatibility	N	Y	Y
File Format Compatibility	N	Y	Y
Client API Compatibility	N	Y	Y
Client Binary Compatibility	N	N	Y
Stable	N	Y	Y
Evolving	N	N	Y
Unstable	N	N	N
Dependency Compatibility	N	Y	Y
Operational Compatibility	N	N	Y

14.5.2　滚动升级

滚动升级是一次更新群集中的服务器的过程。如果HBase版本是二进制或有线兼容的，则可以跨HBase版本滚动升级。滚动升级是每个服务器的正常停止并更新软件后重新启动的操作。可以为集群中的每个服务器执行此操作。通常，先升级Master，然后升级RegionServers。

例如，下面的HBase是symlinked实际的HBase安装。在集群重启之前，将symlink更改为指向新的HBase软件版本，然后运行：

```
HADOOP_HOME=~/hadoop-2.6.0-CRC-SNAPSHOT  ~/hbase/bin/rolling-restart.sh  --config  ~/
conf_hbase
```

　　集群重启脚本将首先正常停止并重新启动Master，然后依次重新启动每个RegionServer。由于symlink被更改，所以重新启动时，服务器将使用新的HBase版本。随着滚动升级的进行，检查日志中是否有错误。

14.5.3　升级路径

　　HBase 从 1.x 版本升级到 2.0 版本后，有如下变化。

　　（1）HBase2.0至少需要Java8和Hadoop2.6。在升级HBase之前，确保Java和Hadoop已完成升级。

　　（2）HBCK 必须和HBase服务器版本匹配。在HBase2.0集群中使用旧版本的HBCK工具将会以不可恢复的方式破坏性地更改集群。

　　（3）HBase2.0中不再有的配置设置。

　　以下配置设置不再适用或不可用。

　　1）hbase.config.read.zookeeper.config。

　　2）hbase.zookeeper.useMulti。

　　3）hbase.rpc.client.threads.max。

　　4）hbase.rpc.client.nativetransport。

　　5）hbase.fs.tmp.dir。

　　6）hbase.bucketcache.combinedcache.enabled。

　　7）hbase.bucketcache.ioengine。

　　8）hbase.bulkload.staging.dir。

　　9）hbase.balancer.tablesOnMaster。

　　10）hbase.master.distributed.log.replay。

　　11）hbase.regionserver.disallow.writes.when.recovering。

　　12）hbase.regionserver.wal.logreplay.batch.size。

　　13）hbase.master.catalog.timeout。

　　14）hbase.regionserver.catalog.timeout。

　　15）hbase.metrics.exposeOperationTimes。

　　16）hbase.metrics.showTableName。

　　17）hbase.online.schema.update.enable。

　　18）hbase.thrift.htablepool.size.max。

　　在HBase2.0中重命名配置参数，如表 14.2 所示。尝试设置旧属性将在运行时被忽略。

表 14.2　HBase2.0重命名配置参数

旧名称（Old name）	新名称（New name）
hbase.rpc.server.nativetransport	hbase.netty.nativetransport
hbase.netty.rpc.server.worker.count	hbase.netty.worker.count
hbase.hfile.compactions.discharger.interval	hbase.hfile.compaction.discharger.interval
hbase.hregion.percolumnfamilyflush.size.lower.bound	hbase.hregion.percolumnfamilyflush.size.lower.bound.min

HBase2.0中具有不同默认值的配置设置。以下配置设置更改了其默认值。在适用的情况下，给出了用于还原HBase1.2参数的值，如表14.3所示。

表 14.3　HBase2.0 和 HBase1.2 不同默认值参数

配置项	以　　　前	现　　　在
hbase.regionserver.hlog.blocksize	它等于 WAL 目录的 HDFS 默认块大小	它的默认值是 WAL 目录的 HDFS 默认块大小的 2 倍
hbase.client.start.log.errors.counter	9	5
hbase.ipc.server.callqueue.type	在 HBase 1.0 版本～HBase 1.2 版本中，这是"deadline"	更改为"fifo"。在 1.x 之前和之后的版本中，它已经默认为"fifo"
hbase.hregion.memstore.chunkpool.maxsize	0.0	默认情况下，为 1.0，实际上，这意味着以前在内存存储处于堆状态时不会使用块池，而现在会使用
hbase.master.cleaner.interval	1分钟	设置为 10 分钟
hbase.master.procedure.threads	线程数等于 CPU 数	将默认为可用 CPU 数量的 1/4，但不少于 16 个线程
hbase.hstore.blockingStoreFiles	10	16
hbase.http.max.threads	10	16
hbase.client.max.perserver.tasks	5	2
hbase.normalizer.period	30分钟	5分钟
hbase.regionserver.region.split.policy	IncreasingToUpperBoundRegionSplitPolicy	SteppingSplitPolicy
Replication.source.ratio	0.1	0.5

（4）HBase2.0中的协处理器API已更改。

已对所有协处理器API进行重构，以提高对二进制API兼容性的支持能力，以支持将来的HBase版本。

（5）HBase2.0不能再写入HFile v2文件。

HBase简化了内部的HFile处理，结果不能再写比默认版本3更早的HFile版本。升级用户之前，应确保 hbase-site.xml 中的 hfile.format.version 未设置为 2，否则，将导致RegionServer 故障。HBase 仍可以读取以旧版本 2 格式编写的 HFile。HBase2.0 无法再读取基于序列文件的 WAL 文件。

HBase无法再读取以 Apache Hadoop序列文件格式编写的不赞成使用的WAL文件。应将 hbase.regionserver.hlog.reader.impl 和 hbase.regionserver.hlog.reader.impl 配置条目设置为使用基于 Protobuf 的 WAL 读取器/写入器类。

（6）默认压缩吞吐量。

HBase2.0带有默认的压缩执行速度限制。此限制是按RegionServer定义的。在以前的HBase版本中，默认情况下压缩的运行速度没有限制。对压缩的吞吐量施加限制应确保来自RegionServer的操作更加稳定。请注意，此限制是每个RegionServer而不是每个压缩。

吞吐量限制定义为每秒写入的字节范围，并允许在给定的上下限内变化。RegionServers观察压缩的当前吞吐量，并应用线性公式相对于外部压力在上下限内调整允许的吞吐量。对于压缩，外部压力定义为相对于允许的最大存储文件数的存储文件数。存储文件越多，压缩压力越高。

此吞吐量的配置由以下属性控制。

下限由hbase.hstore.compaction.throughput.lower.bound定义，默认为10MB/s（10485760）。

上限由hbase.hstore.compaction.throughput.higher.bound定义，默认为20MB/s（20971520）。

要将这种参数恢复为早期版本的HBase的无限制压缩吞吐量，实现的方法为将以下属性设置为对压缩没有限制。

```
hbase.regionserver.throughput.controller=org.apache.hadoop.hbase.regionserver.throttl
e.NoLimitThroughputController
```

14.5.4　升级HBase操作

（1）查看旧版本的HBase服务：

```
rpm -qa|grep hbase
hbase-regionserver-1.2.0+cdh5.16.2+496-1.cdh5.16.2.p0.25.el7.x86_64
hbase-1.2.0+cdh5.16.2+496-1.cdh5.16.2.p0.25.el7.x86_64
hbase-master-1.2.0+cdh5.16.2+496-1.cdh5.16.2.p0.25.el7.x86_64
```

（2）关闭旧版本的HBase服务：

```
cd /etc/init.d
systemctl stop hbase-master
systemctl stop hbase-regionserver
```

（3）升级HBase Master：

```
cd /var/www/html/cdh6
rpm -Uvh hbase-master* hbase-2.0.0*--nodeps --force
```

（4）升级HBase RegionServer：

```
rpm -Uvh hbase-regionserver* hbase-2.0.0* --nodeps --force
```

（5）启动HBase服务：

```
cd /etc/init.d
systemctl restart hbase-master
systemctl restart hbase-regionserver
jps
31030 Jps
8935 DataNode
7865 SecondaryNameNode
23145 NodeManager
22778 ResourceManager
27515 QuorumPeerMain
21611 JobHistoryServer
30253 HMaster
30637 HRegionServer
10638 NameNode
```

（6）查看新版本的HBase服务：

```
rpm -qa|grep hbase
hbase-2.0.0+cdh6.0.0-537114.el7.x86_64
```

```
hbase-regionserver-2.0.0+cdh6.0.0-537114.el7.x86_64
hbase-master-2.0.0+cdh6.0.0-537114.el7.x86_64
```

（7）进入HBase shell进行测试：

```
hbase shell
hbase(main):001:0> create 'test','info'
Created table test
Took 1.9046 seconds
=> Hbase::Table - test
hbase(main):002:0> list
TABLE
test
1 row(s)
Took 0.0675 seconds
=> ["test"]
```

14.6　本章小结

通过本章的学习，读者能掌握HDFS停机升级和不停机升级的区别，能掌握滚动升级中的DFSAdmin命令和NameNode启动滚动升级的命令，能掌握HDFS停机升级、YARN升级、ZooKeeper升级和HBase升级的操作步骤。

第六部分　大数据平台项目综合案例

第15章

政务大数据运维项目实战

📖 **学习目标**

- 掌握政务大数据运维的基本流程
- 掌握 MySQL 数据库的创建方法
- 掌握开发 Spark 程序进行政务大数据分析的方法

本章通过开发 Spark 程序对政务数据集进行分析,并将结果存放至数据库以方便用户查询,实现数据政务大数据运维的基本流程。

15.1 政务项目背景和流程

15.1.1 背景介绍

随着信息社会的发展,政府开展工作产生,以及因管理服务需求而采集的数据越来越多,亟须构建并发展承接以上数据的政务大数据系统。政务大数据系统不仅可以作为政府部门了解各地区人民生活水平的重要参考对象,还可以帮助政府优化公共服务流程、简化公共服务步骤、提升公共服务质量。同时,群众也可以通过政务大数据系统提供的分析结果,更积极地参与到与政府的沟通中。

构建政务大数据系统,需要用到许多大数据技术,Spark 就是其中之一。Spark 是一个可用于大规模数据处理的快速、通用引擎,如今是 Apache 软件基金会下的顶级开源项目之一。Spark 最初的设计目标是使数据分析更快——既要运行速度快,又要帮助开发人员快速、容易地编写程序。为了使编写程序更容易,Spark 使用简练、优雅的 Scala 语言编写,同时 Spark 也支持 Scala、Java、Python、R 等多种编程语言。

本项目通过开发 Spark 程序来对一个有 6 万条记录的政务数据集进行分析,数据集的内容包括人员类别、健康状况、批准时间及低保金额等。Spark 程序分析后的结果将会输入设计好的 MySQL 数据库中,方便用户查询。

15.1.2　政务项目开发流程

政务项目开发流程如图 15.1 所示，具体如下。

（1）对数据集进行预处理。

（2）上传数据到 HDFS 文件系统。

（3）在 MySQL 中创建数据库。

（4）开发 Spark 程序分析数据，并将结果输入数据库。

（5）查询分析结果。

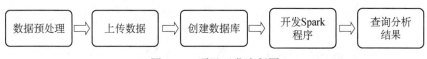

图 15.1　项目开发流程图

15.2　数据说明与预处理

15.2.1　数据说明

本章的实验提供一个包含 62919 条记录的政务数据集。数据集内容如表 15.1 所示。

表 15.1　数据集内容

序　　号	字　　段	含　　义
1	Id	编号
2	Area_county	行政区
3	Street	街道
4	Committee	社区
5	Name1	名字1
6	Name2	名字2
7	Id_number	身份证号码
8	Identity_categories	人员类别
9	Physical_condition	健康状况
10	Approval_time	批准时间
11	Money	金额

15.2.2　数据预处理

描述如下。

步骤 1：在 master 节点创建目录，将数据集放入目录。

首先建立一个用于运行本实验的目录 bigdatacase。

```
[root@master ~]# cd /usr/local/src
[root@master src]# mkdir bigdatacase
```

给 hadoop 用户赋予针对 bigdatacase 目录的各种操作权限。

```
[root@master src]# chown -R hadoop:hadoop ./bigdatacase
```

```
[root@master src]# cd bigdatacase
```

在 bigdatacase 下创建一个 dataset 目录，用于保存数据集。

```
[root@master bigdatacase]# mkdir dataset
```

将下载好的政务数据集 zwdata.csv 放到 dataset 目录下。
取出前面 5 条记录看一下。

```
[root@master dataset]# head -5 zwdata.csv
Id,Area_county,Street,Committee,Name1,Name2,Id_number,Identity_categories,Physical_co
ndition,Approval_time,Money
35029,铁西区,七路街道,育工社区,徐洪生,徐洪生,21012119461103xxxx,无领取离退休金和养老保险金老年
人,健全,2016/07/01,30
35030,铁西区,七路街道,育工社区,徐洪生,杨凤云,21012119701124xxxx,未登记失业人员,健全,
2016/07/01,30
35031,铁西区,七路街道,育工社区,徐洪生,王慧萍,21010620021123xxxx,学龄前儿童,健全,
2016/07/01,713
35032,铁西区,七路街道,育工社区,徐洪生,徐思华,21010620011001xxxx,学生,健全,2016/07/01,407
```

步骤 2：对字段进行预处理。

下面对政务数据集 zwdata.csv 进行一些预处理，因为后面的数据分析部分需要用到的字段是 Id，Area_county，Identity_categorie，Money，所以从 zwdata.csv 取出这些字段形成新的数据集 dealdata.csv。

```
[root@master dataset]#cat zwdata.csv | awk -F, '{$3=null;$4=null;$5=null;$6=null;
$7=null;$9=null;$10=null;print $0}' | awk 'BEGIN{OFS=",";}{print $1,$2,$3,$4}' >
dealdata.csv
```

步骤 3：删除文件第一行记录，即字段名称。

dealdata.csv 中的第一行都是字段名称，后续步骤不需要第一行字段名称，因此，这里做数据预处理时，删除第一行。

下面删除 dealdata.csv 中的第 1 行。

```
[root@master dataset]# sed -i '1d' dealdata.csv
```

处理好后，取出 dealdata.csv 前面 5 条记录看一下。

```
[root@master dataset]# head -5 dealdata.csv
35029,铁西区,无领取离退休金和养老保险金老年人,30
35030,铁西区,未登记失业人员,30
35031,铁西区,学龄前儿童,713
35032,铁西区,学生,407
35033,铁西区,其他人员,468
```

为了方便测试，在 dealdata.csv 内选出 500 条记录形成新的数据集 dealdata_small.csv（详见附件）。

15.3 数据上传

上传数据前请确保 Hadoop 集群已经启动，各节点状态正常，执行 jps 命令看一下当前

运行的进程：

```
[hadoop @master ~]$ cd /usr/local/src/hadoop
[hadoop @master hadoop]# ./sbin/start-dfs.sh #启动hadoop
[hadoop @master hadoop]# jps
9703 NameNode
10055 ResourceManager
10330 Jps
9901 SecondaryNameNode
```

在 15.2 节中，测试数据集 dealdata_small.csv 在本地文件系统的/usr/local/src/bigdatacase/
dataset 位置，打开一个终端，执行以下 Shell 命令，把数据集上传到 HDFS 文件系统中：

```
#查看HDFS文件系统根目录下的内容
 [hadoop @master hadoop]# ./bin/hdfs dfs -ls /
Found 4 items
-rw-r--r--   3 root supergroup       15429 2020-07-11 20:30 /LICENSE.txt
drwxr-xr-x   - root supergroup           0 2020-07-12 04:56 /bigdatacase
drwx-wx-wx   - root supergroup           0 2020-07-12 10:08 /tmp
drwxr-xr-x   - root supergroup           0 2020-07-12 10:15 /user
#在HDFS的根目录下创建input_spark目录
[hadoop@master hadoop]$ ./bin/hdfs dfs -mkdir /input_spark
#查看目录是否创建成功
[hadoop@master hadoop]$ ./bin/hdfs dfs -ls /
Found 5 items
-rw-r--r--   3 root supergroup       15429 2020-07-11 20:30 /LICENSE.txt
drwxr-xr-x   - root supergroup           0 2020-07-12 04:56 /bigdatacase
drwxr-xr-x   - root supergroup           0 2020-09-21 00:00 /input_spark
drwx-wx-wx   - root supergroup           0 2020-07-12 10:08 /tmp
drwxr-xr-x   - root supergroup           0 2020-07-12 10:15 /user
#把本地数据集上传到HDFS中
[hadoop@master  hadoop]$  ./bin/hdfs  dfs  -put  /usr/local/src/bigdatacase/dataset/
dealdata_small.csv /input_spark
#数据上传完以后,在Linux终端中执行以下命令,确认上传文件的大小及内容是否一致:
#查看该目录信息
[hadoop@master hadoop]$ ./bin/hdfs dfs -ls /input_spark
Found 1 items
-rw-r--r--    3 root  supergroup      2965463 2020-07-12 10:20 /input_spark/dealdata_
small.csv
#查看HDFS文件中的数据
[hadoop@master hadoop]$ ./bin/hdfs dfs -cat /input_spark/dealdata_small.csv
35029,铁西区,无领取离退休金和养老保险金老年人,30
35030,铁西区,未登记失业人员,30
35031,铁西区,学龄前儿童,713
35032,铁西区,学生,407
35033,铁西区,其他人员,468
...
```

15.4　在MySQL中建库

MySQL 属于传统的关系型数据库产品，关系型数据库的特点是将数据保存在不同的表中，再将这些表放入不同的数据库中，而不是将所有的数据统一放在一个大仓库里，这样的设计加快了 MySQL 的读取速度，而且它的灵活性和可管理性也得到了很大的提高。访问及管理 MySQL 数据库的最常用标准化语言为 SQL——结构化查询语言。SQL 使得对数据库进行存储、更新和存取信息的操作变得更加容易。在本实验中，政务数据分析的结果全部会被写入 MySQL 数据库，因此首先需要在 MySQL 中创建相应的数据库、表和视图。

15.4.1 进入 MySQL Shell 环境

安装好 MySQL 后检查 MySQL 服务是否打开，若还未打开则执行以下命令开启服务：

```
[hadoop@master ~]$ systemctl start mysqld
```

然后进入 MySQL Shell 交互式执行环境，执行以下命令：

```
[hadoop@master ~]$ mysql -u root -p
```

执行以上命令后需要根据系统提示输入密码，这里是指数据库 root 用户名的密码，而非 Linux 系统的 root 用户密码。

15.4.2 创建一个数据库

进行数据库的创建，数据库命名为"spark_web"。

```
#创建数据库 spark_web
mysql> create database spark_web;
#进入数据库 spark_web
mysql> use spark_web;
```

15.4.3 创建数据明细表

继续在 MySQL Shell 交互式执行环境中执行以下 SQL 语句，创建一个数据明细表，其字段名称、字段类型及默认值如下：

```
mysql>create TABLE detail(
    Id varchar(10)DEFAULT NULL,
    Area_county varchar(20)DEFAULT NULL,
    Identity_categories varchar(100)DEFAULT NULL,
    Money double DEFAULT NULL
)ENGINE=InnoDB DEFAULT CHARSET=utf8;
```

查看 detail 表：

```
mysql>describe detail;
+---------------------+--------------+------+-----+---------+-------+
| Field               | Type         | Null | Key | Default | Extra |
+---------------------+--------------+------+-----+---------+-------+
| Id                  | varchar(10)  | YES  |     | NULL    |       |
| Area_county         | varchar(20)  | YES  |     | NULL    |       |
| Identity_categories | varchar(100) | YES  |     | NULL    |       |
| Money               | double       | YES  |     | NULL    |       |
+---------------------+--------------+------+-----+---------+-------+
4 rows in set (0.00 sec)
```

15.4.4 创建区域金额表

继续在 MySQL Shell 交互式执行环境中执行以下 SQL 语句，创建一个区域金额表，其字段名称、字段类型及默认值如下：

```
mysql>create TABLE area_money(
    Area_county varchar(20)DEFAULT NULL,
        Money double DEFAULT NULL
)ENGINE=InnoDB DEFAULT CHARSET=utf8;
```

查看 area_money 表：

```
mysql>describe area_money;
+-------------+-------------+------+-----+---------+-------+
| Field       | Type        | Null | Key | Default | Extra |
+-------------+-------------+------+-----+---------+-------+
| Area_county | varchar(20) | YES  |     | NULL    |       |
| Money       | double      | YES  |     | NULL    |       |
+-------------+-------------+------+-----+---------+-------+
2 rows in set (0.01 sec)
```

15.4.5 创建人员类型金额表

继续在 MySQL Shell 交互式执行环境中执行以下 SQL 语句，创建一个人员类型金额表，其字段名称、字段类型及默认值如下：

```
mysql>create TABLE categories_money(
    Identity_categories varchar(100)DEFAULT NULL,
    Money double DEFAULT NULL
)ENGINE=InnoDB DEFAULT CHARSET=utf8;
```

查看 categories_money 表：

```
mysql>describe categories_money;
+---------------------+--------------+------+-----+---------+-------+
| Field               | Type         | Null | Key | Default | Extra |
+---------------------+--------------+------+-----+---------+-------+
| Identity_categories | varchar(100) | YES  |     | NULL    |       |
| Money               | double       | YES  |     | NULL    |       |
+---------------------+--------------+------+-----+---------+-------+
2 rows in set (0.01 sec)
```

15.4.6 添加 MySQL 数据库驱动程序 JAR 包

连接 MySQL 需要驱动包，所以首先应该下载 MySQL 驱动包，然后将 JAR 包放入 JAVA 编程环境，最后进行连接检测：

```
[hadoop@master hadoop]$ cd ~/downloads
[hadoop@master Downloads]$ tar -zxvf mysql-connector-java-5.1.40.tar.gz
[hadoop@master Downloads]$ cp./mysql-connector-java-5.1.40/mysql-connector-java-5.1.40-
bin.jar /usr/local/src/spark/jars
```

15.5 通过 Spark 程序分析数据

Spark 是基于内存计算的大数据并行计算框架，它不仅提高了在大数据环境下数据处理的实时性，同时保证了高容错性和高可伸缩性。Spark 兼容 HDFS 分布式存储层，可融入 Hadoop 的生态系统。在本小节中，使用 Scala 语言编写 Spark 程序，对 HDFS 中的政务数据集进行分析，并把分析结果写入 15.4 已经创建好的 MySQL 数据库中。

15.5.1　新建项目

打开 IntelliJ IDEA，选择菜单 File→New→Project，打开一个新建项目对话框，如图 15.2 所示。本实验使用 Maven 对 Scala 程序进行编译打包，单击左侧的"Maven"选项，不要选中右侧的"Create from archetype"复选框，然后单击"Next"按钮。

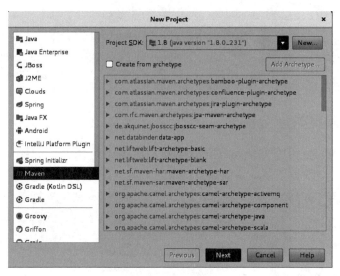

图 15.2　新建项目

在弹出的界面中进行如图 15.3 所示的参数设置。

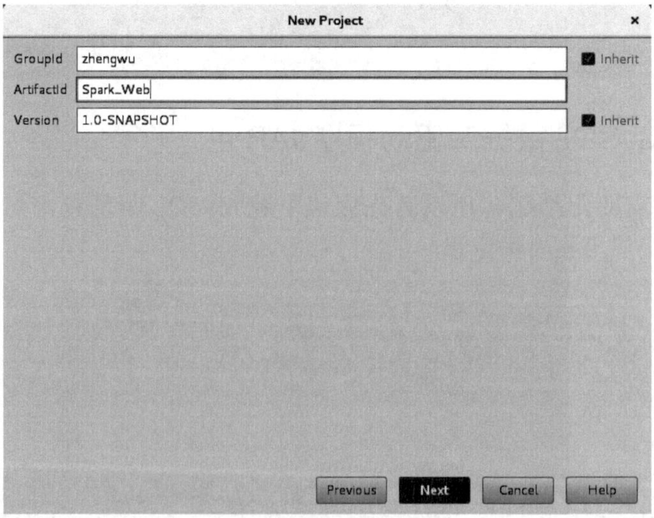

图 15.3　设置项目信息

单击"Next"按钮，进行如图 15.4 所示的参数设置，然后单击"Finish"按钮。

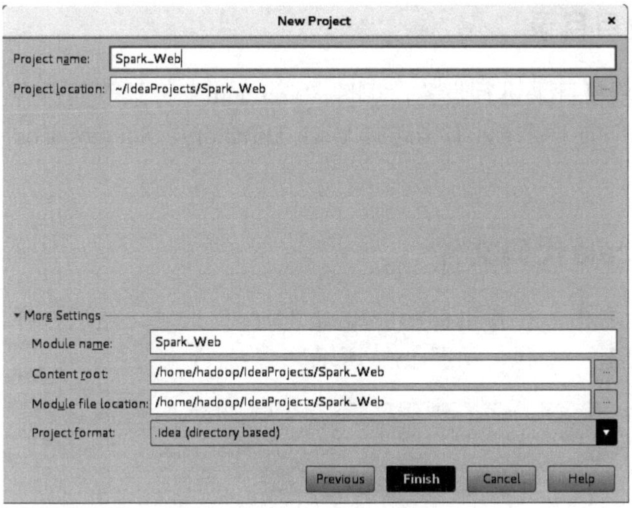

图15.4　设置项目名称及位置

15.5.2　设置依赖包

在 IDEA 中开发 Scala 程序时，需要导入 Scala SDK。选择菜单 File→Project，选择左侧的 "Project Settings" 选项，单击 "Libraries" 选项，单击 "+" 按钮，然后选择 "Scala SDK" 选项，如图 15.5 所示。

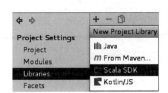

图15.5　选择 "Scala SDK" 选项

然后在弹出的界面中选择合适的 Scala 版本，单击 "OK" 按钮，如图 15.6 所示。

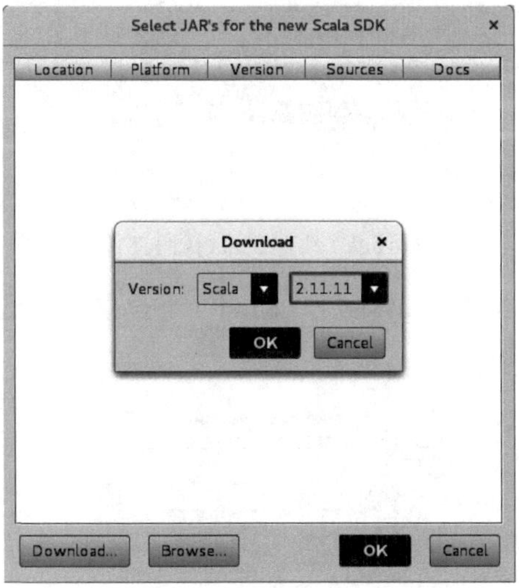

图15.6　选择 Scala 版本

15.5.3 设置项目目录

对 Spark_Web 项目目录进行设置，删除"src/main"目录下的所有子目录，然后新建一个名称为"Scala"的子目录，右击选择 Mark Directory> Sources Root，即将其设置为源代码根目录。

15.5.4 新建 Scala 代码文件

在 Scala 目录上右击，在弹出菜单中单击"New"选项，然后在弹出的子菜单中单击"Package"选项，新建一个包，如图 15.7 所示。

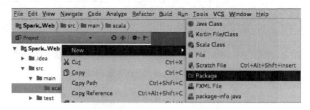

图15.7 新建一个包

在弹出的对话框中，在文本框中输入"zhengwu.online"，如图 15.8 所示，然后单击"OK"按钮。

图15.8 设置包的名称

在"zhengwu.online"这个包上右击，在弹出的菜单中单击"New"选项，然后单击"Scala Class"选项，新建一个 Scala 代码文件，如图 15.9 所示。

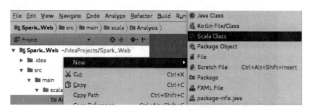

图15.9 新建 Scala 代码文件

在弹出的对话框中输入"Analysis"，"Kind"下拉菜单中选择"Object"，如图 15.10 所示，然后单击"OK"按钮。

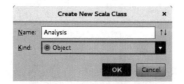

图15.10 设置 Scala 类的名称和类型

按同样的方法，新建第 2 个代码文件"MysqlUtil.Scala"，如图 15.11 所示。

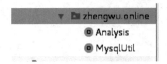

图 15.11 项目目录结构

15.5.5 编写 Scala 代码文件

（1）MysqlUtil.Scala，其功能是向 MySQL 数据库插入数据。

```scala
package zhengwu.online
import java.sql.{Connection, DriverManager, PreparedStatement}
import org.apache.spark.sql.{DataFrame, Row, SQLContext}

object MysqlUtil {

/*连接mysql数据库*/
  val url =
"jdbc:mysql://localhost:3306/spark_web?useUnicode=true&characterEncoding=UTF-8"
  val prop = new java.util.Properties
  prop.setProperty("user", "root")
/*密码要修改成自己机器上的密码*/
  prop.setProperty("password", "passwd")

  /*向area_money表插入数据*/
  def sum_area_money(iterator:Iterator[(String, Double)]):Unit = {
    var conn:Connection = null
    var ps:PreparedStatement = null
    val sql = "replace into area_money values(?, ?)"
    conn = DriverManager.getConnection(url, prop)
    iterator.foreach(data => {
      ps = conn.prepareStatement(sql)
      ps.setString(1, data._1)
      ps.setDouble(2, data._2)
      ps.executeUpdate()
    })
    if(ps != null){
      ps.close()
    }
    if(conn != null){
      conn.close()
    }
  }
/*向categories_money表插入数据*/
  def sum_categories_money(iterator:Iterator[(String, Double)]):Unit = {
    var conn:Connection = null
    var ps:PreparedStatement = null
    val sql = "replace into categories_money values(?, ?)"
    conn = DriverManager.getConnection(url, prop)
```

```
  iterator.foreach(data => {
    ps = conn.prepareStatement(sql)
    ps.setString(1, data._1)
    ps.setDouble(2, data._2)
    ps.executeUpdate()
  })
  if(ps != null){
    ps.close()
  }
  if(conn != null){
    conn.close()
  }
}
```

（2）Analysis.Scala，其功能是从文件中读出数据，进行数据清洗和处理，并通过调用MysqlUtil 程序把数据存储到 MySQL 数据库中：

```
package zhengwu.online
import java.text.SimpleDateFormat
import org.apache.spark.rdd.RDD
import org.apache.spark.{SparkConf, SparkContext}
import Scala.util.matching.Regex

object Analysis {
  def main(args:Array[String]):Unit = {

    val conf = new SparkConf().setMaster("local[*]").setAppName("Analysis")
    val sc = new SparkContext(conf)
#前期测试可以先输入数据集本地文件路径,完成测试后可更换成 HDFS 中的文件
    val path = "file:///usr/local/src/bigdatacase/dataset/dealdata_small.csv"
    println("输入文件的路径:" + path)
    val lineRdd = sc.textFile(path)

/*对文件每行数据进行切分*/
    val areaRdd = lineRdd.map {
      line => val data = line.split(",")
      (data(1), data(3))
      }
    val cateRdd = lineRdd.map {
      line => val data = line.split(",")
      (data(2), data(3))
    }

/*根据需要聚合数据*/
    val area_resultRdd=areaRdd.groupByKey().map(x=>{
    var sum=0.0
    for(score<- x._2){
      sum+=score.toDouble
```

```
    }
    var avg = sum
  (x._1,avg)


  }).coalesce(1)

    val cate_resultRdd=cateRdd.groupByKey().map(x=>{
      var cate_sum=0.0
      for(score<- x._2){
        cate_sum+=score.toDouble
      }
    (x._1,cate_sum)

    }).coalesce(1)

  area_resultRdd.collect().foreach(println)
  println("area_sum插入mysql数据库_开始")
  area_resultRdd.foreachPartition(MysqlUtil.sum_area_money)
  println("area_sum插入mysql数据库_结束")

  cate_resultRdd.collect().foreach(println)
  println("cate_sum插入mysql数据库_开始")
  cate_resultRdd.foreachPartition(MysqlUtil.sum_categories_money)
  println("cate_sum插入mysql数据库_结束")

  sc.stop()
}
}
```

15.5.6 配置pom.xml文件

清空"pom.xml"文件内容，然后把如下内容复制到"pom.xml"文件中：

```xml
<?xml version="1.0" encoding="UTF-8"?>
<project xmlns="http://maven.apache.org/POM/4.0.0"
       xmlns:xsi="http://www.w3.org/2001/XMLSchema-instance"
       xsi:schemaLocation="http://maven.apache.org/POM/4.0.0
http://maven.apache.org/xsd/maven-4.0.0.xsd">
  <modelVersion>4.0.0</modelVersion>
  <groupId>dblab</groupId>
  <artifactId>Spark_Web</artifactId>
  <version>1.0-SNAPSHOT</version>
  <name>${project.artifactId}</name>
  <properties>
    <maven.compiler.source>1.6</maven.compiler.source>
    <maven.compiler.target>1.6</maven.compiler.target>
    <encoding>UTF-8</encoding>
    <Scala.version>2.11.8</Scala.version>
    <spark.version>2.1.0</spark.version>
    <Scala.compat.version>2.11</Scala.compat.version>
  </properties>
```

```
<dependencies>
    <!-- https://mvnrepository.com/artifact/org.apache.spark/spark-core_2.11 -->
    <dependency>
        <groupId>org.apache.spark</groupId>
        <artifactId>spark-core_2.11</artifactId>
        <version>${spark.version}</version>
    </dependency>
    <dependency>
        <groupId>org.Scala-lang</groupId>
        <artifactId>Scala-library</artifactId>
        <version>${Scala.version}</version>
    </dependency>
    <dependency>
        <groupId>org.apache.spark</groupId>
        <artifactId>spark-hive_2.11</artifactId>
        <version>${spark.version}</version>
    </dependency>

    <!-- Mysql -->
    <dependency>
        <groupId>mysql</groupId>
        <artifactId>mysql-connector-java</artifactId>
        <version>5.1.39</version>
    </dependency>

    <!-- fastjson -->
    <dependency>
        <groupId>com.alibaba</groupId>
        <artifactId>fastjson</artifactId>
        <version>1.2.7</version>
    </dependency>


    <dependency>
        <groupId>org.apache.commons</groupId>
        <artifactId>commons-pool2</artifactId>
        <version>2.2</version>
    </dependency>
    <!-- Test -->
    <dependency>
        <groupId>junit</groupId>
        <artifactId>junit</artifactId>
        <version>4.11</version>
        <scope>test</scope>
    </dependency>
    <dependency>
        <groupId>org.specs2</groupId>
        <artifactId>specs2-core_${Scala.compat.version}</artifactId>
        <version>2.4.16</version>
        <scope>test</scope>
```

```
        </dependency>
        <dependency>
            <groupId>org.Scalatest</groupId>
            <artifactId>Scalatest_${Scala.compat.version}</artifactId>
            <version>2.2.4</version>
            <scope>test</scope>
        </dependency>
    </dependencies>

    <build>
        <plugins>
            <plugin>
                <groupId>net.alchim31.maven</groupId>
                <artifactId>Scala-maven-plugin</artifactId>
                <version>3.2.0</version>
                <executions>
                    <execution>
                        <id>compile-Scala</id>
                        <phase>compile</phase>
                        <goals>
                            <goal>add-source</goal>
                            <goal>compile</goal>
                        </goals>
                    </execution>
                    <execution>
                        <id>test-compile-Scala</id>
                        <phase>test-compile</phase>
                        <goals>
                            <goal>add-source</goal>
                            <goal>testCompile</goal>
                        </goals>
                    </execution>
                </executions>

            </plugin>
        </plugins>
    </build>
</project>
```

创建好 pom.xml 代码后，在 pom.xml 代码窗口内任意位置右击，在弹出的菜单中选择
"Maven" 命令，再在弹出的子菜单中选择 "Download Sources and Documentation" 命令，
把对应的组件下载到项目内，然后 IDEA 就会开始到网络上下载相关的依赖文件。

15.5.7 在 IDEA 中运行程序

在 Analysis.Scala 界面顶部菜单栏中，选择菜单 "Run"，运行不报错，出现 "Process
finished with exit code 0" 即运行成功如图 15.12 所示。

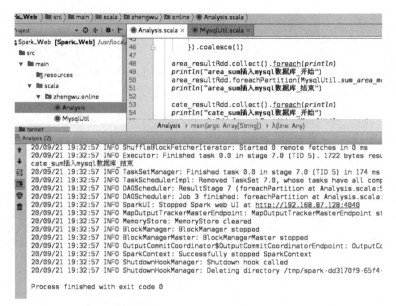

图 15.12　运行结果

15.6　查询分析结果

进入 MySQL Shell 交互式执行环境。

```
[hadoop@master ~]$ mysql -u root -p
```

进入 MySQL Shell 交互式执行环境，查看 area_money 表和 categories_money 表。

```
#进入数据库spark_web
mysql> use spark_web;
mysql> select * from area_money;
```

通过 Spark 程序对政务大数据进行分析，统计得出该城市每个地区发放的福利金额，如图 15.13 所示。

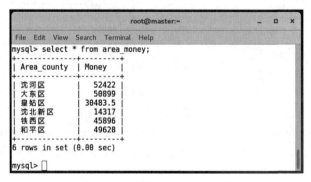

图 15.13　查询 area_money 表

```
mysql> select * categories_money;
```

统计得出该城市每种类型人群发放的福利金额，如图 15.14 所示。

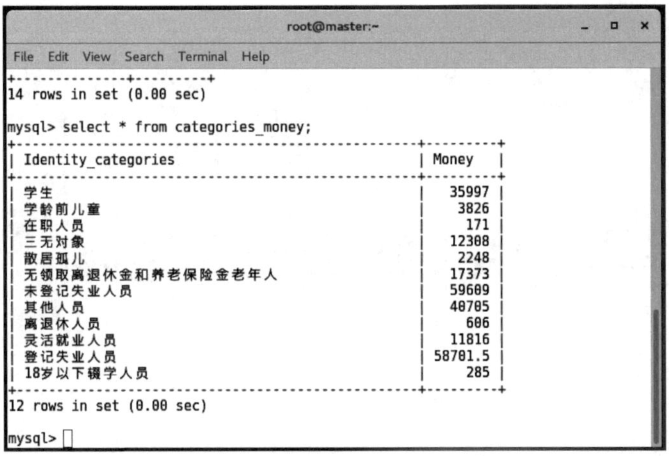

```
root@master:~
File  Edit  View  Search  Terminal  Help
+---------------+---------+
14 rows in set (0.00 sec)

mysql> select * from categories_money;
+--------------------------------------------------+---------+
| Identity_categories                              | Money   |
+--------------------------------------------------+---------+
| 学生                                             |   35997 |
| 学龄前儿童                                       |    3826 |
| 在职人员                                         |     171 |
| 三无对象                                         |   12308 |
| 散居孤儿                                         |    2248 |
| 无领取离退休金和养老保险金老年人                 |   17373 |
| 未登记失业人员                                   |   59609 |
| 其他人员                                         |   40705 |
| 离退休人员                                       |     606 |
| 灵活就业人员                                     |   11816 |
| 登记失业人员                                     | 58701.5 |
| 18岁以下辍学人员                                 |     285 |
+--------------------------------------------------+---------+
12 rows in set (0.00 sec)

mysql> 
```

图 15.14　查询categories_money表

15.7　本章小结

本章通过开发Spark程序对政务数据集进行了分析，并将结果存放至数据库以方便用户查询，读者可以利用相关数据进行练习。

第 16 章
大数据平台安全运维实战

📖 **学习目标**

- 掌握 Sentry 服务安装配置
- 掌握 HDFS 文件权限和 ACL 权限的配置
- 掌握 YARN 的队列访问权限的设置
- 掌握 Hive 集成 Sentry 的配置，使用 Sentry 管理 Hive 权限

通过本章学习能够掌握 Sentry 的基本架构，清楚 Sentry 和 Hadoop 生态系统是如何集成的。能够掌握大数据平台安全解决方案的设计流程和实施方案。

16.1 项目背景

在网络空间中，大数据成为更容易被"发现"的大目标，承载着越来越多的关注度。一方面，大数据不仅意味着海量数据，也意味着更复杂、更敏感的数据，这些数据会吸引更多的潜在攻击者，成为更具吸引力的目标。另一方面，数据的大量聚集，使得黑客一次成功地攻击能够获得更多的数据，无形中降低了黑客的攻击成本，增加了"收益率"。

16.1.1 大数据加大隐私泄露风险

网络空间中的数据来源涵盖非常广阔的范围，如传感器、社交网络、记录存档、电子邮件等，大量数据的聚集不可避免地加大了用户隐私泄露的风险。一方面，大量的汇集数据包括大量的企业运营数据、客户信息、个人的隐私和各种行为的细节记录。这些数据的集中存储增加了数据泄露风险，而这些数据是否被滥用，也成为人身安全的一部分。另一方面，一些敏感数据的所有权和使用权并没有明确的界定，很多基于大数据的分析都未考虑到其中涉及个人的隐私问题。

16.1.2 大数据技术被应用到攻击手段中

在企业利用数据挖掘和数据分析等大数据技术获取商业价值的同时，黑客也正在利用这些大数据技术向企业发起攻击。黑客最大限度地收集更多有用信息比如社交网络、邮件、微博、电子商务、电话和家庭住址等信息，为发起攻击做准备，大数据分析让黑客的攻击更精准。此外，大数据为黑客发起攻击提供了更多机会。黑客利用大数据发起个人隐私信息挖掘、网络舆论控制等。

16.1.3　认证授权能力弱

大数据平台的存储框架主要是使用开源框架组成。开源框架在初期往往是对功能、性能非常重视，而对安全问题重视不够。以分布式文件系统（HDFS）为例，一旦攻击者知道 HDFS 的超级用户名，就可以轻易地伪装成超级用户，对数据进行窃取。分布式数据库也类似，虽然会有层级保护，但是攻击者一旦知道管理员或其他用户的用户名，就可以轻易获得数据库中的数据，完全不需要进行任何密码验证。

16.1.4　数据无加密

数据加密是为了保证数据在泄露之后，无法被非法人员利用。由于大数据技术刚刚兴起不久，大数据平台的各个框架又基本都是使用开源软件来构成，对于安全方面意识不够，因此数据在大数据平台中，无论是存储还是传输方面，都是使用明文。一旦数据泄露，将为用户带来极大地损失。

16.1.5　内部人员窃密

大数据平台中，内部权限认证机制及授权机制都是存在缺陷的。对于能够轻易接触到系统底层的内部人员来说，获取数据就变得轻而易举。赛门铁克曾经做过调查，数据泄露发生的原因大部分为内部人员人为泄露，占比高达 63%。

通过权限管控可以保证大数据平台的安全性，降低人为风险。可以对公司的业务数据、用户隐私和金融方面的信息进行保护，也可以防止公司员工的误操作。通过权限管控可以隔离工作环境，将业务进行拆分。一方面，可以减少不同业务工作人员之间出现删除数据等误操作行为。另一方面，将用户的业务环境进行隔离以后，能让用户在使用平台的过程中，最大限度地减少不必要的信息干扰，降低学习成本，提高工作效率。

16.2　需求分析

平台开发要符合信息安全等级保护三级要求。平台在设计和建设时还应遵循以下基本原则。

1. 标准、规范

遵守国家的相关标准，符合平台建设的相关要求，采用统一的数据模型和数据字典、数据传输协议、消息传输机制，在界面设计、文档书写、项目管理等方面严格标准，规范实施。

2. 高效、迅捷

高效性是软硬件总体性能的综合体现，设备和数据库软件的选择和集成应充分体现数据处理的吞吐量和响应时间。

3. 安全、可靠

作为各种应用的基础，安全管理平台必须稳定可靠，能够确保各项工作正常运转，不会因错误的操作或其他原因导致数据错误或服务终止。同时，应提供可靠的备份方案，在平台发现严重故障后，备份的数据应能及时恢复。

4. 互联、开放

实现安全管理和各部门业务系统互联互通，进一步做好安全管理和服务。

5. 易扩展、易维护

平台应具有高度的扩展性，以满足今后硬件扩展，以及软件和应用架构的扩展需求，同时数据维护和平台使用应易于操作和使用，方便用户进行数据交换、资源管理和统计分析。

16.3　Sentry介绍

Sentry是一个基于角色的粒度授权模块，适用于Hadoop。Sentry提供了对Hadoop集群上经过身份验证的用户和应用程序的数据控制和强制执行精确级别权限的功能。Sentry目前可以与Hive、Hive Metastore/HCatalog、Apache Solr、Impala和HDFS（仅限于Hive表数据）一起集成使用。

Sentry旨在成为Hadoop组件的可插拔授权引擎，它允许您定义授权规则以验证用户或应用程序对Hadoop资源的访问请求，Sentry是高度模块化的，可以支持Hadoop中各种数据模型的授权。

16.3.1　Sentry架构概述

Sentry组件授权过程涉及四个组件。

（1）Sentry Server：Sentry RPC服务器管理授权元数据，它支持安全检索和操作元数据的接口。

（2）Data Engine：这是一个数据处理应用程序，如Hive或Impala，需要授权访问数据或元数据资源，数据引擎加载Sentry插件，拦截所有客户端访问资源的请求并将其发送到Sentry插件进行验证。

（3）Sentry Plugin：Sentry Plugin在数据引擎中运行，它提供了操作存储在Sentry Server中的授权元数据的接口，并包括授权策略引擎，该引擎使用从服务器检索的授权元数据来评估访问请求。

（4）Policy metadata：存储权限策略数据，一般是外部存储数据库。

16.3.2　Sentry关键概念

（1）身份验证：验证凭据以可靠地识别用户。

（2）授权：限制用户对给定资源的访问权限。

（3）用户：由基础认证系统识别的个人。

（4）组：由身份验证系统维护的一组用户。

（5）权限：允许访问对象的指令或规则。

（6）角色：一组特权，用于组合多个访问规则的模板。

（7）授权模型：定义要受授权规则约束的对象以及允许的操作粒度。

16.3.3　Sentry 与 Hadoop 生态系统集成

Apache Sentry 可以与多个 Hadoop 组件一起使用。从本质上讲，可以使用 Sentry Server 存储授权元数据，并提供用于工具的 API，以安全地检索和修改此元数据。

Sentry Server 主要用于管理元数据，实际的授权决定由运行在数据处理应用程序（例如 Hive 或 Impala）中的策略引擎做出。每个组件都加载 Sentry 插件，该插件包括用于处理 Sentry 服务的服务客户端和用于验证授权请求的策略引擎，如图 16.1 所示。

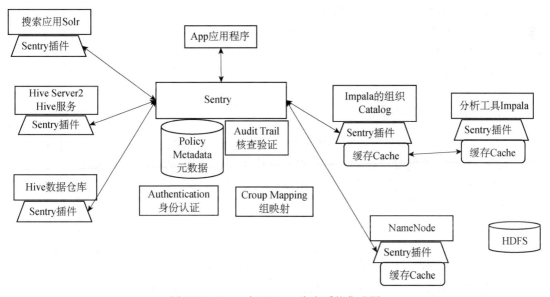

图 16.1　Sentry 与 Hadoop 生态系统集成图

16.3.4　Hive 和 Sentry

Hive 适用于 Sentry 服务和策略文件。Sentry 是适用于 Hadoop 生态环境、基于角色的授权管理系统，可以模块化集成到 HDFS、Hive。它是一个策略引擎，运行定义授权规则，以校验用户对数据模型的访问请求。Sentry 数据访问授权的实现依赖授权对象和操作，授权对象定义要受授权规则约束的对象，可以是服务器（server）、数据库、表、视图甚至是列。Hive 和 Sentry 集成后，可以通过 Hive 的调度脚本 beeline 命令管理 Sentry 权限，赋权用 GRANT 语句，权限回收用 REVOKE 语句。

Sentry Policy Engine 通过 Hook 函数插入 Hive，HiveServer2 在查询成功编译后执行 Hook 函数。Hook 函数获取查询以读写模式访问的对象列表。Sentry Hive Binding 将此转换为基于 SQL 权限模型的授权请求，如图 16.2 所示。

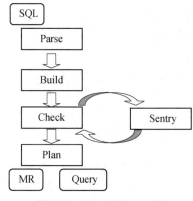

图 16.2　Hive 和 Sentry 图

Parse：对编写的 SQL 进行解析。

Build：创建任务。

Check：校验核查权限，是否与 Sentry 的一致。

Plan：执行任务。

MR：MapReduce。

Query：任务执行队列。

16.3.5　Sentry 和 HDFS

Sentry-HDFS 授权专注于 Hive 仓库数据——Hive 或 Impala 中表的一部分，这种集成的真正目的是将相同的授权检查扩展到可以从其他组件（如 MapReduce 或 Spark）访问到的 Hive 仓库数据，此时，此功能不会取代 HDFS ACL，与 Sentry 无关的表将保留其旧 ACL，如图 16.3 所示。

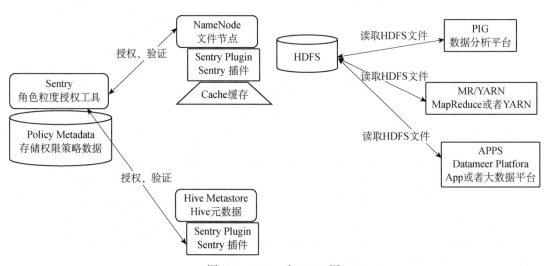

图 16.3　Sentry 和 HDFS 图

Sentry 权限到 HDFS ACL 权限的映射如下。

（1）SELECT 权限→对文件的读访问权限。

（2）INSERT 权限→对文件进行写访问。

（3）ALL权限→对文件的读写访问权限。

NameNode加载一个Sentry插件，用于缓存Sentry权限以及Hive元数据，这有助于HDFS保持文件权限和Hive表权限同步，Sentry插件定期轮询Sentry服务器以保持元数据更改同步。

16.4 解决方案

16.4.1 总体设计

通过身份认证和权限控制来保证大数据平台的应用安全。通过基于角色的权限管理来控制用户的权限，用户的角色决定了用户的权限。根据需要访问的组件资源分配给角色特定的权限。指定用户特定的角色，给用户赋予相应的权限。用户通过对应的角色权限访问组件资源。在权限管理中，权限、角色和用户的关系如图16.4所示。

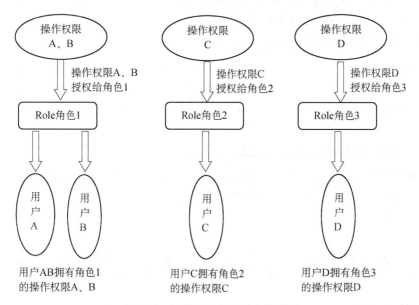

图16.4 权限、角色和用户关系图

通过用户组进行用户管理，具有相同属性的用户可以划分到同一个用户组，同一用户可以归属于多个用户组。通过给用户组指定角色，可以批量地给用户组中的用户赋予权限。某一用户组中的单个用户，可以额外指定角色。

16.4.2 详细设计

1. HDFS文件权限控制

Hadoop分布式文件系统实现了一个和POSIX系统类似的文件和目录的权限模型。每个文件和目录有一个所有者（owner）和一个组（group）。文件或目录对其所有者、同组的其他用户以及所有其他用户分别有着不同的权限。

每个访问HDFS的用户进程的标识分为两个部分，分别是用户名和组名列表。对每次用户进程访问一个文件或目录，HDFS 都要对其进行权限检查。HDFS 文件系统的权限管理需要通过 hdfs-site.xml 文件中的参数 dfs.permissions 来指定，该参数如果设置为 true，则打开权限检查；如果设置为 false，则关闭权限检查。这个配置参数不会影响文件或目录的模式、所有者和组等信息。

2. HDFS ACL 权限设置

HDFS ACL 通过给特定命名的 user 和 group 设置不同的权限的方法来控制 HDFS 文件的访问。不需要修改文件或目录本身的权限。ACL 的方式增强了传统权限模型，可以让用户给任意组合的 user 和 group 来定义访问控制。HDFS 的 ACL 通过 hdfs-site.xml 文件中的 dfs.namenode.acls.enabled 参数来开启。

3. 服务访问控制授权设置

Hadoop 在服务层进行授权（Service Level Authorization）控制，可以保证客户和 Hadoop 特定的服务进行连接，可以控制哪个用户/哪个组可以提交 MapReduce 任务，通过 hadoop-policy.xml 文件进行配置。服务层授权默认是不启用的，需要在 core-site.xml 文件中配置 hadoop.security.authorization 参数来启用服务层授权功能。

4. YARN 队列访问控制列表设置

YARN 通过队列对资源进行授权管理。指定哪个用户/哪个组可以提交任务到哪个队列中，能有效的管理集群资源。队列也有两个级别的授权，一个是提交作业到队列的授权，另一个是管理队列的授权。通过修改 yarn-site.xml 文件参数 yarn.acl.enable 开启 YARN 的 ACL。

5. 配置 Sentry 进行 Hive 的权限管理

在 CDH 中通过 Sentry 服务可以对 Hive 进行权限管控。Hive 集成 Sentry 后，可以通过创建角色，然后分配权限给角色，并将角色授权给用户的方式来进行权限管控。可以针对 Hive 的数据库或表进行细粒度的权限管控。

16.5　项目实施

16.5.1　用户规划

用户按照权限分为四类：管理组（supergroup）、分析组（analystgroup）、查询组（querygroup）和其他系统用户。

管理组用户：

（1）bimao：hdfs 和 yarn 管理员。

（2）hiveadmin：hive 管理员。

分析组用户：

hivean：hive 表创建、查询。

查询组用户：

（1）wangwu：普通用户。

（2）poly：普通用户。

其他系统用户：

（1）hdfs：hdfs 超级用户。

（2）hbase：hbase 超级用户。

（3）hive：hive 超级用户。

（4）yarn：yarn 超级用户。

```
#创建用户
useradd bimao
echo bimao123|passwd bimao --stdin
useradd hiveadmin
echo hiveadmin123|passwd hiveadmin --stdin
useradd hivean
echo hivean|passwd hivean --stdin
useradd wangwu
echo wangwu123|passwd wangwu --stdin
useradd poly
echo poly123|passwd poly --stdin
#创建组,并添加用户到组
groupadd supergroup
usermod -a -G supergroup bimao
usermod -a -G supergroup hiveadmin

groupadd analystgroup
usermod -a -G analystgroup hivean

groupadd querygroup
usermod -a -G querygroup wangwu
usermod -a -G querygroup poly
```

16.5.2　目录规划

```
- /dw: 项目根目录
    - source: 导入数据目录
    - tmp: 临时目录
    - hive: hive 数据表目录
- result: 分析结果目录
```

创建 HDFS 目录：

```
sudo -u hdfs hdfs dfs -mkdir /dw
sudo -u hdfs hdfs dfs -mkdir /dw/source
sudo -u hdfs hdfs dfs -mkdir /dw/tmp
sudo -u hdfs hdfs dfs -mkdir /dw/hive
sudo -u hdfs hdfs dfs -mkdir /dw/result
```

16.5.3　HDFS 文件权限控制

HDFS 文件系统的权限管理通过 hdfs-site.xml 文件中的参数 dfs.permissions 指定：

```
<property>
```

```
  <name>dfs.permissions</name>
  <value>true</value>
</property>
```

修改了 hdfs-site.xml 文件后，同步到其他节点：

```
scp /etc/hadoop/conf/hdfs-site.xml slave01:/etc/hadoop/conf
scp /etc/hadoop/conf/hdfs-site.xml slave02:/etc/hadoop/conf
```

重启 HDFS 服务：

```
 ssh master "cd /etc/init.d; systemctl restart hadoop-hdfs-namenode; systemctl restart
hadoop-hdfs-datanode"
ssh slave01 "cd /etc/init.d; systemctl restart hadoop-hdfs-datanode"
ssh slave02 "cd /etc/init.d;; systemctl restart hadoop-hdfs-datanode"
```

测试 HDFS 文件权限访问控制。
通过 mkdir 创建目录：

```
hdfs dfs -mkdir /test
```

查看当前目录的权限、属主和属组：

```
hdfs dfs -ls /
```

修改 test 目录的属主和属组：

```
sudo -u hdfs hdfs dfs -chown root: root /test
hdfs dfs -ls /
```

使用 Hive 用户在 test 目录下创建目录：

```
sudo -u hive hdfs dfs -mkdir /test/test1
```

修改 /test 目录权限：

```
hdfs dfs -chmod 777 /test
hdfs dfs -ls /
```

使用 Hive 用户在 test 目录下创建目录：

```
sudo -u hive hdfs dfs -mkdir /test/test1
hdfs dfs -ls /test
```

16.5.4　HDFS ACL 权限设置

通过配置 hdfs-site.xml 文件中的 dfs.namenode.acls.enabled 参数来启用 HDFS 的访问控制列表：

```
<property>
<name>dfs.namenode.acls.enabled</name>
<value>true</value>
</property>
```

修改了 hdfs-site.xml 文件后，同步到其他节点：

```
scp /etc/hadoop/conf/hdfs-site.xml slave01:/etc/hadoop/conf
```

```
scp /etc/hadoop/conf/hdfs-site.xml slave02:/etc/hadoop/conf
```

重启 HDFS 服务：

```
ssh master "cd /etc/init.d;systemctl restart hadoop-hdfs-namenode;systemctl restart
hadoop-hdfs-datanode"
ssh slave01 "cd /etc/init.d;systemctl restart hadoop-hdfs-datanode"
ssh slave02 "cd /etc/init.d;;systemctl restart hadoop-hdfs-datanode"
```

测试 HDFS 文件 ACL 权限。

通过 getfacl 获取文件的 ACLs，查看 /test 目录的 ACLs：

```
hdfs dfs -getfacl /test
```

通过递归的方式列出 /test 目录及其子目录和文件的所有 ACLs：

```
hdfs dfs -getfacl -R /test
```

赋予用户 Hive 对 /test 目录有 read&write 权限，赋予 group Hive 对 /test 目录有所有权限：

```
hdfs dfs -setfacl -m user:hive:rw- /test
hdfs dfs -setfacl -m group:hive:rwx /test
hdfs dfs -getfacl /test
```

从目录 /test 中移除用户 Hive 的 ACL 条目：

```
hdfs dfs -setfacl -x user:hive /test
hdfs dfs -getfacl /test
```

为父目录设置 default 的 ACL：

```
hdfs dfs -setfacl -m default:group:hive:r-x /test
hdfs dfs -getfacl /test
```

创建一个子目录：

```
hdfs dfs -mkdir /test/test2
```

检查新的子目录的 ACL，是否已经继承父目录 ACL 的 default 的值：

```
hdfs dfs -getfacl -R /test
```

16.5.5　服务访问控制授权

添加 HDFS 管理员，在 hdfs-site.xml 文件中添加：

```
<property>
  <name>dfs.cluster.administrators</name>
  <value>hdfs, bimao</value>
</property>
```

配置权限控制。

启用服务层授权，service-level authorization 功能默认是不启动的。

在 /etc/hadoop/conf/core-site.xml 文件中进行如下配置：

```
<property>
  <name>hadoop.security.authorization</name>
```

```
  <value>true</value>
  <description>Is service-level authorization enabled?</description>
</property>
```

同步配置文件到其余节点：

```
scp -r /etc/hadoop/conf slave01:/etc/hadoop/
scp -r /etc/hadoop/conf slave02:/etc/hadoop/
```

需要重启NameNode生效（其他的节点不需要重启）：

```
cd /etc/init.d
systemctl restart hadoop-hdfs-namenode
```

修改/etc/hadoop/conf/hadoop-policy.xml配置项：

```
<property>
    <name>security.client.protocol.acl</name>
    <value>root,hdfs,yarn,hive supergroup,analystgroup,querygroup</value>
</property>
<property>
    <name>security.job.client.protocol.acl</name>
    <value>root,hdfs,yarn,hive  supergroup,analystgroup,querygroup</value>
</property>
```

使配置内容生效：

```
sudo -u hdfs hdfs dfsadmin -refreshServiceAcl
sudo -u yarn yarn rmadmin -refreshServiceAcl
```

16.5.6　YARN队列访问控制列表

修改yarn-site.xml文件参数yarn.acl.enable开启YARN的ACL，修改参数yarn.admin.acl设置YARN的管理员：

```
<property>
<name>yarn.acl.enable</name>
<value>true</value>
</property>
<property>
<name>yarn.admin.acl</name>
<value>yarn, bimao</value>
</property>
<property>
  <name>yarn.resourcemanager.scheduler.class</name>
<value>org.apache.hadoop.yarn.server.resourcemanager.scheduler.capacity.CapacitySched
uler</value>
</property>
```

修改了yarn-site.xml文件后，同步到其他节点：

```
scp /etc/hadoop/conf/yarn-site.xml slave01:/etc/hadoop/conf
scp /etc/hadoop/conf/yarn-site.xml slave02:/etc/hadoop/conf
```

修改 capacity-scheduler.xml 文件，配置队列访问控制的权限。

（1）default 队列：禁用 default 队列，不允许任何用户提交或管理。

（2）q1 队列：只允许 wangwu 用户提交作业以及管理队列（如 kill）。

（3）q2 队列：只允许 poly 用户提交作业以及管理队列。

```
<property>
    <name>yarn.scheduler.capacity.maximum-applications</name>
    <value>10000</value>
    <description>Maximum number of applications that can be pending and running.
</description>
  </property>
  <property>
    <name>yarn.scheduler.capacity.maximum-am-resource-percent</name>
    <value>0.25</value>
    <description>Maximum percent of resources in the cluster which can be used to
run application masters i.e.
        controls number of concurrent running applications.
    </description>
  </property>
  <property>
    <name>yarn.scheduler.capacity.resource-calculator</name>
 <value>org.apache.hadoop.yarn.util.resource.DefaultResourceCalculator</value>
  </property>
  <property>
    <name>yarn.scheduler.capacity.root.queues</name>
    <value>default,q1,q2</value>
    <!-- 3个队列-->
    <description>The queues at the this level(root is the root queue).</description>
  </property>
  <property>
    <name>yarn.scheduler.capacity.root.default.capacity</name>
    <value>0</value>
    <description>Default queue target capacity.</description>
  </property>
  <property>
    <name>yarn.scheduler.capacity.root.default.user-limit-factor</name>
    <value>1</value>
    <description>Default queue user limit a percentage from 0.0 to 1.0.</description>
  </property>
  <property>
    <name>yarn.scheduler.capacity.root.default.maximum-capacity</name>
    <value>100</value>
    <description>The maximum capacity of the default queue.</description>
  </property>
  <property>
    <name>yarn.scheduler.capacity.root.default.state</name>
    <value>STOPPED</value>
    <!-- default 队列状态设置为STOPPED-->
    <description>The state of the default queue. State can be one of RUNNING or
STOPPED.</description>
```

```
    </property>
    <property>
        <name>yarn.scheduler.capacity.root.default.acl_submit_applications</name>
        <value> </value>
        <!-- default队列禁止提交作业-->
        <description>The ACL of who can submit jobs to the default queue.</description>
    </property>
    <property>
        <name>yarn.scheduler.capacity.root.default.acl_administer_queue</name>
        <value> </value>
        <!--禁止管理default队列-->
        <description>The ACL of who can administer jobs on the default queue.
</description>
    </property>
    <property>
        <name>yarn.scheduler.capacity.node-locality-delay</name>
        <value>40</value>
    </property>
    <property>
        <name>yarn.scheduler.capacity.queue-mappings</name>
        <value>u:wangwu:q1,u:poly:q2</value>
        <!--队列映射,wangwu用户自动映射到q1队列-->
        <description>A list of mappings that will be used to assign jobs to queues.
The syntax for this list is
            [u|g]:[name]:[queue_name][,next mapping]* Typically this list will be used
to map users to queues,for
            example, u:%user:%user maps all users to queues with the same name as the
user.
        </description>
    </property>
    <property>
        <name>yarn.scheduler.capacity.queue-mappings-override.enable</name>
        <value>true</value>
        <!--上述queue-mappings设置的映射,是否覆盖客户端设置的队列参数-->
        <description>If a queue mapping is present, will it override the value
specified by the user? This can be used
            by administrators to place jobs in queues that are different than the one
specified by the user. The default
            is false.
        </description>
    </property>
    <property>
        <name>yarn.scheduler.capacity.root.acl_submit_applications</name>
        <value> </value>
        <!-- ACL继承性,父队列需控制住权限-->
        <description>
            The ACL of who can submit jobs to the root queue.
        </description>
    </property>
    <property>
        <name>yarn.scheduler.capacity.root.q1.acl_submit_applications</name>
```

```
        <value>wangwu</value>
        <!-- q1只允许wangwu用户提交作业-->
    </property>
    <property>
        <name>yarn.scheduler.capacity.root.q2.acl_submit_applications</name>
        <value>poly</value>
        <!-- q2只允许poly用户提交作业-->
    </property>
    <property>
        <name>yarn.scheduler.capacity.root.q1.maximum-capacity</name>
        <value>100</value>
    </property>
    <property>
        <name>yarn.scheduler.capacity.root.q2.maximum-capacity</name>
        <value>100</value>
    </property>
    <property>
        <name>yarn.scheduler.capacity.root.q1.capacity</name>
        <value>50</value>
    </property>
    <property>
        <name>yarn.scheduler.capacity.root.q2.capacity</name>
        <value>50</value>
    </property>
    <property>
        <name>yarn.scheduler.capacity.root.acl_administer_queue</name>
        <value> </value>
        <!-- ACL继承性,父队列需控制住权限-->
    </property>
    <property>
        <name>yarn.scheduler.capacity.root.q1.acl_administer_queue</name>
        <value>wangwu</value>
        <!-- q1队列只允许wangwu用户管理,如kill作业-->
    </property>
    <property>
        <name>yarn.scheduler.capacity.root.q2.acl_administer_queue</name>
        <value>poly</value>
        <!-- q2队列只允许poly用户管理,如kill作业-->
    </property>
    <property>
        <name>yarn.scheduler.capacity.root.q1.state</name>
        <value>RUNNING</value>
    </property>
    <property>
        <name>yarn.scheduler.capacity.root.q2.state</name>
        <value>RUNNING</value>
    </property>
```

修改了capacity-scheduler.xml文件后，同步到其他节点：

```
scp /etc/hadoop/conf/capacity-scheduler.xml slave01:/etc/hadoop/conf
scp /etc/hadoop/conf/capacity-scheduler.xml slave02:/etc/hadoop/conf
```

重启 YARN 服务：

```
ssh master "cd /etc/init.d;systemctl restart hadoop-yarn-resourcemanager;systemctl restart hadoop-yarn-nodemanager"
ssh slave01 "cd /etc/init.d;systemctl restart hadoop-yarn-nodemanager"
ssh slave02 "cd /etc/init.d;systemctl restart hadoop-yarn-nodemanager"
```

测试 YARN 的队列访问控制权限：

```
#给 wangwu、poly 用户赋权
sudo -u hdfs hdfs dfs -setfacl -R -m user:wangwu:rwx /tmp/hadoop-yarn
sudo -u hdfs hdfs dfs -setfacl -R -m user:poly:rwx /tmp/hadoop-yarn
sudo -u hdfs hdfs dfs -getfacl -R /tmp/hadoop-yarn
#使用 bimao 用户提交 yarn 任务
sudo -u wangwu hadoop jar /usr/lib/hadoop-mapreduce/hadoop-mapreduce-examples.jar pi
-D mapred.job.queuename=q1 1 10
#使用 bimao 用户提交 yarn 任务到队列 q2
sudo -u wangwu hadoop jar /usr/lib/hadoop-mapreduce/hadoop-mapreduce-examples.jar pi
-D mapred.job.queuename=2 1 10
#使用 wangwu 用户提交 yarn 任务到 q1 队列
sudo -u wangwu hadoop jar /usr/lib/hadoop-mapreduce/hadoop-mapreduce-examples.jar pi
-D mapred.job.queue.name=q1 1000 1000
#使用 poly 用户杀死对应任务
sudo -u poly yarn application -kill application_1606616935349_0003
#使用 wangwu 用户杀死对应任务
sudo -u wangwu yarn application -kill application_1606616935349_0003
```

16.5.7　安装 Sentry

在 master 节点上安装 Sentry：

```
yum install  sentry sentry-hdfs-plugin sentry-store -y
```

16.5.8　配置 Sentry

（1）配置/etc/sentry/conf/sentry-site.xml：

```
<property>
   <name>sentry.service.admin.group</name>        #设置 sentry 的管理组
   <value>hive,hdfs</value>
 </property>
 <property>
   <name>sentry.service.allow.connect</name>    #设置允许连接 sentry 服务的用户
   <value>hive,hdfs</value>
 </property>
 <property>
   <name>sentry.verify.schema.version</name>
   <value>true</value>
 </property>
 <property>
   <name>sentry.service.reporting</name>
   <value>JMX</value>
```

```
</property>
<property>
  <name>sentry.service.server.rpc-address</name>  #设置sentry的rpc地址
  <value>master</value>
</property>
<property>
  <name>sentry.service.server.rpc-port</name> #设置sentry的rpc端口
  <value>8038</value>
</property>
```

（2）配置 Sentry store 相关参数：

```
<property>
  <name>sentry.store.jdbc.url</name>    #配置sentry连接的jdbc
  <value>jdbc:mysql://master:3306/sentrystore?useSSL=false</value>
</property>
<property>
  <name>sentry.store.jdbc.driver</name>  #配置jdbc驱动
  <value>com.mysql.jdbc.Driver</value>
</property>
<property>
  <name>sentry.store.jdbc.user</name> #配置数据库类型
  <value>root</value>
</property>
<property>
  <name>sentry.store.jdbc.password</name>  #配置数据库密码
  <value>Mysql1@#</value>
</property>
```

（3）Sentry store 的组映射。

sentry.store.group.mapping 有两种配置方式。

org.apache.sentry.provider.common.HadoopGroupMappingService。

org.apache.sentry.provider.file.LocalGroupMapping。

当使用后者的时候，还需要配置 sentry.store.group.mapping.resource 参数，即设置 policy file 的路径：

```
<property>
  <name>sentry.store.group.mapping</name>
<value>org.apache.sentry.provider.common.HadoopGroupMappingService</value>
</property>
```

16.5.9　配置 Sentry 客户端参数

（1）配置 Sentry 和 Hive 集成时的服务名称，默认值为 HS2，现在配置为 server1。

```
<property>
  <name>sentry.hive.server</name>
  <value>server1</value>
</property>
```

（2）在MySQL中创建Sentry数据库：

```
> create database sentrystore
```

（3）将MySQL-jdbc的jar包复制到sentry/lib目录下：

```
cp /usr/share/java/mysql-connector-java.jar /usr/lib/sentry/lib
```

（4）初始化Sentry的元数据库：

```
cd /usr/lib/sentry/bin
sentry --command schema-tool --conffile /etc/sentry/conf/sentry-site.xml --dbType
mysql --initSchema
```

（5）启动服务。

在master上启动Sentry服务：

```
cd /usr/lib/sentry/bin
sentry --command service --conffile /etc/sentry/conf/sentry-site.xml &
```

16.5.10　配置Hive集群集成Sentry

（1）Hive Metastore集成Hive。

需要在/etc/hive/conf/hive-site.xml中添加：

```
<property>
<name>hive.metastore.pre.event.listeners</name>
<value>org.apache.sentry.binding.metastore.MetastoreAuthzBinding</value>
</property>
<property>
  <name>hive.metastore.event.listeners</name>
<value>org.apache.sentry.binding.metastore.SentryMetastorePostEventListener</value>
 </property>
```

（2）Hive-server2集成Sentry。

确认/etc/hadoop/conf/container-executor.cfg文件中min.user.id=0。

修改/etc/hive/conf/hive-site.xml：

```
<property>
 <name>hive.server2.enable.impersonation</name>  #在hiveserver2中启用模拟
 <value>false</value>
</property>
<property>
 <name>hive.server2.enable.doAs</name>    #当连接hiveserver2时，模拟连接的用户进行操作，设置
成false则，yarn作业获取到的hiveserver2用户都为hive用户
 <value>false</value>
</property>
<property>
<name>hive.security.authorization.task.factory</name>
<value>org.apache.sentry.binding.hive.SentryHiveAuthorizationTaskFactoryImpl</value>
</property>
<property>
   <name>hive.server2.session.hook</name>   #设置hiveserver2的hook接口
```

```
<value>org.apache.sentry.binding.hive.HiveAuthzBindingSessionHook</value>
</property>
<property>
    <name>hive.sentry.conf.url</name>    #设置hive的sentry配置文件的url
    <value>file:///etc/hive/conf/sentry-site.xml</value>
</property>
<property>
      <name>hive.warehouse.subdir.inherit.perm</name>   #对仓库目录设置的权限应用于所有子目录
<value>true</value>
</property>
```

修改/etc/hive/conf/sentry-site.xml文件，注意与/etc/sentry/conf/sentry-site.xml区分：

```
<?xml version="1.0" encoding="UTF-8"?>
<configuration>
    <property>
      <name>sentry.service.security.mode</name>
      <valuc>none</value>
    </property>
    <property>
      <name>sentry.service.server.principal</name>
      <value> </value>
    </property>
    <property>
      <name>sentry.service.server.keytab</name>
      <value> </value>
    </property>
    <property>
      <name>sentry.service.client.server.rpc-port</name>
      <value>8038</value>
    </property>
    <property>
      <name>sentry.service.client.server.rpc-addresses</name>
      <value>master</value>
    </property>
    <property>
      <name>sentry.service.client.server.rpc-connection-timeout</name>
      <value>200000</value>
    </property>

    <!--以下是客户端配置-->
    <property>
      <name>sentry.provider</name>
<value>org.apache.sentry.provider.file.HadoopGroupResourceAuthorizationProvider</value>
    </property>
    <property>
      <name>sentry.hive.provider.backend</name>
<value>org.apache.sentry.provider.db.SimpleDBProviderBackend</value>
    </property>
    <property>
      <name>sentry.metastore.service.users</name>
      <value>hive</value>
```

```
    </property>
     <property>
       <name>sentry.hive.server</name>
       <value>server1</value>
     </property>
    <property>
       <name>sentry.hive.testing.mode</name>
       <value>true</value>
    </property>
</configuration>
```

（3）复制 Sentry 的 jar 包到 hive/lib 目录下：

```
cp /usr/lib/sentry/lib/sentry*.jar /usr/lib/hive/lib/
cp /usr/lib/sentry/lib/shiro*.jar /usr/lib/hive/lib/
```

（4）重启 Hive：

```
cd /etc/init.d/
systemctl restart hive-metastore
systemctl restart hive-server2
```

（5）测试。

给管理组授予/dw 目录所有权限：

```
sudo -u hdfs hdfs dfs -setfacl -R -m group: supergroup: rwx /dw
sudo -u hdfs hdfs dfs -setfacl -R -m group: analystgroup: rwx /dw
sudo -u hdfs hdfs dfs -setfacl -R -m group: querygroup: rwx /dw
sudo -u hdfs hdfs dfs -setfacl -R -m user: root: rwx /dw
sudo -u hdfs hdfs dfs -setfacl -R -m user: hive: rwx /dw
sudo -u hdfs hdfs dfs -getfacl -R /dw
```

将项目数据上传到/dw/source 目录上：

```
hdfs dfs -put webpage /dw/source/
hdfs dfs -ls /dw/source
```

配置 Sentry 同步路径，在 sentry/conf/sentry-site.xml 文件中修改：

```
<property>
 <name>sentry.service.processor.factories</name>
<value>org.apache.sentry.provider.db.service.thrift.SentryPolicyStoreProcessorFactory,
org.apache.sentry.hdfs.SentryHDFSServiceProcessorFactory</value>
</property>
<property>
 <name>sentry.policy.store.plugins</name>        #设置 Sentry 插件
 <value>org.apache.sentry.hdfs.SentryPlugin</value>
</property>
<property>
 <name>sentry.hdfs.integration.path.prefixes</name>
 <value>/user/hive/warehouse, /dw/hive</value>
</property>
```

重启 Sentry 服务：

```
ps -ef | grep sentry | grep -v grep | cut -c 9-15 | xargs kill -s 9
cd /usr/lib/sentry/bin
sentry --command service --conffile /etc/sentry/conf/sentry-site.xml &
```

使用 beeline 命令行连接 Hive：

```
beeline -u "jdbc:hive2://master:10001/;-n hive"
```

创建 admin 的角色，并授权给 Hive admin 用户：

```
create role admin;
grant all on server server1 to role admin;
grant role admin to group hiveadmin;
```

使用 beeline 命令行连接 Hive：

```
beeline -u "jdbc:hive2://master:10001/;-n hiveadmin"
```

创建外部表：

```
CREATE EXTERNAL TABLE webpage
(page_id SMALLINT,
name STRING,
assoc_files STRING)
ROW FORMAT DELIMITED
FIELDS TERMINATED BY '\t'
LOCATION '/dw/hive/webpage';
```

将数据 load 到 webpage 表：

```
load data inpath '/dw/source/webpage' overwrite into table webpage;
```

使用 beeline 命令行连接 Hive：

```
beeline -u "jdbc:hive2://master:10001/;-n hive"
```

创建 wangwu 的角色，并授权给 wangwu 用户：

```
create role wangwu;
grant select on table webpage to role wangwu;
grant role wangwu to group wangwu;
```

使用 wangwu 用户登录 beeline，查询 webpage 表：

```
beeline -u "jdbc:hive2://master:10001/;-n wangwu"
show tables;
select * from webpage;
```

使用 poly 用户登录 beeline，查询 webpage 表：

```
beeline -u "jdbc:hive2://master:10001/;-n poly"
show tables;
select * from webpage;
```

16.6　本章小结

通过本章的学习，通过对项目实施流程的学习，能掌握 HDFS 文件权限控制、HDFS ACL 权限设置和 YARN 队列访问控制的操作步骤，能独立完成 Sentry 服务的安装配置和掌握 Hive 集群集成 Sentry 的操作步骤。

第 17 章
商业大数据平台运维实战

📖 学习目标

- 掌握集群总体情况监控和分析
- 掌握HDFS内存管理、数据块检查、回收站管理、NameNode监控
- 掌握YARN任务管理和监控、资源队列管理
- 掌握HBase运行分析、热点定位、差异性检查和修复、备份和恢复

平台基础环境配置直接影响到相关实操是否成功,若基础环境配置错误会导致试验失败。本章会介绍到HDFS、YARN、HBase重点运维场景以及实战等内容。

17.1 集群状态查看

本章节主要讲解大数据平台的运维项目,大数据运维将各个分离的设备、功能和信息等集成到相互关联的、统一和协调的系统之中,使资源达到充分共享,实现集中、高效、便利的管理。解决系统之间的互连和互操作性问题,对于集群的正常运行和优化有着必不可少的作用。

大数据运维的必要性。

(1)所有的集群都会产生问题和故障,需要及时解决故障,保证集群的正常运行。集群包含大量不同种类、不同功能、不同性能的设备,项目建设完成后即需进入项目运维期,要对前期建设的项目进行运维。

(2)产品的升级及应用软件的更新,需要适应新的环境。现在各种软件都极为庞大、复杂,自身也更容易存在缺陷,需要主动修正和完善。

(3)随着时间的推移,对系统功能有新要求,或者是政策变化,需要系统功能跟着改变,所有这些问题都需要对系统进行运维,或者说需要升级、改造,不断完善。

17.1.1 检查各服务的运行状态

每日需要对集群主机中各个服务状态进行多次的巡检,主要包含HDFS、YARN、ZooKeeper、Hive、HBase等。

在NameNode主机检查NameNode服务状态：

```
[root@master ~]# jps | grep -v Jps | grep NameNode | grep -v grep |wc -l
```

NameNode HA模式下的ZKFC服务状态：

```
[root@master ~]# jps | grep -v Jps | grep DFSZKFailoverController | grep -v grep |wc -l
```

NameNode HA模式下的JournalNode服务状态：

```
[root@master ~]# jps | grep -v Jps | grep JournalNode | grep -v grep |wc -l
```

在所有数据节点检查DataNode服务状态：

```
[root@master ~]# jps | grep -v Jps | grep DataNode | grep -v grep |wc -l
```

在HMaster节点检查HMaster服务状态：

```
[root@master ~]# jps | grep -v Jps | grep HMaster | grep -v grep |wc -l
```

在HiveMetaStore节点检查HiveMetaStore服务状态：

```
[root@master ~]# ps -ef | grep HiveMetaStore |grep -v grep |wc -l
```

在HiveServer2节点检查HiveServer2服务状态：

```
[root@master ~]# ps -ef | grep HiveServer2 |grep -v grep |wc -l
```

在ZooKeeper节点检查QuorumPeerMain服务状态：

```
[root@master ~]# jps | grep -v Jps | grep QuorumPeerMain |grep -v grep|wc -l
```

在NodeManager节点检查NodeManager服务状态：

```
[root@master ~]# jps | grep -v Jps | grep NodeManager|grep -v grep|wc -l
```

在ResourceManager节点检查ResourceManager服务状态：

```
[root@master ~]# jps | grep -v Jps | grep ResourceManager|grep -v grep|wc -l
```

如果返回值大于0则说明服务正确，各个服务的运行状态总结如表17.1所示。

表 17.1　Hadoop各服务运行状态

服　　务	结　　果
NameNode	正常
DataNode	正常
History Server	正常
Resource Manager	正常
Node Manager	正常
Hive	正常
HBase master	正常

17.1.2　集群各个主机资源负载情况

每日需要对集群主机的资源使用情况进行巡检，主要包括CPU和内存的使用情况。在集群主机使用top命令，检查负载、CPU资源使用、TOP进程等信息：

```
[root@master ~]# top
```

命令执行结果：

```
top - 01:56:10 up 29 days, 43 min, 5 users, load average:0.83, 0.65, 0.62
Tasks: 30 total, 1 running, 29 sleeping, 0 stopped, 0 zombie
%Cpu(s): 4.5 us, 3.1 sy, 0.0 ni, 91.4 id, 0.3 wa, 0.0 hi, 0.7 si, 0.0 st
KiB Mem:98740080 total, 9762820 free, 15098680 used, 73878584 buff/cache
KiB Swap: 4194300 total, 3874688 free, 319612 used. 50078780 avail Mem

  PID USER      PR NI   VIRT    RES   SHR S %CPU %MEM    TIME+ COMMAND
10990 clouder+  20  0 8280496  2.4g 27816 S  1.3  2.6 724:37.28 java
73616 mysql     20  0 2960772 359452  7576 S  0.7  0.4 309:31.72 mysqld
    1 root      20  0  190856   2536  1500 S  0.0  0.0  20:55.62 systemd
   16 root      20  0   55840  18376 18140 S  0.0  0.0   0:06.20 systemd-journal
   37 root      20  0   43420   1112   536 S  0.0  0.0   0:00.98 systemd-udevd
   46 dbus      20  0   58108    952   744 S  0.0  0.0   1:30.69 dbus-daemon
  115 rpc       20  0   69276    208   148 S  0.0  0.0   0:06.65 rpcbind
  275 root      20  0   26512   1104   896 S  0.0  0.0   0:45.90 systemd-logind
  282 root      20  0  250036   6820  4552 S  0.0  0.0   2:56.48 httpd
  285 root      20  0  112920    500   400 S  0.0  0.0   0:00.06 sshd
  290 root      20  0   24272    472   364 S  0.0  0.0   0:04.61 crond
  293 root      20  0   25908     64    64 S  0.0  0.0   0:00.03 atd
 2517 root      20  0  132572  16320  4940 S  0.0  0.0   0:01.01 python
 5814 root      20  0  155484   6216  4740 S  0.0  0.0   1:13.46 sshd
```

CPU 资源使用总结：CPU 使用率低于 10%，资源充足，没有发现过度消耗资源的异常进程，检查结果正常。

CPU 负载一般不建议超过 70%。如果长时间超过 70% 以上，则有可能是资源不足。

如果检查发现有进程消耗资源比较多，且占住资源时间比较长，则需要重点关注。

使用 free -g 命令检查主机内存真实使用情况。

```
[root@master ~]# free -g
```

命令执行如下：

```
total      used      free    shared buff/cache  available
Mem:         94        14         9        31        70        47
Swap:         3         0         3
```

（1）内存使用率低于 50%，检查结果正常，内存使用在合理范围。

（2）如果内存使用 50%～70% 且长时间保持，则需要预警。

（3）如果长时间高于 70%，则可能是资源不足。

17.2 HDFS 运维与监控

17.2.1 HDFS 总体情况

查看 /etc/hadoop/conf/hdfs-site.xml 配置文件中的 dfs.namenode.http-address 参数，该参

数值为 HDFS NameNode web UI 的端口号。

```
[root@master ~]#cat /etc/hadoop/conf/hdfs-site.xml |grep -A 1 dfs.namenode.http-address
```

使用 dfs.namenode.http-address 配置的参数，查看 HDFS NameNode web UI 界面。url 地址：http://localhost：50070，分析 HDFS Summary 模块总体情况，如图 17.1 所示。

Summary

Security is off.

Safemode is off.

1,980 files and directories, 1,727 blocks (1,727 replicated blocks, 0 erasure coded block groups) = 3,707 total filesystem object(s).

Heap Memory used 56.57 MB of 193.38 MB Heap Memory. Max Heap Memory is 193.38 MB.

Non Heap Memory used 89.73 MB of 91.97 MB Commited Non Heap Memory. Max Non Heap Memory is <unbounded>.

Configured Capacity:	24.28 GB
DFS Used:	1.5 GB (6.19%)
Non DFS Used:	13.52 GB
DFS Remaining:	9.2 GB (37.88%)
Block Pool Used:	1.5 GB (6.19%)
DataNodes usages% (Min/Median/Max/stdDev):	6.19% / 6.19% / 6.19% / 0.00%
Live Nodes	1 (Decommissioned: 0, In Maintenance: 0)
Dead Nodes	0 (Decommissioned: 0, In Maintenance: 0)
Decommissioning Nodes	0
Entering Maintenance Nodes	0
Total Datanode Volume Failures	0 (0 B)
Number of Under-Replicated Blocks	1391
Number of Blocks Pending Deletion	0
Block Deletion Start Time	Tue Dec 15 09:49:06 +0800 2020
Last Checkpoint Time	Tue Dec 15 14:46:44 +0800 2020
Enabled Erasure Coding Policies	RS-6-3-1024k

图 17.1　HDFS 总体情况图

说明：

（1）1980 files and directories，1727 blocks：此数值代表着 HDFS 存储内有多少文件和数据块，每 1G 内存可以存放大约每百万个块 1GB 堆内存。如果数据块使用率超过 75% 则需要预警。

（2）Configured Capacity：此数值代表 HDFS 总存储容量。

（3）DFS Used：此数值代表为占用的 HDFS 存储容量。使用占比超过 70% 则需要预警。

（4）DataNodes usages%（Min/Median/Max/stdDev）：此数值代表着 HDFS 各个节点的存储使用均衡情况，若最后一个数字高于 5%，说明此刻系统的存储均衡是不正常的，需要判断是否有故障节点和执行 balance 操作。

（5）Dead Nodes：此数值代表集群内与 HDFS 断开连接的节点，通常是故障节点需要预警。

17.2.2　HDFS 数据节点卷故障检查

查看 DFS NameNode web UI，url 地址：http://localhost:50070，导航中的 Datanode Volume Failures，检查是否有卷故障，如图 17.2 所示。

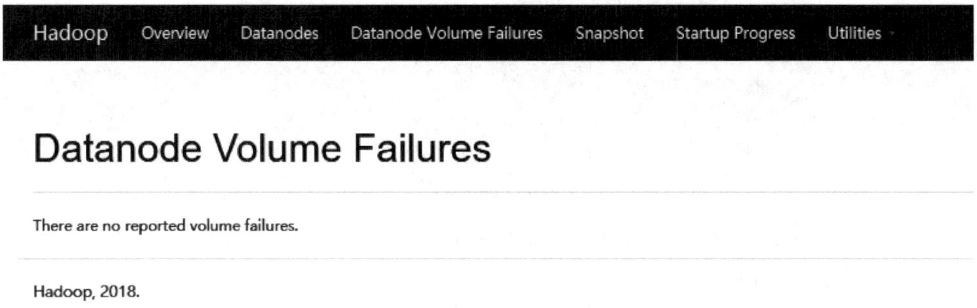

Hadoop　Overview　Datanodes　Datanode Volume Failures　Snapshot　Startup Progress　Utilities ·

Datanode Volume Failures

There are no reported volume failures.

Hadoop, 2018.

图17.2　HDFS数据节点卷故障情况图

17.2.3　HDFS回收站管理

检查垃圾回收自动清理的时间间隔，单位为天，生产上我们一般是设置成7天或者14天：

```
[root@master ~]# cat /etc/hadoop/conf/core-site.xml |grep -A 1 fs.trash.interval
    <name>fs.trash.interval</name>
    <value>1</value>
```

查看回收站大小：

```
[root@master ~]# hdfs dfs -du -h -s /user/root/.Trash/
```

如果回收站过大需要手动清理，防止等到自动清理时间过长，占用资源过多，并且尽量在业务比较小的时候清理，降低对业务的影响：

```
[root@master ~]# hdfs dfs -rm -r /user/root/.Trash/*
```

17.2.4　NameNode重要监控

（1）当前RPC处理队列长度：

```
[root@master~]#curl
http://master:9870/jmx?get=Hadoop:service=NameNode,name=RpcActivityForPort8020::CallQ
ueueLength
{
  "beans":[ {
    "name":"Hadoop:service=NameNode,name=RpcActivityForPort8020",
    "modelerType":"RpcActivityForPort8020",
    "CallQueueLength":0
  } ]
```

如果RPC队列长时间大于0则说明出现了访问延迟，需要重点预警和排除问题，同时可以结合RPC平均延迟时间来验证访问延迟问题。

（2）RPC平均延迟时间：

```
[root@master    ~]#    curl   http://master:9870/jmx?get=Hadoop:service=NameNode,name=
RpcActivityForPort8020::RpcQueueTimeAvgTime
{
```

```
"beans":[ {
  "name":"Hadoop:service=NameNode,name=RpcActivityForPort8020",
  "modelerType":"RpcActivityForPort8020",
  "RpcQueueTimeAvgTime":0.14285714285714285
} ]
}
```

每天需要实时监控RPC平均延迟和RPC处理队列情况，如果RPC平均延迟比较高则需要重点预警和分析问题。

（3）NameNode网络吞吐分析，包含发送和接收速率，单位为Bytes/s：

```
[root@master  ~]#  curl  http://master:9870/jmx?get=Hadoop:service=NameNode,name=
RpcActivityForPort8020::ReceivedBytes
{
  "beans":[ {
    "name":"Hadoop:service=NameNode,name=RpcActivityForPort8020",
    "modelerType":"RpcActivityForPort8020",
    "ReceivedBytes":191555
  } ]
}
[root@master  ~]#  curl  http://master:9870/jmx?get=Hadoop:service=NameNode,name=
RpcActivityorPort8020::SentBytes
{
  "beans":[ {
    "name":"Hadoop:service=NameNode,name=RpcActivityForPort8020",
    "modelerType":"RpcActivityForPort8020",
    "SentBytes":87412
  } ]
}
```

每天需要实时监控NameNode网络吞吐，观察吞吐的变化，如果延迟超过历史平均值，则需要进行预警。

17.2.5　HDFS数据块检查

HDFS可以通过fsck来检测HDFS上文件、block信息。

（1）查看文件监控状态：

```
[root@master ~]# hdfs fsck /user/root/
Connecting to namenode via http://master: 9870/fsck?ugi=root&path=%2Fuser%2Froot
FSCK started by root（auth: SIMPLE）from /192.168.88.101 for path /user/root at Tue
Dec 15 22: 35: 34 EST 2020

Status: HEALTHY
 Number of data-nodes: 1
 Number of racks:              1
 Total dirs:             8
 Total symlinks:         0

Replicated Blocks:
 Total size:    53591384 B
```

```
Total files:   66
Total blocks (validated):      65 (avg. block size 824482 B)
Minimally replicated blocks:   65 (100.0 %)
Over-replicated blocks:        0 (0.0 %)
Under-replicated blocks:       0 (0.0 %)
Mis-replicated blocks:         0 (0.0 %)
Default replication factor:    1
Average block replication:     1.0
Missing blocks:                0
Corrupt blocks:                0
Missing replicas:              0 (0.0 %)

Erasure Coded Block Groups:
 Total size:    0 B
 Total files:   0
 Total block groups (validated):        0
 Minimally erasure-coded block groups:  0
 Over-erasure-coded block groups:       0
 Under-erasure-coded block groups:      0
 Unsatisfactory placement block groups: 0
 Average block group size:     0.0
 Missing block groups:         0
 Corrupt block groups:         0
 Missing internal blocks:      0
FSCK ended at Tue Dec 15 22: 35: 34 EST 2020 in 5 milliseconds

The filesystem under path '/user/root' is HEALTHY
```

重点需要关注以下内容。

Status：代表这次HDFS上block检测的结果，HEALTHY 表示健康，CORRUPT 表示有损坏需要修复。

Total size：代表检测的目录下文件总大小。

Total files：代表检测的目录下总共有多少文件，结合 Total size 可以计算平均文件大小。如果平均文件大小过小，则可能出现小文件过多问题，需要及时清理和合并文件。

Total blocks（validated）：代表检测的目录下有多少个block块是有效的。

Mis-replicated blocks：指丢失的block块数量，如果出现丢失，则需要删除或者修复坏块。

Missing replicas：丢失的副本数，如果出现丢失，HDFS默认会自动修复。

（2）检查目录下的文件是否损坏：

```
[root@master ~]# hdfs fsck /user/root/ -files
……
/user/root/.staging/job_1606837856956_0001/libjars/jetty-util-9.3.20.v20170531.jar
452019 bytes, replicated:replication=1, 1 block(s): OK
/user/root/.staging/job_1606837856956_0001/libjars/jsr305-2.0.1.jar    31866    bytes,
replicated:replication=1, 1 block(s): OK
/user/root/.staging/job_1606837856956_0001/libjars/kite-data-core.jar  2206303  bytes,
replicated:replication=1, 1 block(s): OK
/user/root/.staging/job_1606837856956_0001/libjars/kite-data-hive.jar  1808856  bytes,
```

```
replicated:replication=1, 1 block(s): OK
......
Status:HEALTHY
 Number of data-nodes: 1
 Number of racks:               1
 Total dirs:                    8
 Total symlinks:                0

Replicated Blocks:
 Total size:    53591384 B
 Total files:   66
 Total blocks(validated):       65(avg. block size 824482 B)
 Minimally replicated blocks:   65(100.0 %)
 Over-replicated blocks:        0(0.0 %)
 Under-replicated blocks:       0(0.0 %)
 Mis-replicated blocks:         0(0.0 %)
 Default replication factor:    1
 Average block replication:     1.0
 Missing blocks:                0
 Corrupt blocks:                0
 Missing replicas:              0(0.0 %)

Erasure Coded Block Groups:
 Total size:    0 B
 Total files:   0
 Total block groups(validated):       0
 Minimally erasure-coded block groups: 0
 Over-erasure-coded block groups:      0
 Under-erasure-coded block groups:     0
 Unsatisfactory placement block groups:0
 Average block group size:      0.0
 Missing block groups:          0
 Corrupt block groups:          0
 Missing internal blocks:       0
FSCK ended at Tue Dec 15 22:37:26 EST 2020 in 4 milliseconds

The filesystem under path '/user/root' is HEALTHY
```

　　该检查会对指定目录下面的所有文件进行检查，如果文件正常，则返回"OK"。当检查完所有文件且所有文件都正常，会返回总体检查情况"Status：HEALTHY"。

　　（3）检查目录下的数据块的副本以及物理存储主机地址：

```
[root@master ~]# hdfs fsck /user/root -files -blocks -locations
......
/user/root/.staging/job_1606837856956_0001/job.splitmetainfo 13 bytes, replicated:
replication=1, 1 block(s): OK
0. BP-1411902350-192.168.88.101-1606836753948:blk_1073743302_2478 len=13 Live_repl=1
[DatanodeInfoWithStorage[192.168.88.101:9866,DS-c8957a1a-f6a9-4127-9e21-
d20d97126b6b,DISK]]

/user/root/.staging/job_1606837856956_0001/job.xml 205421 bytes, replicated:replication=
```

```
1, 1 block(s): OK
0.       BP-1411902350-192.168.88.101-1606836753948:blk_1073743303_2479       len=205421
Live_repl=1 [DatanodeInfoWithStorage[192.168.88.101:9866,DS-c8957a1a-f6a9-4127-9e21-
d20d97126b6b,DISK]]
```

DatanodeInfoWithStorage 记录数据块所在的物理主机地址。数据块分布如果集中在少数几台主机，则可能出现数据分布倾斜问题。

（4）查看目录损坏的块，如果权限不够需要使用 HDFS 用户执行命令：

```
[root@master ~]# sudo -u hdfs hdfs fsck / -list-corruptfileblocks
Connecting  to  namenode  via  http://master:9870/fsck?ugi=hdfs&listcorruptfileblocks=
1&path=%2F
The filesystem under path '/' has 0 CORRUPT files
```

返回该目录下面有多少个损坏的块。如果有损坏的块需要删除或者恢复。

（5）数据块的删除：

```
[root@master ~]# hdfs fsck /user/root -delete
```

（6）数据块的修复：

```
[root@master ~]# hdfs debug recoverLease -path /user/root -retries 3
```

path：文件所在目录。
retries：尝试的次数。

17.2.6　HDFS 安全模式操作

（1）进入安全模式，需要使用 HDFS 用户：

```
[root@master ~]# sudo -u hdfs hdfs dfsadmin -safemode enter
Safe mode is ON
```

（2）退出安全模式，需要使用 HDFS 用户：

```
[root@master ~]# sudo -u hdfs hdfs dfsadmin -safemode leave
Safe mode is OFF
```

17.3　YARN 运维与监控

17.3.1　YARN 总体情况

查看 /etc/hadoop/conf/yarn-site.xml 配置文件中的 yarn.resourcemanager.webapp.address 参数，该参数值为 HDFS NameNode web UI 的端口号：

```
[root@master ~]# cat /etc/hadoop/conf/yarn-site.xml |grep -A 1 yarn.resourcemanager.
webapp.address
   <name>yarn.resourcemanager.webapp.address</name>
   <value>master: 8088</value>
```

使用 master：8088 进入 YARN WEB UI 界面，重点关注以下信息和状态：

（1）Active Nodes 和 Lost Nodes 表示活着的节点数和丢失的节点数，如果有 Lost Node 则需要查明丢失的原因。一般是网络异常或者服务异常导致。

（2）进入调度界面，查看各个队列的资源使用情况，如图 17.3 所示，如果发现资源队使用的资源占比较大且长时间保持则需要预警并进一步分析具体任务。

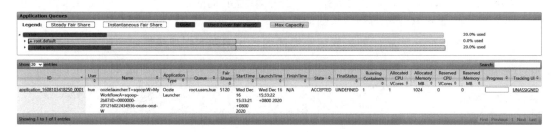

图17.3　YARN任务队列情况图

（3）查询具体任务，如图 17.4 所示。重点分析任务的 Queue、Running Containers、Allocated CPU VCores、Reserved CPU VCores、Reserved Memory MB。重点关注占用内存和 CPU 比较多的任务。

图17.4　YARN 查询具体任务

17.3.2　YARN 多租户资源队列运维

（1）通过客户端配置文件查看资源的调度器，CDH 版本默认使用 fair-scheduler 公平调度器：

```
[root@master hadoop]# cat /etc/hadoop/conf/yarn-site.xml |grep -A 1 yarn.resourcemanager.
scheduler.class
    <name>yarn.resourcemanager.scheduler.class</name>

<value>org.apache.hadoop.yarn.server.resourcemanager.scheduler.fair.FairScheduler</va
lue>
```

（2）确认参数 yarn.scheduler.fair.user-as-default-queue 设置成 true，当任务中未指定资源池的时候，将以用户名作为资源池名。这个配置就实现了根据用户名自动分配资源池。查看 yarn-site.xml 配置文件，如果没有则添加：

```
[root@master hadoop]# cat /run/cloudera-scm-agent/process/322-yarn-RESOURCEMANAGER/
yarn-site.xml |grep -A 1 yarn.scheduler.fair.user-as-default-queue
    <name>yarn.scheduler.fair.user-as-default-queue</name>
    <value>true</value>
```

（3）设置参数 yarn.scheduler.fair.allow-undeclared-pools 为 true，YARN 将允许创建任务到未定义过的资源池。查看 yarn-site.xml 配置文件，如果没有则添加：

```
[root@master hadoop]# cat /run/cloudera-scm-agent/process/322-yarn-RESOURCEMANAGER/
yarn-site.xml |grep -A 1 yarn.scheduler.fair.allow-undeclared-pools
   <name>yarn.scheduler.fair.allow-undeclared-pools</name>
   <value>true</value>
```

（4）找到 fair-scheduler.xml 配置文件：

```
[root@master hadoop]# find /run -name fair-scheduler.xml
/run/cloudera-scm-agent/process/351-impala-IMPALAD/impala-conf/fair-scheduler.xml
/run/cloudera-scm-agent/process/347-hive-HIVESERVER2/fair-scheduler.xml
/run/cloudera-scm-agent/process/344-yarn-RESOURCEMANAGER/fair-scheduler.xml
/run/cloudera-scm-agent/process/327-impala-IMPALAD/impala-conf/fair-scheduler.xml
/run/cloudera-scm-agent/process/323-hive-HIVESERVER2/fair-scheduler.xml
/run/cloudera-scm-agent/process/322-yarn-RESOURCEMANAGER/fair-scheduler.xml
```

（5）修改 fair-scheduler.xml 配置文件，如果是界面安装的集群需要在管理界面修改。
fair-scheduler.xml 添加参数说明如表 17.2 所示。

表 17.2　fair-scheduler.xml 添加参数说明

参　　数	说　　明
queue name="default"	队列名
minResources	最少资源保障量
maxResources	最多可以使用的资源量
maxRunningApps	最多同时运行的应用程序数目
minSharePreemptionTimeout	最小共享量抢占时间
schedulingPolicy	队列调度模式
aclSubmitApps	允许提交任务的用户和用户组
aclAdministerApps	该队列额管理员和管理组
weight	权重

参考示例：

```
<queue name="testapp">
 <weight>1</weight>
 <maxRunningApps>10</maxRunningApps>
 <minSharePreemptionTimeout>100</minSharePreemptionTimeout>
 <schedulingPolicy>fair</schedulingPolicy>
 <aclSubmitApps>rwdapp rwdapp</aclSubmitApps>
 <aclAdministerApps>rwdapp rwdapp</aclAdministerApps>
 <minResources>1024 mb, 1 vcores</minResources>
 <maxResources>15000 mb, 50 vcores</maxResources>
</queue>
```

（6）在 resourcemanager 主节点刷新队列新信息：

```
[root@master hadoop]# yarn rmadmin -refreshQueues
```

17.4 HBase 运维与监控

17.4.1 HBase 总体情况

查看 HBase 服务器配置，确认 HBase WEB UI 的端口号：

```
[root@master ~]# cat /run/cloudera-scm-agent/process/345-hbase-MASTER/hbase-site.xml
| grep -A 1 hbase.master.info.port
<name>hbase.master.info.port</name>

<value>16010</value>
```

访问 HBase hmaster 主机地址+上面参数对应的端口。访问 HBase WEB UI，检查 Region Servers 个数、启动时间、请求数是否异常，如图 17.5 所示。

ServerName	Start time	Version	Requests Per Second	Num. Regions
crmdata01,14003,1605729947682	Thu Nov 19 04:05:47 CST 2020	1.2.0-cdh5.14.0	213	397
crmdata02,14003,1605729947678	Thu Nov 19 04:05:47 CST 2020	1.2.0-cdh5.14.0	204	397
crmdata03,14003,1605729947646	Thu Nov 19 04:05:47 CST 2020	1.2.0-cdh5.14.0	258	397
crmdata04,14003,1605729947668	Thu Nov 19 04:05:47 CST 2020	1.2.0-cdh5.14.0	224	394
crmdata05,14003,1605729947667	Thu Nov 19 04:05:47 CST 2020	1.2.0-cdh5.14.0	207	400
crmdata06,14003,1605729947837	Thu Nov 19 04:05:47 CST 2020	1.2.0-cdh5.14.0	229	399
crmdata07,14003,1605729947679	Thu Nov 19 04:05:47 CST 2020	1.2.0-cdh5.14.0	151	396
crmdata08,14003,1605729947645	Thu Nov 19 04:05:47 CST 2020	1.2.0-cdh5.14.0	151	397
crmdata09,14003,1605729947706	Thu Nov 19 04:05:47 CST 2020	1.2.0-cdh5.14.0	290	396
crmdata10,14003,1605729948071	Thu Nov 19 04:05:48 CST 2020	1.2.0-cdh5.14.0	195	399
crmdata11,14003,1605729947649	Thu Nov 19 04:05:47 CST 2020	1.2.0-cdh5.14.0	166	399
crmdata12,14003,1605729947682	Thu Nov 19 04:05:47 CST 2020	1.2.0-cdh5.14.0	189	395
crmdata13,14003,1605729947650	Thu Nov 19 04:05:47 CST 2020	1.2.0-cdh5.14.0	332	400
crmdata14,14003,1605729947647	Thu Nov 19 04:05:47 CST 2020	1.2.0-cdh5.14.0	47	404
crmdata15,14003,1605729947693	Thu Nov 19 04:05:47 CST 2020	1.2.0-cdh5.14.0	159	395
crmdata16,14003,1605729947688	Thu Nov 19 04:05:47 CST 2020	1.2.0-cdh5.14.0	194	391
crmdata17,14003,1605729947695	Thu Nov 19 04:05:47 CST 2020	1.2.0-cdh5.14.0	164	399
crmdata18,14003,1605729947675	Thu Nov 19 04:05:47 CST 2020	1.2.0-cdh5.14.0	255	394
crmdata19,14003,1605729947665	Thu Nov 19 04:05:47 CST 2020	1.2.0-cdh5.14.0	94	332
crmdata20,14003,1605729947679	Thu Nov 19 04:05:47 CST 2020	1.2.0-cdh5.14.0	298	398
crmdata21,14003,1605729947684	Thu Nov 19 04:05:47 CST 2020	1.2.0-cdh5.14.0	232	395
crmdata22,14003,1605729947694	Thu Nov 19 04:05:47 CST 2020	1.2.0-cdh5.14.0	190	398
crmdata23,14003,1605729947976	Thu Nov 19 04:05:47 CST 2020	1.2.0-cdh5.14.0	203	397
crmdata24,14003,1605729947634	Thu Nov 19 04:05:47 CST 2020	1.2.0-cdh5.14.0	64	398
crmdata25,14003,1605729947687	Thu Nov 19 04:05:47 CST 2020	1.2.0-cdh5.14.0	431	394

图 17.5　HBase Region Server 任务列表情况图（1）

说明：

（1）Start time：启动时间。

（2）Requests Per Second：每秒的请求数，如果请求分布差异比较大，说明数据访问 I/O 分布不均匀。需要考虑是否因为数据不均衡或者访问的表的 KEY 设计不合理等情况导致。

（3）Num. Regions：每个 Region Server 上的 Region 个数，检查 Region 分布是否均衡并记录 Region 总数。除了日常巡检外每次 HBase 重启前一定要记录每个 Region Server 上的个数和总 Region 数据。

（4）日常巡检需要记录 Region Server 总数，如果有 Region Server 宕机则会出现在 Dead Region ServeRegionServer 中。

17.4.2 定位数据热点

访问 http://localhost:16010，通过 HBase WEB UI 中的 Read Request Count 和 Write Request Count 是否分布均匀来判断是否有热点 Region Server。如果有某些 Region Server 相

比其他过高，则可以判定这些 Region Server 的数据过热，可以考虑 Region 迁移。如图 17.6 所示。

Base Stats Memory Requests Storefiles Compactions			
ServerName	Request Per Second	Read Request Count	Write Request Count
crmdata01,14003,1605729947682	152	30871980	285354444
crmdata02,14003,1605729947678	203	25224988	287620047
crmdata03,14003,1605729947646	161	18465152	371541727
crmdata04,14003,1605729947668	32	29328275	172822369
crmdata05,14003,1605729947667	207	23004958	432828623
crmdata06,14003,1605729947837	198	19536754	313828894

图 17.6　HBase Region Server 任务列表情况图（2）

17.4.3　禁用 Major 合并

由于 Major 合并执行期间会对整个集群的磁盘和带宽带来较大影响，一般建议设置 hbase.hregion.majorcompaction 为 0 来禁用该功能，并在夜间集群负载较低时通过定时任务脚本来执行。

手动合并指定表：

```
hbase(main):002:0> major_compact 'movie'
```

手动合并指定表的列族：

```
hbase(main):005:0> major_compact 'movie','info'
```

17.4.4　一致性检查和不一致修复

HBaseFsck（hbck）是一个用于检查区域一致性和表完整性问题并修复损坏的 HBase 的工具。

（1）集群一致性状态监测：

```
[root@master ~]# hbase hbck
......
Summary:
Table hbase:meta is okay.
    Number of regions:1
    Deployed on: slave1,16020,1608547726462
Table movie is okay.
    Number of regions:1
    Deployed on: slave1,16020,1608547726462
Table hbase:namespace is okay.
    Number of regions:1
    Deployed on: slave1,16020,1608547726462
0 inconsistencies detected.
Status:OK
......
```

（2）在命令输出结束时，它会打印"OK"或告诉您存在的 INCONSISTENCIES 数量。可以定期运行 hbck 并在其重复报告不一致时设置告警，使用该-details 选项将报告更多细节：

```
[root@master ~]# hbase hbck -details
```

（3）指定的表进行检测：

```
[root@master ~]# hbase hbck 'movie'
```

（4）不一致修复：

修复 region assignments 相关问题，例如 regions 没有分配或者分配不正确问题。

```
[root@master ~]#hbase hbck -fixAssignments
```

-fixMeta 主要修复 .regioninfo 文件和 hbase：meta 元数据表的不一致，修复原则是以
HDFS 文件为准，如果 region 在 HDFS 上存在，但在 hbase：meta 表中不存在，就会在
hbase：meta 表中添加一条记录，反之在 HDFS 不存在，但在 hbase：meta 表中存在，就会
将 hbase：meta 表中对应的记录删掉。

```
[root@master ~]# hbase hbck -fixMeta
```

17.4.5　备份和恢复

通过 HBase 的数据备份工具和恢复工具对 HBase 的表进行数据备份和恢复操作。

在 HBase 中创建一个新表 user 并写几条测试记录，然后使用 org.apache.hadoop.hbase.
mapreduce.Export 工具对 user 进行备份。数据备份完成后，将 user 表删除模拟生成故障，
然后采用 org.apache.hadoop.hbase.mapreduce.Import 工具将 user 表进行数据恢复。

（1）创建测试表：

```
hbase(main):008:0> create 'user', {NAME => 'info', VERSIONS => 3}
0 row(s)in 1.2510 seconds

=> Hbase::Table - user
hbase(main):009:0> put 'user','1001','info:age','23'
0 row(s)in 0.0350 seconds

hbase(main):010:0> scan 'user'
ROW                     COLUMN+CELL
 1001                    column=info:age, timestamp=1608560367607, value=23
1 row(s)in 0.0150 seconds
```

（2）采用 org.apache.hadoop.hbase.mapreduce.Export 进行数据备份：

```
[root@master  ~]#hbase  org.apache.hadoop.hbase.mapreduce.Export  -Dmapred.job.queue.
name=default user userbackup
```

（3）删除测试表：

```
hbase(main):011:0> disable 'user'
0 row(s)in 2.3300 seconds

hbase(main):012:0> drop 'user'
0 row(s)in 1.2780 seconds
```

（4）重新创建数据表：

```
hbase(main):008:0> create 'user', {NAME => 'info', VERSIONS => 3}
0 row(s)in 1.2510 seconds
```

（5）采用 org.apache.hadoop.hbase.mapreduce.Import 进行数据恢复：

```
[root@master   ~]#   hbase   org.apache.hadoop.hbase.mapreduce.Import   -Dmapreduce.job.
queuename=default user userbackup
```

（6）验证数据：

```
hbase(main):027:0> scan 'user'
ROW                      COLUMN+CELL
 1001                    column=info:age, timestamp=1608562936132, value=23
1 row(s)in 0.0240 seconds
```

17.4.6　数据快照

通过 Snapshot 方式来实现 HBase 的数据备份和恢复操作。

在 HBase 中对 user 写入新的数据，然后创建 user 表的快照。快照创建完成后，删除一条新增的记录模拟误删数据动作，然后采用快照恢复的方式恢复刚刚误删的数据。

（1）添加数据：

```
hbase(main):029:0> put 'user','1002','info:age','23'
0 row(s)in 0.0250 seconds

hbase(main):030:0> put 'user','1003','info:age','23'
0 row(s)in 0.0140 seconds

hbase(main):031:0> scan 'user'
ROW                      COLUMN+CELL
 1001                    column=info:age, timestamp=1608562936132, value=23
 1002                    column=info:age, timestamp=1608564684172, value=23
 1003                    column=info:age, timestamp=1608564687155, value=23
3 row(s)in 0.0630 seconds
```

（2）创建 user 表的快照：

```
hbase(main):028:0> snapshot 'user', 'user_snapshot'
0 row(s)in 0.7420 seconds
```

（3）删除一条测试数据：

```
hbase(main):034:0> deleteall 'user','1001'
0 row(s)in 0.0440 seconds
```

（4）通过快照恢复数据：

```
hbase(main):035:0> disable 'user'
0 row(s)in 2.2820 seconds

hbase(main):036:0> restore_snapshot 'user_snapshot'
0 row(s)in 1.4010 seconds

hbase(main):037:0> enable 'user'
0 row(s)in 1.2850 seconds

hbase(main):038:0> scan 'user'
ROW                      COLUMN+CELL
```

```
1001                    column=info:age, timestamp=1608562936132, value=23
1002                    column=info:age, timestamp=1608564684172, value=23
1003                    column=info:age, timestamp=1608564687155, value=23
3 row(s)in 0.0340 seconds
```

17.5　本章小结

本章主要介绍Hadoop中核心组件HDFS、YARN、HBase相关运维场景和相关实操。